JN006871

コンピュータ概論

Introduction to Computer and Information Systems

情報システム入門

第9版

［編著］

魚田 勝臣

［著］

渥美 幸雄
植竹 朋文
大曽根 匡
森本 祥一
綿貫 理明

共立出版

第 9 版のまえがき

　本書は大学における情報基礎教育の教科書として，1998 年 1 月に初版が刊行され，以来 25 年にわたって大学や専門学校などの教育機関および企業などでご活用いただきました．3 年に一度の改訂で新鮮さを保つ努力をして参りましたところ，多くの方のご賛同を得て第 9 版に至りました．

　第 9 版への改訂時期に，百年に一度とも称されるコロナ渦（COVID-19）が発生し，世界保健機関 WHO によるパンデミック宣言，都市のロックダウンなど，日本国内での 3 密回避，社会間隔保持，オンライン授業の実施など大きな変化がありました．本書では情報システムを社会の仕組みと捉えていますので，第 9 版の改訂項目も多岐にわたりました．

　世界では，国連による SDGs（持続可能な開発目標）が高まりを見せています．国内では SDGs を受けた Society5.0 の取り組みがあります．本書ではこれらの実現の中心に情報の仕組み（情報システム）を位置づけています．

　身近な生活面では，導入部に置いているレストランの情報システムを改訂し，フロアにおけるタブレットによるセルフオーダーやロボット応用による配膳補助，バックヤードにおけるキーボードからタッチパネルへの移行について記述しました．

　ビジネス面では，デジタルトランスフォーメーション（DX）について，経済産業省のまとめによる DX への過程や単なるデジタル化や BPR との違いを事例を挙げて明示しました．この間に発展したインターネットビジネスについても増補しています．社会面では，役所の総合窓口や官公庁での情報化の進捗状況を記述するとともに，情報化における周回遅れの実情が認識できるようにしました．ハードウェア面では，スパコンの最高性能や PC の仕様例を改訂するとともに，OS の世代交代についても記述して，時代の進歩が認識できるようにしました．

　一方，ともすれば混同しがちな「AI」，「機械学習」，「深層学習（ディープラーニング）」の相互関係を明示するとともに，ゲームの世界を中心に進歩してきた仮想現実 VR（Virtual Reality）やメタバースについても教育面での応用例を示して解説しています．また，ネットワークおよび情報システム開発についても必要な改訂を行いました．

　さて，情報科学・情報技術に基づいて構築された情報システムが，私たちの豊かで便利な社会を支えるに至りました．一方，人類は人口・資源・エネルギー・環境・産業等の面で困難な問題に直面しています．このような問題を解決していくのも情報・情報システムであることは誰の目にも明らかと思われます．一例を挙げれば，将来の電力の需要と供給を賢く制御する「スマートグリッド」は，太陽光や風力，水力などによる電力供給と，工場やオフィス，家庭などの電力需要を細かく制御する情報システムがその要を担います．このように情報や情報システムは，私たちの暮らしや仕事の隅々までを支えており，これからも諸問題を解決していくでしょう．

　ところが，情報システムが身近になるにつれて間違った認識が出てきました．つまり，「情報システムはコンピュータ，コンピュータはパソコンやスマートフォン，これらは身近にあってそれなりに操作できるから情報システムについては一通り理解できている」との思い込みです．情報システムはパソコンやスマートフォンではありません．この分野の専門家集団である情報システム学会では，情報システムを次のように考えています：

「情報システムは，社会，組織体または個人の活動を支える適切な情報を，収集し，加工し，伝達するための，人間活動を含む社会的な仕組みである．社会，組織体及び個人の対処すべき課題を解決するためには，情報システムの活用が不可欠であり，より安心して利用できる情報システムが望まれている．」

つまり，情報システムは人間が社会活動を営み始めて以来存在するもので，コンピュータやネットワークによって飛躍的に発達したのです．われわれが学ぶべき核心はこの意味での情報システムであって，コンピュータやネットワークはそれを構成する要素と位置づけて学ぶべきなのです．そして，現状の技術を知るだけでなく，技術の依って来たるところ：歴史を知り，思想や概念そして基礎を学ばなくてはなりません．なぜなら，そうしたことを学ぶことが将来を見通すことにつながるからです．本書は，このような考え方で情報システムを学ぶことを目標にしています．そして，情報システムに対する興味をそそり，学習意欲を持続させるために身近な話題から稿を起こし核心に迫る，あるいはマクロな話題からミクロに至る，そうした方針で書き進めました．

本書のはじめの部分で，コンピュータの利用分野について概観します．そして導入部で身近にあるレストランの情報システムをとりあげ，ビジネス情報処理の基本を学びます．つぎにビジネス情報システムの変遷について学びます．事務の省力化で始まり，企業戦略の中枢を担うに至った過程が系統的に述べられています．そして，全体的な歴史に至ります．ここでは，コンピュータの誕生と発達，クラウドコンピューティングに至る最新技術までを網羅しています．次いで，情報の表現，計算の仕組み，ハードウェアおよびソフトウェア，ネットワーク，そして情報システムの構築と維持を学びます．最後は情報倫理，情報セキュリティや信頼性に関する事柄です．情報システムが社会の隅々まで浸透するようになり，その障害が計り知れない影響を及ぼす時代になったので，信頼性やセキュリティの問題が一層重要になっているのです．そして技術がいかに進歩しようとも，究極的には取り巻く人間の倫理問題に帰することを説いています．最後に情報システムが拓く未来の社会について展望し，本書を締めくくります．

具体的な章の構成と分担は次のとおりです．

第1章　「コンピュータとその利用」　魚田　勝臣

第2章　「ビジネスと情報システム」　森本　祥一

第3章　「コンピュータの誕生からネットワーク社会へ」　綿貫　理明

第4章　「情報の表現」　大曽根　匡

第5章　「ハードウェアの仕組み」　大曽根　匡

第6章　「ソフトウェアの役割」　植竹　朋文

第7章　「ネットワークと情報システム」　渥美　幸雄

第8章　「情報システムの構築と維持」　森本　祥一

第9章　「情報倫理と情報セキュリティ」　魚田　勝臣

以上述べましたとおり，本書の標題は，「情報システム概論」あたりが適切であったのですが，初版が刊行された四半世紀前の世間一般のイメージ，情報システム＝コンピュータに合わせて，主題をコンピュータ概論，副題を情報システム入門として発刊し，現在まで継承しています．

本書の特徴として，教科書としてご採用いただいた先生方に対して，共立出版を通じて講義を進

めるためのスライドや問題などの教材を提供する仕組みを備えたことがあります．今回も本書の発刊にあわせて CD にて教材を提供しております．これはオンライン授業にも応用できるものです．

　これまで四半世紀にわたってご愛顧賜りましたことに厚くお礼申し上げます．この間に多くの先生や読者の方から示唆やご指導を賜りました．これからも，3 年程度の周期で改訂して鮮度を保つようにしていくつもりでおります．先生方，学生や読者の皆様のご支援並びにご批判を仰ぎたく宜しくお願い申し上げます．

2023 年初春

編著者　魚田　勝臣

謝　辞

　本書は計画の段階から，故浦昭二先生（慶應義塾大学および新潟国際情報大学，名誉教授）が提唱された情報システムの理念に基づいて構成・執筆して今日に至っています．2016年11月，長年にわたる本書の発刊と情報リテラシ教育への実践が認められて，情報システム学会から浦昭二記念賞を拝受いたしました．学会ならびに関係各位に，衷心よりお礼申し上げます．

　発刊以来多くの読者や先生方に支えられて今日に至りました．レストラン情報システムのビデオは㈱日立システムズと同社の杉山治氏によりビデオ教材の制作とレストラン情報システムに関する最新情報を提供して頂きました．

　今回の改訂にあたって，内容や項目の追加・修正などについて，次の方々から貴重なご意見を賜り客観性と多様性を高めることができました（順不同・敬称略）．

旭　　貴朗　　（東洋大学名誉教授）

越前谷　博　　（北海学園大学工学部）

金子　豊久　　（産業技術短期大学情報処理工学科）

児玉　謙太郎　（東京都立大学大学教育センター）

高橋　寛　　　（愛媛大学工学部）

谷田　則幸　　（関西大学経済学部）

長田　茂美　　（金沢工業大学工学部）

福田　亜希子　（芝浦工業大学システム理工学部）

牧野　博之　　（大阪大学量子情報・量子生命研究センター）

森本　正志　　（愛知工業大学情報科学部）

　以上の他，第8版以前に賜ったご意見は第9版でも適宜継承しました．その他にもいろいろな方から助言や資料などの提供を受けました．これらの皆さまに対し，記して感謝の意を表します．

　最後にこの本の企画と制作にご苦労をおかけしました共立出版の石井徹也さん，中川暢子さんおよび時盛健太郎さんに衷心よりお礼申し上げます．

2023年初春

著者を代表して

魚田勝臣

目　次

第1章

コンピュータとその利用

　この章では私たちとコンピュータのかかわりについて学び，コンピュータや情報システムについて学ぶことがいかに大切かを理解する．この章には3つのテーマがある．すなわち，コンピュータの利用分野，情報システムの仕組みおよび情報システムの学び方である．

　はじめに，コンピュータがどのようなところで使われているか，暮らし，教育，および行政や公共分野の情報システムをテーマにして学び，コンピュータが日常生活に深くかかわっていることを理解する．

　次に，身近にあるレストランの情報システムについて学ぶ．ここでは人手によるレストランの運営と対比しながら，情報システムがどのような仕組みになっているか，情報がどのように伝達され処理されるのかを知って，結果としてどのような利益がもたらされるのかを理解する．

　最後に，人々が情報システムと接する方法を3種に大別して，それぞれの立場の人がコンピュータや情報システムについて学ばなければならないことを示す．ここではまた，情報関連の職業や資格についても垣間見る．

 ## 1.1　コンピュータの利用分野

　私たちは情報化時代に生きている．情報化時代というのは高度に発達した情報システムが，人間の活動に効率性，柔軟性，利便性などをもたらす時代のことである．ここで使われている“情報”と“情報システム”とは何かをまず考えてみよう．

　“情報”という単語は英語の“information”に対応する．この訳語の起源については，第4章を参照してほしい．“情報”の定義はそんなに簡単ではなく，いろいろな人が試みている．なかには間違いやそれに近いものもある．ここでは今道友信と西垣通によるものをあげる．

　今道は，哲学者の立場から“情報”を次のように考える．

> 「情報は言語の一形態ないし一能力であり，発信者と受信者の両項を媒介する，言語的反応を期待する精神の呼応の一つの型である．」

つまり，情報は言語であると考えて良いのである．

　これに対して西垣通は，基礎情報学の立場から，“情報”には，生命情報，社会情報および機械情報の3種があり，前者は後者を包含していると考える．生命情報は，生物にとって意味（価値）をもたらすものであり，食物，異性，天敵に関するものである．社会情報は，記号とその表す意味内容が一体となったもので，典型的には言語である．機械情報は，このうちの記号を意味するもの

で，IT/ICT が扱う情報もこれに含まれる．IT/ICT では社会情報を取り扱うことはできないので記号のみを対象とする．このことは奇異に感じるかもしれないが，次の文字列を考えれば理解できると思われる．

やせ蛙負けるな一茶これにあり

は，機械では，14 文字（16 × 14 = 224 bits）で表される．これが機械情報である．一方，これを俳句と認識して，意味や情景などを考えれば，この文字列から受ける人間の言語的反応は千差万別でありビットで測ることはできない．これが社会情報としての捉え方である．

今道による定義は，西垣の社会情報に対応するものであり，両者の考え方に矛盾はない．同時に，情報システムの専門家集団である情報システム学会でもこの考え方を採っており，本書でも採用している．ここで言う情報システムの定義と目標は，次のように考えられている[4]．

「情報システム（information system）とは，情報の利用を望んでいる人々にとって，手に入れやすく，役立つ形で，社会または組織体の活動を支える適切な情報を，集め，加工し，伝達する，人間活動を含む社会的なシステムである．」
「情報社会が健全な発展を遂げるためには，人間活動を活性化するという視点で，利用者にとって，真に有用で安全な情報システムを構築していくことが，最も必要である．」
「情報システムの構築・運用にあたっては，人間の情報行動の理解に立脚し，横断的・総合的な価値基準のもとに，その概念的枠組みあるいは社会的影響について考察する努力が必要である．」

情報システムはコンピュータと深い関係があるが，本来の意味ではこの考えのように人間の活動を情報の面で支える仕組みであって，コンピュータとは直接関係がない．しかし，コンピュータが利用されるようになって急速に発達し，今日見る姿になった．これからも発達を続けるに違いない．皆さんがいかなる人生を歩もうとも，コンピュータを利用した情報システムと無縁であることは難しい．

これまでコンピュータを学ぶことは特別だと考えられていた．しかし，コンピュータがなくては生活できなくなった以上，それを学ぶことは文字を学ぶことと同じにように，文明生活を送る上で必須のこととなったのである．皆さんが学生であったなら，コンピュータに対して受け身であり続けることもできない．つまり卒業後に，企業で営業を担当するにしろ，経理や総務・人事といった職務につくにしろ，コンピュータを利用したシステムを使用することはもちろん，現行のシステムに対する批判の目をもち，時代の要請にあった新しいシステムを提案して，その実現のための努力をしなければならない．そのためには，常識に加えて少し高度な専門知識が必要になる．本書はこうした範囲をカバーしている．

コンピュータは基本的に

データを入力し，蓄積，加工，伝達，出力する機械

である．仕組みそのものはコンピュータが出現して以来変わっていない．したがって，プログラムに書けることしかコンピュータはできない．このことをしっかり認識しておこう．ただ処理や伝達が高速になり，記憶できる容量も大きくなった．そして，入力や出力の仕組みが多様になって，人

間にとって便利にさらに役立つ快適な機械になってきている．

　使う側から見ると，入力装置から入力されたデータが貯蔵・処理・伝達され，情報として出力装置から利用できるようになる．入力装置は従来のキーボード主体からタブレットやタッチパネルといったポインティングデバイス，マイクを使った音声認識装置，絵や写真などを取り込むデジタルカメラやスキャナなども用いられるようになり多様になった．しかも時々刻々，スマートフォンやセンサなどから膨大なデータが発生し集められている．

　一方，コンピュータの処理や伝達の速度，記憶容量が大きくなったため，巨大データ（ビッグデータ）の処理や深層学習（ディープラーニング）が可能となって，人工知能（AI）と呼ばれている．現代の AI は，いわゆる第 3 次 AI ブームのさなかにあるが，原理的にはプログラムの一種であるので，アプリケーション（アプリ）の仲間と考えて良い．

◆ IT と ICT　　違いは "省"

　皆さんは IT（情報技術）と ICT（情報通信技術）の違いは何ですかと問われたとき，はてなと返答に困るのではないでしょうか．日本では 2 つの言葉が同じ意味で使われているからです．
　元々の呼称は IT の方で，経済産業省とそれが管轄する業界などのグループが使います．一方，ICT は総務省，文部科学省とその系列が使います．それぞれ相手方の呼称は決して使いませんので徹底しています．一般的にはどちらを使ってもかまいませんが，1 つの文面の中で混在させるのはやめたほうが良いでしょう．
　筆者らは，IT，ICT とも技術に偏り，人間を忘れているので，情報システムと呼ぶのがふさわしいと考え，本書の副題にしています．

---

(1)　暮らしと情報システム

　暮らしは，情報システムの発展・普及によってここ 10 年ほどの間に劇的に変化していて，今後も変貌を続けると予測されている．

　鉄道や航空機などのチケットの購入や座席の予約は，以前は駅や旅行会社の窓口で行っていた．また，預貯金の入出金や記帳などは，店舗の ATM で行っていた．それらの作業が家庭や職場のパソコンでいつでも行えるようになり，いまでは携帯電話やスマートフォン（スマホ）でも，いつでもどこからでも行えるようになった．

　インターネットを利用したショッピングやオークションも盛んに行われている．これらのサービスでは，クレジットカードやデータの送受信で行う電子決済も使われている．

　2018 年 1 月には，米国ワシントン州シアトル市で，レジのないコンビニ Amazon GO が誕生した．店舗内に設置されたカメラとセンサにより，客が手に取り，棚に戻すか取り込んだかを認識して，店舗を出た後で電子決済する．レジを無人化して省力化できた分を他のサービスに振り向ける．このシステムも AI 応用の情報システムと考えられている．

　交通に目を向ければ，「Suica（スイカ）」「ICOCA（イコカ）」などと呼ばれる定期券・プリペイドカード機能をもつカードが利用されるようになって，利用者の利便性を向上させるとともに，鉄道業務の省力化と不正乗車の画期的な減少をもたらした．これは IC チップを埋め込んだ非接触型IC カード（日本ではソニー製の FeliCa）で実現されている．一方，自動車ではカーナビゲーショ

ンや ETC の利用が進み，便利になると同時に，渋滞の緩和，料金設定改訂による交通行政にも利用される．地図なしで容易に目的地に到達できるので，家庭での利用のほか，レンタカーの利便性も格段に向上し，利用者を増やした．

　以上に述べた事柄は，対面しているパソコンや携帯電話・スマートフォン，ETC などの車載装置によって操作されまた動作しているが，背景にはネットワークによって結ばれた情報システムが制御し処理していることを忘れてはならない．このように情報システムは，いまや社会のインフラを支える重要な仕組みになったのである．それを担う専門家（技術系・事務系）の責務は重い．その分やりがいがあるとも言える．

　暮らしが便利で快適になった半面，困った問題も起こっている．

　個人情報保護委員会が，2019 年 8 月にリクルートキャリアの就職情報サイト「リクナビ」で学生の「内定辞退率」データが企業へ提供されていた問題で，同社に対して勧告と指導を実施したと発表した．同時に，データを購入した 38 社に対しても調査を進めていることを明らかにした．同委員会が個人情報保護法に基づく勧告を実施するのは初めてと言われている．

　就活学生は，就活サイトを利用し，ネット求職の形で個人情報を登録することから活動を始める．その後も関連企業情報などを閲覧する．また求めに応じて個人情報を提供する．それらの情報とスマートフォンを中心に自動発信されている情報を合わせた巨大データ（ビッグデータ）が深層学習（ディープラーニング）によって分析され，当人の内定辞退率として，大手自動車メーカや金融機関に販売されていた．しかも，8000 件近くは本人の許可を得ていなかったという．

　この問題は，情報を販売した会社，それを購入した会社や情報システムを構築した専門家，大学関係者そして学生らの，個人情報やプライバシーへの関心の薄さや知識の未熟さを露呈した形となり，深刻に受け止められている．この問題については，第 9 章でも考える．

　不正や犯罪の横行，障害発生時にもたらされる大規模な生活や産業へのマイナスの影響，情報弱者にもたらされる差別や格差（デジタルデバイド）などがあげられる．これには個人間のものもあれば，グループ間や国や地域間のものもある．このようなマイナス面への対策も今後の大きなテーマとなる．

⑵　大学の情報システム

　大学には大別して次のような情報システムがある．

- ・学事情報システム：学生の教育に関連した業務を行う
- ・情報センタシステム：学生の情報教育を行う
- ・図書館情報システム：図書館の運営をする
- ・財務管理システム：法人側の業務を扱う
- ・研究用システム：教員が研究に使う

これらのシステムは有機的に結びついていて，大学を構成する学生，教職員，施設や資産などに関する情報を取り扱っている．

　このなかで，学生に密接に関連する学事情報システムを取り上げると，次のようなシステム（サブシステム）からなっている．

・入学選考

・学籍管理

・授業計画，授業運営

・履修管理，成績管理，成績集計

・生活指導

・就職指導

・卒業生情報管理など

　このなかには，入学選考のように基本的にデータをひとまとめにして処理するもの（一括処理）もあるが，ほとんどのものはオンライン処理（即時処理）が含まれている．たとえば，学生の単位取得状況を管理している成績管理システムは，進級や卒業判定のための会議用の資料を作成する一括処理と，窓口や端末機による問合せや証明書の発行といったオンライン処理とが含まれている．

　学生のデータは，入試や教育に関する評価・企画立案のための統計処理の要求に応えるために，在学中のデータだけでなく，出身高校や卒業後の進路についての情報なども保有している．このため，学生一人あたりのデータは大量になっている．また卒業後の各種の問合せや証明書の発行などに備えるため，長期に保存しなければならない．学生のデータはこうした特徴をもっている．

(3) 医療情報システム

　医療情報システム（medical information system）は一般に，病院や診療所などの情報システム，地域医療のための情報システムおよび医療情報サービスに大別される．しかし，システムの多様化や複合化に伴って，このような分類ではとらえきれない情報システムも多数現れている．ここでは，比較的大きな病院の情報システムを垣間見よう．

　病院の情報システムでは，受付，医師や看護師などが情報の発生源として自ら端末から情報を直接検索し，入力して，関連の部署に指示や手配をするとともに，情報を蓄積している．病院における情報システムは次に示すように多岐にわたる．

・診療

・医事，看護，カルテ管理

・検査，放射線，

・手術，輸血

・薬剤

・リハビリテーション

・給食，栄養

・診療支援情報

・研究支援

・総務，情報システム管理

これらのシステムは病院を構成するほとんどすべての施設や人員にかかわっている．各部署にPC，スマートフォン，タブレットやワークステーション，検査や治療のための機器が設置されていて，それらが LAN（Local Area Network）で結ばれ，相互に情報をやりとりしている．そして，

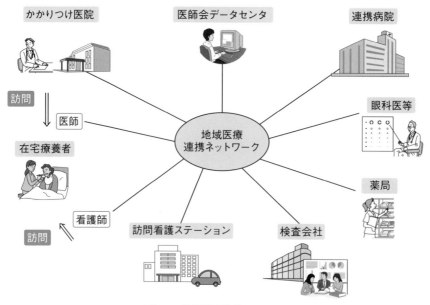

図 1.1　地域医療連携システム

WAN（Wide Area Network）を通じて外部の施設，たとえば他の病院，消防署，地域医療センターや医療情報サービス施設や役所などと結ばれている．

　このような医療情報システムは，病院や診療所ごとに設けられている．患者の病歴や検査データ，服薬歴などはそれぞれに固有のもので，ほかから参照できない．そのため患者の便益を妨げ，そのつど検査が行われるところから膨大な無駄が生じている．

　このような弊害を除き，患者の便益を高め，情報やデータを共用する情報システムが構築され運営され始めている．図 1.1 に和歌山県・伊都医師会による地域医療連携システムの仕組みを示す．ここでは次のような患者の情報やデータが共用できる．

　　　これまで行った予防接種の情報，アレルギー情報，病歴，血液などの検査結果，レントゲンなどの画像，血圧，薬の情報，病名，共有情報

このような情報は取得した医療機関が保管し，加盟している医療機関の医師が，患者の同意を得て参照できるようになっている．

(4)　行政と公共分野における情報システム

　政府による IT 政策は時代の要請と情報技術の進展に歩調を合わせて，IT 戦略本部が中心になり，2001 年頃から「e-Japan 戦略」として次のように進められた．

　―2001 年，「e-Japan 戦略」：情報通信基盤の整備

　―2004 年，「e-Japan 戦略 II」：IT 利活用の方向への進化

　— 2006 年, 「IT 新改革戦略」[12] : いつでも, どこでも, 誰でも　IT の恩恵が実感できる社会の実現

　以上の戦略には, ネットワークのインフラストラクチャー（インフラ）の整備向上, そして電子政府・電子自治体の実現および医療・健康や教育などが含まれていた. このうちネットワークのインフラ整備については, 所期の成果が上がったものの, 後の 2 つについては芳しい成果はなかった. とくに重点テーマの 1 つとされた電子政府の実現のための電子申請の利用率が 1% 未満のものが 2 割弱あったという報道[13] もなされていて, 巨額の投資が無駄になっていると指摘されている.

　— 2009 年, 「i-Japan 戦略 2015」[1] : 国民主役の「デジタル安心・活力社会」の実現を目指して

が掲げられた.
　ここで, 真に国民（利用者）の視点に立った人間中心（Human Centric）の理念が打ち出された. そして, 三大重点分野として, ①電子政府・電子自治体分野, ②医療・健康分野, および③教育・人財分野を取り上げた.
　2013 年を起点として, 政府による IT 政策が大きく動き出した. 1 つは, 2013 年 5 月に制定された「行政手続における特定の個人を識別するための番号の利用等に関する法律」（略称番号法）であって, マイナンバー法という通称でも知られている. マイナンバー法については, 本書の姉妹編教科書『グループワークによる情報リテラシ』で述べているので, そちらを参照して欲しい[5]. ここでは, 組織に関する情報システムの観点から, 理念, 目的および情報連携について述べる.
　今ひとつは, 2016 年 1 月 22 日に閣議決定された Society 5.0 である. 後者は, 経済発展と社会的課題の解決を両立させる人間中心の社会を目指すもので, i-Japan 戦略 2015 を継承するものである. これについては 9.5 節で考える.
　番号法は, 9.2.2 項で述べる個人情報保護法の特別法として位置づけられている. この法律の施行のために, 数千億円と言われる巨額の国家予算を投じて関連する情報システムが構築されている. 2015 年 10 月から個人番号（通称：マイナンバー）が全国民に付番・配布された. 順次システムが構築・運営されていく. 個人の情報活動をはじめとして, 社会や産業に大きな影響をもたらすので, プライバシーや個人情報保護と関連して学ぶとともに, 今後の動きに注目しよう. なお, 番号法は番号利用法という略称でも呼ばれることがある.

　1)　個人番号（マイナンバー）とは
　　　個人番号は, 日本に住民票をもっているすべての人（外国人を含む）に付与する 12 桁の番号である. 漏洩し不正使用された, もしくは不正使用のおそれがある場合など特別の例外を除き終生不変とされている.
　　　個人番号は, 社会保障, 税, 災害対策の分野で情報を効率的に管理し, 複数の機関にある個人の情報が同一人の情報であることを確認するために利用される. つまり, 個人情報の統合のための（名寄せのための）キーとなる. 個人番号法の施行に伴って導入される個人番号カードは, 従来の住民基本台帳カードの代わりとなる.

1　i-Japan 戦略 2015：http://www.soumu.go.jp/main_content/000030866.pdf（2022.11.7）

2) 個人番号（マイナンバー）の目的

　個人番号は，公平かつ公正な社会を実現し，国民の利便性を高め，行政を効率化するための社会基盤であり，次のような効果が謳われている．

① 公平・公正な社会の実現

　個人番号を利用することで，所得や他の行政サービスの受給状況を把握しやすくなるので，税負担を不当に免れることや給付を不正に受けることを防止する．他方で，本当に困っている人に，きめ細かな支援が行えるようにする．

② 国民の利便性の向上

　行政手続を簡素化し，手続きに関する国民の負担を軽減する．また，行政機関が持っている各自の情報を確認し，行政機関からのその他サービスを受けることを可能にする．

③ 行政の効率化

　行政機関や地方公共団体などにおいて，さまざまな情報の照合，転記，入力などに要している時間や労力を軽減する．また，複数の業務の間での連携を進め，作業の重複などの無駄な作業を削減する．

3) マイナンバー制度における情報連携

　マイナンバー制度における諸施策を実現する上で，要となるのが情報連携の仕組みである．図1.2に示し，少し詳しく見ていこう．

　政府の機関では，社会保障（日本年金機構）や税（国税庁）の分野でそれぞれに必要な情報を保有している．一方，都道府県や市町村では住民基本台帳を保有している．これらの情報を，分散して保有したままで取り出すことができる仕組みが情報連携である．マイナンバーは情報連携をするために考案された番号であるが，これを用いて連携するとマイナンバーがわかれば個人情報が全部わかることになる．そこで個人に別の符号（コード）をつけて，その符号同士を結びつける仕組みを設けることによって，個人の情報を参照できるようにしたのである．この符号同士を結びつける仕組みが情報連携である．これによって，万一マイナンバーが流出しても個人情報が引き出せないようにしている．

　次に，中央省庁，地方自治体，民間などによって実現ないし試行されている情報システムのうち身近なものをあげる[6]．

1) 中央防災無線網とJアラート

　中央防災無線網は内閣府が進めているもので，地震などの大規模災害時に，総理大臣官邸，中央省庁および全国の防災機関相互の通信を確保するために整備された政府専用の無線網である．

　Jアラート（J-Alert，全国瞬時警報システム）は，通信衛星と市町村の同報系防災行政無線や有線放送電話を利用し，緊急情報を住民へ瞬時に伝達するシステムである．大規模災害やミサイル攻撃に対応するものとされている．

　Jアラートのような情報システムが構築されていても，万一ミサイルが飛来したときに，市民の側がどのように行動すべきか，教育や訓練を受けていなかったら適切な行動を取るこ

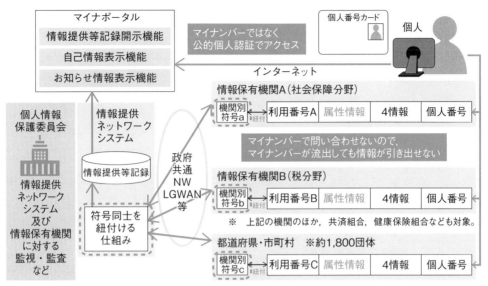

図 1.2　マイナンバー制度における符号を用いた情報連携

とはできない．システムを構築しても使う側に浸透していなければ役に立たないと思われる．

2) 子どもの安全確保システム

　　文部科学省では，登下校時における子供の安全確保は地域で行うという観点から，地域の現場において多岐にわたる努力がなされてきた．ところが，地域の安全に貢献してきた防犯ボランティアが高齢化する一方，共働き家庭の増加に伴い，保護者による見守りも困難になってきている．そんななかで，2019 年 5 月に，川崎市で登校時子ども殺傷事件が発生した．地域にはモニタカメラを設置して常時録画をしているものの，犯罪が起こったときの分析に役立てるためのもので，予防につながる情報システムの構築は今後の課題になっている．

3) 農・水産物のトレーサビリティ・システム

　　2005 年に発生した中国製冷凍餃子問題や 2018 年から 2019 年にかけての豚（トン）コレラ問題は，市民に損害を与え社会問題となった．このような事態が発生したときには，速やかに原因を究明するとともに，影響や損害を最小限に食い止めなければならない．そのためには，食品の移動を把握できることが必要で，農林水産省（農水省）が中心になって，農林水産物の生産から消費までの過程を追跡できるトレーサビリティ（traceability)[2]を確立している．図 1.3 に生産者から消費者に至る食品の過程を示す．このシステムは，問題が発生したときにルートを遡及して原因を究明し，その後の過程を追跡して食品を回収することができる．一方，農林水産物そのものや，それを生産または加工した業者に関する情報を消費者に提供することを目的にした情報システムも構築されている．今後は AI や IoT などの技術が応用されることになる．しかし，業者などの問題意識が低く成果が上がっていないのが実情で，農水省では，フライヤー（チラシやビラなど）やマニュアルを作って啓発に努めていた．

2　trace と ability を組み合わせた造語．追跡可能性ともいわれる．

　こうした中で輸入アサリの産地偽装問題が発覚した．偽装は関係者間ではあまねく知られており，地域のメディアでは散発的に問題にされていたものの，広く一般に伝わることはなかった．しかし，2022年1月にTBSテレビで「輸入アサリが国産に　アサリ産地偽装の実態は」と題した調査報道が放映され，その後多くのメディアが追随して，大きな社会問題と認識された．本書では，2010年発刊の第5版から継続して取り上げている．農水省はこの仕組みを作ったので，不正を認識する立場にあった．

図 1.3　食品の生産流通過程とトレーサビリティ

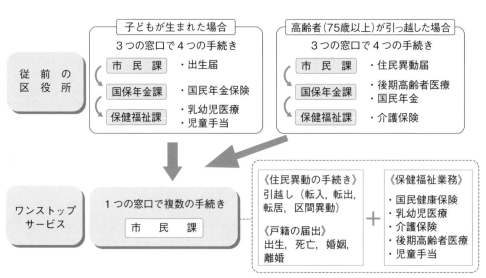

図 1.4　総合窓口

表 1.1　総合窓口の導入状況

		割合％（2020年）	割合％（2017年）
全市区町村		14.1	12.4
	指定都市	50.0	40.0
	特別区	30.4	26.1
	中核市	35.0	22.2
	指定都市・中核市以外の市	17.3	16.3
	町村	9.2	7.9

4）　総合窓口（ワンストップサービス）

　　とかく，たらい回しで不親切といわれる役所仕事を改めるために，さまざまな試みがなされている．その1つに「総合窓口（ワンストップサービス）」[3]というものがある．図1.4に北九州市（政令市）の例を示す．上段がこれまでの区役所，下段が「総合窓口」開設後のサービスを示す．たとえば，子供が生まれた場合，これまでは3つの窓口で4つの手続きをする必要があった．これらが総合窓口1つで手続きを終えることができる．高齢者の引っ越しの場合も，同様に便利になる．

　　このようなことが可能となるのは，新しい情報システムとそれを扱う担当者が縦割り組織の弊害を解消するように，それぞれの機能を果たすためである．このような総合窓口は，ヨーロッパなどでは広く実施されている．日本でも全国で実践されることが望まれているものの，2020年時点での進捗状況は表1.1に示す通り全市区町村で対2017年比1.7ポイントアップにとどまっており芳しくない．

コンピュータを使ってますます豊かで快適な生活が送れるようになることが期待されている．しかし，コンピュータが発達し普及すると，コンピュータアレルギーやコンピュータ中毒の人間を生み出す可能性もある．コンピュータとだけ，あるいはコンピュータを介した人間とはつきあえるが，生身の人間とはつきあえないとか，コンピュータに振り回されるといったことがあってはならない．コンピュータは人間の活動の補助であって，決して主役ではない．人間の活動となじむものでなければならない．

1.2　身近にある情報システム

　身近にあるレストランの情報システムを取り上げ，情報システムの基本的な事項を学ぶ．人手によってレストランを運営した場合にどのような問題点があるかを理解し，それがレストランの情報システムでどのように解決されたかを知る．そして，一般的な情報システムにおける情報の流れについて理解し，ファイル，レコード，項目など基本的な事項を学ぶ．

1.2.1　人手によるレストランシステム

　情報システムの例としてファミリーレストランを考えよう．フロアの情報は次のように伝達・処理される：

① 客が注文をする．
② フロア担当者（ウェイターやウェイトレス）が注文を2枚複写のオーダー伝票（図1.5）に記入し，1枚を客席に置く．
③ もう一方の伝票を調理場のキッチンカウンターに置く．

3　住民視点の窓口サービスの実現：http://www.soumu.go.jp/main_content/000567405.pdf（2022.11.7）

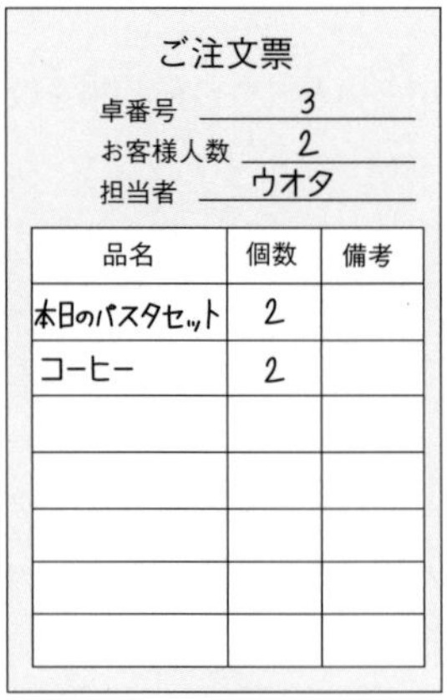

図1.5　オーダー伝票

④　調理人が伝票を見て調理する.

⑤　料理ができあがったらキッチンカウンターに置き，伝票にチェックする.

⑥　フロア担当者は頃合いを見計らって伝票を見る. チェックがついている伝票の料理を客席に配膳する.

⑦　客は食事が終わったら，伝票を会計担当者にわたす.

⑧　会計担当者は伝票を見てレジスターに入力する. 合計のボタンを押す.

⑨　合計金額が表示されるので客に告げる. ドロワーが出てくる.

⑩　客が代金を支払う.

⑪　レシートとつり銭をわたす.

これは

受注→生産→配達→会計

という，ごく簡単な受注生産システムである.

　人手に頼ったこうしたレストランでは，次のような悩みがあることは容易に想像されよう.

a.　フロア担当者は調理場への注文の伝達のために手間を要し，心のこもった接客ができない.

b.　キッチンカウンターの伝票が風で散ったり，汚れたりして客の注文が順序どおり正確に処理されないことがある.

c.　このため料理が違ったり，長時間待たされる客が出て不満をかう.

d.　サービスをめぐって，調理人とフロア担当者の間でトラブルが発生する.

e.　精算のため客が待たされる.

f.　フロアや会計の担当者には，情報の伝達や処理のための訓練が必要で，補充するのに手間がかかる.

g.　客の入り具合が平準でないので，フロア担当者の負担が一定でなくなる. 暇なフロア担当者が出たり，さばききれないで客を逃したりする.

h.　注文は曜日，天候，季節，周辺の行事などによって異なる. 注文の予測は勘に頼っているの

で不正確である．そのため食材の仕入れに過不足が生じ，品切れや廃棄が生じる．

以上に述べた問題点は，このレストランの情報システムの不備によるものである．

1.2.2 コンピュータを利用したレストランシステム（店舗システム）

　現在のレストランではコンピュータシステムが導入され，機械化されているところが多くなった．こうしたレストランでの機器の配置，仕事の流れ，機械化によるメリットを検討しよう．
　レストランの情報システムは，店舗システムとバックヤードシステムからなる．店舗システムでは，
　・POS ターミナルによる会計システム，ハンディターミナル，タブレットとオーダープリンタからなるフロアのシステム
および
　・キッチンターミナルとオーダープリンタからなるキッチンシステム
によって構成されている．それぞれの担当者がこれらのシステムを使い，客の動きに従って活動する．このように，発生したデータを即時に処理して，結果を必要とする場所に出力するシステムをオンラインシステムという．店舗のシステムは POS ターミナルを中心にして，それ以外の機器と無線またはケーブルで結ばれている．

(1) 機器の配置
レストラン全体の見取り図と機器の配置を図 1.6 に示す．

a. フロア担当者は注文の内容を機械に入力するため，電卓タイプのターミナルをもっている．このターミナルのことをハンディターミナル（Handy Terminal：HT）と言い客席にはセルフオーダーのためのタブレットが置かれている．

b. ハンディターミナルやタブレットは POS ターミナルと無線でデータのやりとりができるようになっている．

c. キッチンには客の注文に基づいて調理内容を表示するための表示装置（ディスプレイ）が置かれ，調理し終わったことをコンピュータに知らせることができる．

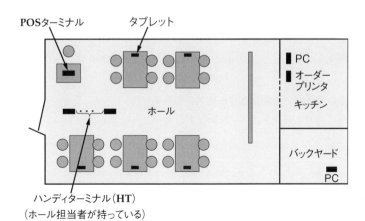

図 **1.6** レストランにおける機器の配置

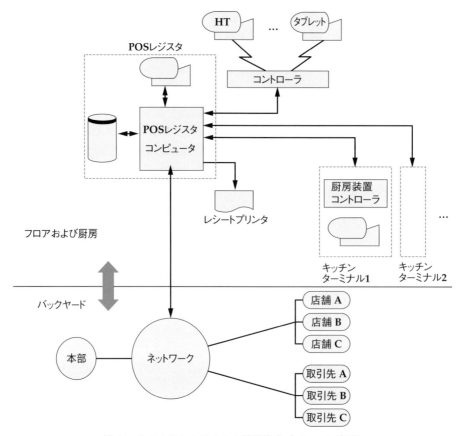

図 **1.7**　レストランシステムの機器構成（ブロック線図）

d.　また注文内容を印字するオーダープリンタが設置されている.

e.　チェックアウトカウンターには, **POS** ターミナル（Point Of Sales Terminal：販売時点ター
　　ミナル）が設置されている. これにはコンピュータが内蔵されており, 品名や単価, 外税・
　　内税の区別などのデータを検索し, 金額や合計の計算および表示, レシートの印刷などを行
　　う.

　バックヤードにはネットワークの設備があり, 他の店舗や取引先と結ばれている. チェーン店の
場合には本部のシステムとも結ばれている. また PC やスマホなども備えられている.

　以上の機器の構成をブロック線図（block diagram）で表したものが図1.7である.

⑵　**フロアおよび調理場での情報とサービスの流れ**
　フロアおよび調理場での情報とサービスの流れは次のようになっている.

1）　**オーダーの入力**
　フロア担当者はテーブルにおもむき, 客から注文を聞き, HT に入力する（図1.8(a)）. このと
きの手順を図1.9に示す. この図で長方形は処理, ひし形は判断, 線および矢印は処理の順序（流
れ）を表す. 小判型は終端記号である. このような記号を使って処理の流れを表現する図（ダイヤ
グラム）を流れ図またはフローチャート（flow chart）という.

(a) オーダーの様子

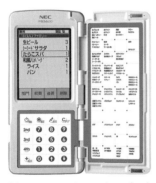

(b) ハンディターミナル（HT）

(c) タブレット

図 **1.8** オーダー入力の様子（写真提供：NEC プラットフォームズ㈱)

HT は図 1.8 (b) の構造になっている．料理を入力するキーは，品物の種類や品名が段階的に表示されるので，キーにタッチする．テンキー（0〜9 の数字のキー）は，テーブル番号，人数，品名，個数などを入力するのに使う．図 1.9 の手順で入力されたデータは HT の記憶装置に図 1.10 (a) に示した形で記憶される．担当者や品名が名前ではなく番号で入っていることに注意しておこう．このひとまとまりのデータは，機械化以前に手書きされていた注文票（図 1.5）1 枚の内容と同じものである．このようにひとつのまとまり（単位）として取り扱われる項目の集まりをレコードと呼ぶ．項目は意味をもつデータの最小の単位である．

フロア担当者がその客席のすべての注文を聞き，入力し終えると終了キーを押す．この瞬間に HT に記憶されていたレコードは無線で POS ターミナルに送信される．フロア担当者は 1 人 1 台ずつ HT をもっているから，同時に終了キーを押すこともありえる．このときは，POS が先に認知したほうのレコードの送信が終了するまで，後のほうは待たされる．しかし，1 件の送信はほとんど瞬時に完了するので，担当者は待たされたとは感じない．一方，セルフオーダーの場合には客席のタブレット端末から客自身が同じデータを入力する．

送信されたレコードは順番に POS の記憶装置に収容される．このときコンピュータが管理している内部時計から，そのときの時刻が読み取られ付加される．記憶された様子を書いたものが図

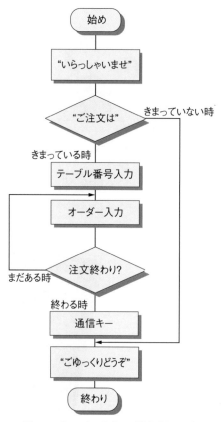

図 **1.9**　オーダー入力の手順（流れ図）

1.10(b)のオーダーレコードである．このようなレコードが集まったものをファイルといい，磁気ディスクなどの保存可能な記憶装置に収容される．この場合は，伝票番号を相対レコード番号に対応させて編成した相対ファイルである．ファイル，レコードおよび項目はビジネス情報システムにおいて重要な概念であるので，よく理解しておこう．

　2)　オーダー伝票の印刷
　POS のコンピュータは，いま入力されたレコードをもとにしてオーダー伝票をつくり，図1.11の形でオーダープリンタに印刷する．フロア担当者は料理や飲み物等とともにこの伝票を客席にもっていく．この伝票は客が注文の内容を確認し，会計のときにレジに持参するものである．
　オーダー伝票と，もとになったオーダーレコード（図1.10）の内容を比較してみよう．オーダー伝票では，オーダーレコードにあった品物番号が品名に変わり，金額が計算され印刷されていることに気づくだろう．こういうことが可能になるには，品物番号から品名と単価がわかる仕組みがコンピュータのなかになければならない．このため，コンピュータに PLU 表（価格検索表：Price Look Up table）という表が管理されている．この表は図1.12の形をしており，品物番号と品名，単価，税区別などを対応させたものである．コンピュータはオーダーレコードの品物番号をもとにして，PLU の品物番号欄を検索し，該当の品名や単価などを得てオーダー伝票にプリントするのである．

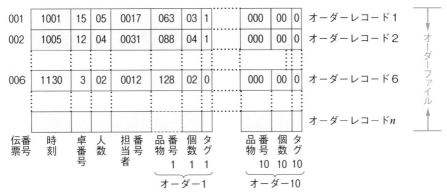

(a) ハンディターミナルでのオーダーレコード

(b) POSターミナルでのオーダーファイル

図 1.10 オーダーレコードとオーダーファイル

オーダー伝票

図 1.11 オーダー伝票

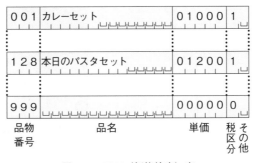

図 1.12 PLU（価格検索）表

3)　調理内容の表示と調理後の消し込み

　POS のコンピュータはオーダーレコードと PLU 表から得た品名などのデータをもとにして，図 1.13 (a) に示したように，調理の内容を調理場のディスプレイに表示する．ここには，行番号，品名，個数，テーブル番号，サイドオーダーなどが表示される．また，ポピュラーなメニューとそうでないものとを区分して表示するなどの工夫がなされている．調理人はこの表示に従って調理する（図 1.13 (b)）．調理が終わると，調理人は図 1.13 (c) に示したタブレットやキーボードから，いま調理したものの行番号を入力する．この番号は POS のコンピュータに伝えられ，コンピュータは該当のレコードの注文に調理完了のタグ（tag：札）をつける．図 1.10 のオーダーレコードのタグ欄の "1" が調理済みを示している．そして，調理場のディスプレイの該当料理の表示を消去する．このために調理人が行った入力操作を消し込み操作という．

4)　オーダーの印刷

　消し込み操作が行われると，POS のコンピュータは図 1.11 に示す伝票をオーダープリンタに印字する．この伝票を見て，フロア担当者が料理を取り揃え客席に運ぶ．近ごろは配膳補助のロボッ

```
01  カレーライスーー 14  10  10  05  05  06  06  06  06  …
02  スパゲッティ
03  ハムサンドーーー 2  03  03
04  ミックスサンドー 2  08  08                              固定メニュー
05  エッグサンドーー 1  05
06  コーヒーーーーー 2  A11

07  ハンバーグステーキーー 1  04
08  ビーフカツレツーーーー 2  09
09  ステーキセットーーーー 1  13  オニオ  レア  マヨネ  ライス  コーヒ    オーダーメニュー
20  本日のパスタセットーー 2  03
  :
  :   ………
```

(a)　調理内容の表示

(b)　調理人の様子

(c)　タブレット

図 **1.13**　調理内容の表示と調理人（写真提供：NEC プラットフォームズ㈱）

トも見受けられるようになった.

5)　調理時間の監視

　POS のコンピュータはオーダーファイルのデータと内部時計をもとにして，調理時間を一定周期でチェックする．つまり，あらかじめ定められた時間（この時間は料理によって異なる．たとえばカレーライスは短く，サーロインステーキは長い）を経過しても調理完了にならないと（つまり消し込み操作が行われず，オーダーレコードの調理完了タグが1にならないと），調理場のディスプレイの該当行を赤字にして，優先して調理するよう促す．さらに一定時間以上が経過すると赤字を点滅させて，調理人に警告する．オーダーレコードにオーダーが入力された時刻が記入してある理由のひとつは，調理時間の監視である．このように，人間などのシステムと連係して動作し，記録，分析して警告を発するようなものをシステムの監視（モニタリング）という．

6)　会計

　客は食事や喫茶を終えるとオーダー伝票をもってレジへ行く．会計担当者は POS ターミナルのキーボードから伝票番号を入力する．POS のコンピュータは，伝票番号を相対レコード番号として抽出したオーダーレコードと PLU 表からの情報をもとにして，利用明細書を作り，表示する

(a)　チェックアウトの様子

＊＊登録＊＊		伝票：005　テーブル：3　人数：2			
No	メニュー	区分	単価	数量	金額
1	本日のパスタセット	外税	1200	2	2400
割/値引：			小計	2	2400
ホウシ ：		合計	2,640		
税金　： 240		預り	5,000		
		釣り	2,360		

図 1.14　チェックアウトの様子と利用明細書例

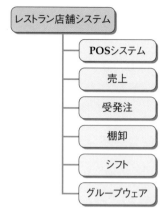

図1.15　レストラン店舗システムの構成図

（図1.14）．客が代金を支払うとレシートを印字し，所定の操作を経て1件の処理を終える．

⑶　店舗の情報システム

　以上に述べたPOSシステムとオフィスのシステムを合わせて図1.15に示す．店舗の情報システムを構成しているこのような図を分解図または構成図と呼んでいる．

⑷　機械化によってもたらされた利益

　以上に示したレストランの情報システムによって，客席フロア，調理場およびレジにおけるコミュニケーションがコンピュータと関連機器を利用して円滑に行えるようになった．

　図1.10のオーダーファイルには客の人数，サービスを受け持った担当者，注文の内容が時刻とともに記憶されている．このファイルは定期的に本部のコンピュータに送られて，より容量の大きいディスクに収容される．こうしたデータを分析することにより

- ・売上分析（時間帯別，曜日別，月別など）
- ・売上予測（時間帯別，曜日別，月別など）
- ・スタッフの管理と手配
- ・食材の管理と手配
- ・給料計算，人事管理

などが行える．このようなことは，データが品物ごとに細かく蓄積されているから可能になる．一品ごとに品物を管理する方法を単品管理と呼ぶ．

　この項のレストランシステムと1.2.1項で取り上げた手作業によるシステムを比較すると，コミュニケーションの円滑化とデータの分析に基づいた予測が可能になり，人手に頼ったシステムで指摘した問題点が解決されていることがわかるであろう．これをまとめると次のようになる．

　a.　フロアの作業効率が向上する．
　　　オーダー入力から会計まで一貫した流れとなり，情報伝達に人手の介在を必要としない．
　b.　顧客サービスが向上する．

正確な配膳，公平で気のきいたサービスなどが可能となる.

c. 調理場作業にメリットをもたらす.

次のようなことにより，調理のミスを防ぎ，調理人の精神的負担を軽減する.

　　・ディスプレイによる調理順序の指示

　　・ディスプレイによる調理時間超過の表示

　　・特急メニューなどのオーダー順に出さない品物の表示

d. 人材の確保が容易になる.

機械化により操作が簡単になるので短期間の訓練で作業ができるようになる.

e. 事務作業の合理化ができる.

店舗で発生したデータは時刻とともに保存されているので，集計・分析などが簡単かつ正確に行える. たとえば，次のようなことが可能となる.

　　・日次，月次の損益計算

　　・メニュー別予測

　　・食材などの発注，食材の無駄の防止

　　・人材の適正配置

1.2.3　レストラン情報システム（チェーン店システム）

チェーン店システムの場合は，本部（フランチャイズ）と複数の店舗（フランチャイジー）と仕入先からなり，それぞれネットワークで結ばれて図 1.16 のように構成されている[7].

情報システムとしては，本部のシステム，店舗のシステムおよび仕入先システムからなり，図 1.17 の構成になる.

⑴　**本部のシステム**

本部の主なサブシステムの概要を示す.

a.　コミュニケーションツール

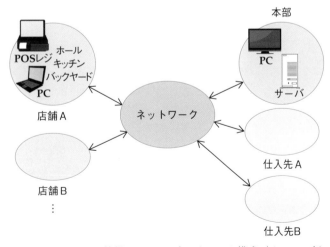

図 1.16　レストラン情報システムのネットワーク構成（チェーン店）

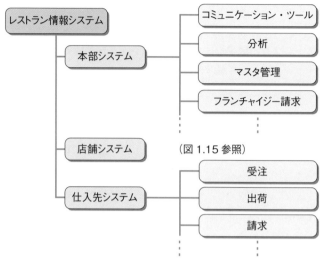

図 1.17 レストラン情報システムの構成（チェーン店）

グループウェアやワークフロー管理ツールからなり，本部と店舗とのコミュニケーションの役割などを果たす．

b. 分析

本部および店舗の分析を行う．

c. フランチャイジー請求（FC 請求）

フランチャイジー（店舗）に対する売上ロイヤリティの請求や一括仕入れの管理などを行う．

(2) 店舗システム

店舗システムは，おおむね 1.2.2 項で述べたものが適用される．

(3) 仕入先システム

食材などの受注・出荷および請求業務を行うサブシステムから構成される．

1.2.4 レストラン情報システム（クラウドコンピューティング）

クラウドコンピューティングの場合のレストラン情報システムの構成を図 1.18 に示す．

各店舗には POS レジスタ，ハンディターミナル，タブレット，オーダープリンタやキッチンターミナルなどが設置され，ネットワークの先の店舗のシステムと結ばれて，図 1.15 に示した役割を果たす．各仕入れ先についても同様に必要な機器が設置され，ネットワークで結ばれていて，図 1.17 の仕入れ先システムに示した役割を果たす．本部についても同じである．こうした仕組みをベンダ企業等が提供することによって，店舗，仕入れ先および本部は，ハードウェア，ソフトウェアなどの運営管理などから解放され，それぞれの業務に専念できるのである．

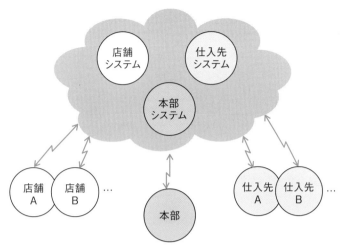

図 1.18 レストラン情報システム（クラウド）

 1.3 情報システムの学び方と職業

1.3.1 情報システムの学び方

　1.2節で述べたレストランのシステムを通じて，情報システムと接する3つの立場の人がいることを理解しよう．それぞれの立場で学ぶべきコンピュータや情報システムに対する項目と深さが異なる．

⑴ 情報システムを利用するだけの人
　フロア担当者，調理人および会計担当者はレストランのシステムにおいて，それぞれ担当している機器を操作しているだけである．この人たちは与えられた情報システムを利用している人である．この人たちが学ばなければならないのは，コンピュータに関する常識，つまりコンピュータリテラシである．しかし，この人たちも単に利用するだけでなくシステムに対して意見をもち，どうあるべきか，どう改善すればいまよりもっと仕事が楽になり，かつ顧客の満足度合いを上げられるかを考えるべきであろう．そのためにはコンピュータリテラシを少し越えて勉強することが求められる．

⑵ 情報システムを自分の仕事に積極的に活用している人
　レストランにおける店長や仕入担当者はバックヤードのコンピュータを使って，店の売上を集計したり，仕入計画を立てている．レストランを取り巻く環境はどんどん変化するので，以前用いていた予測方法ではうまくいかない．今日の売上，ここ1か月の売上や昨年同時期の売上を分析している．彼らは情報システムを自らの仕事の道具として活用している．最近は使いやすいデータベースパッケージや統計パッケージなどがあり，条件を選択したり設定することによって，データベー

スからデータを抽出・分析して希望するかたちで情報を提供してくれる．ここに示した店長や仕入担当者のように，コンピュータの担当者ではないものの自分の意志でコンピュータに仕事をさせることをエンドユーザコンピューティング（EUC：End User Computing）という．この人たちにはコンピュータリテラシが必須であり，かつ業務に精通し，統計や予測などの手法に関する常識とソフトウェアの使い方に習熟していることが必要である．情報時代になってこのタイプの人がますます求められるようになっている[9]．

（3）　レストランのシステムを構築した人

　1.2節に示したレストランのシステムは何百本ものプログラムから構成されている．このシステムは，レストラン経営の要求を分析し，それを実現するための方策を立てて，システムを設計し，プログラムを開発して設置されたものである．こうした仕事に携わる人のことをシステムアナリスト（System Analyst：SA）とかシステムエンジニア（System Engineer：SE），プログラマ（Programmer）などと呼んでいる．プログラマはもっぱらプログラムを作る人ということで定義は比較的はっきりしているが，SAとSEの区別はそれほど明確ではない．エンジニアと呼ぶので理工系の人を想像するかもしれないが，ビジネスにかかわるシステムを担当しているのは文系の人も多い．

　情報システムは，情報を真に必要としている人が必要なタイミングで，しかも好ましい形で利用できるものでなくてはならない．ここで「情報を真に必要としている人」とは誰かを考えてみよう．たとえば宅配便のシステムにおいて情報を必要としている人は，宅配便に携わる人たちだけではない．それ以上に，宅配便を利用する人たちのことを考えなくてはならない．ここで利用する人というのは，荷物を委ねる人だけではない．宅配会社を選択するために，輸送に要する日数や配達時間帯の指定などを問い合わせてくる潜在顧客がいる．あるいは，学生が勉強のためにその会社の荷物の取扱量を尋ねてくるかもしれない．こうした諸々の要求に応じる工夫が，画期的な顧客サービスの向上をもたらし，企業の戦略情報システム（SIS：Strategic Information System）を実現するのである．企業の戦略目的にかなう情報システムは，長い目で見て社会になじむものでなければならない．

　以上に述べた理由によって，情報システムの発案，構築および運営に携わる人は業務やコンピュータ，通信システムなどに精通しているだけでなく，それがかかわり合いをもつところに精通していなければならない．学問領域としては，情報学，経営学，経済学，社会学，応用数学，文化人類学など多岐にわたる．こういう学問を情報システムという視点で修めた人が必要となる．

　戦略情報システム（SIS）と呼ばれるように，情報システムがビジネスの根幹にかかわる時代になり，情報システムの質でビジネスの質が問われるようになった．つまり，企業などの組織が情報システムを競うようになっている．こうしたシステムの専門家に対する要求がこれからも増え続けると思われる．

1.3.2　情報システム関係の職業と資格

　情報システムとそれを具現化するIT（情報技術）関連の職業は，対象企業が情報システムやITを生業としているかどうかで区別して考える．ITを生業としている企業は，システムインテグレータ，ソリューションプロバイダ，ソフトウェア会社などと呼ばれ，企業や行政機関などからシステムの要求分析，設計実装から運営の仕事に至る全体あるいは部分を請け負い実施する．これら以

外の企業は，商社やメーカーなど本来の仕事をもち，その一部門として「情報システム部門」をもっている.

　システムインテグレータ（日本では **SI'er**：エスアイアーまたはベンダ企業と呼ばれることがある）は，顧客の情報システムを受注し，構築運営するために，おおむね次のようなスタッフを擁し，役割を分担している.

　　a)　セールス：ビジネス課題を確認し，解決策を提案し受注
　　b)　コンサルタント：ビジネスの目標，戦略，解決策等を助言
　　c)　プロジェクトマネージャ：プロジェクトの管理と統制
　　d)　IT スペシャリスト：システムの設計・実装を行い，運営を支援
　　e)　アプリケーションスペシャリスト：アプリケーションコンポーネントを設計・実装
　　f)　カスタマーサービス：ハードウェア，ソフトウェアの導入・保守

　これに対して，OA 事務，システムアナリスト，システムエンジニア，プログラマ，インストラクタ，サポートエンジニア，組込みエンジニアなど，別の呼び方もある.

　組込みエンジニアは，「組込みシステム」を開発するエンジニアの総称である.

　組込みシステムには，自動車に搭載する車載組込みシステム：ECU（Electronic Control Unit）と家電品や工場・オフィスなどの機械に組込まれるシステム（マイコン：マイクロコントローラ）とがあり，いずれもコンピュータでありプログラムを必要とする. これらのプログラムが PC 等と大きく異なるのは，CPU やメモリなどリソースの節約が重視される点である. IoT（モノのインターネット）の広がりなどのために需要が増え，注目されている.

　システムインテグレータ以外の企業の情報システム部門は，上記 a)以外のスタッフを選択的にもち，それ以外のスタッフをシステムインテグレータに委ねていると考えてよい.

　教育機関を卒業した者は，a)，e)および f)の仕事からスタートすることが多い.

　IT 関連の個人の能力を認定するために，経済産業省の下部機関である情報処理推進機構が実施している国家試験としての「情報処理技術者試験」[10]やメーカーの運営する資格試験などがある. それぞれの職種と水準で試験が実施されており，採用，人材の配置や育成などにおける個人の能力を測る物差しとして利用されている.

　情報処理技術者試験は経済産業省が管轄する国家試験であって，情報処理推進機構（IPA）が管理運営する. 体系を図 1.19 に示す. レベルは難易度を表す.

　図の中央，情報処理技術者試験が初期の段階からあったもので，左右のものは後で付け加えられたものである.

　IT パスポート試験と情報セキュリティマネジメント試験は，IT を利活用する者向けの試験であり，前者はとくにすべての社会人を対象にしたものである.

　情報処理安全確保支援士は，2017 年に設けられた IPA 初の国家資格である.

　なお，試験・資格というものの，有資格者でないと遂行できない業務というものはない.

　情報システムは，社会全体のインフラストラクチャを支える重要な仕組みであり，それに関連する仕事に携わることは，社会を支えるといっても過言ではあるまい. このことが，市民の共通認識として定着し，優秀な人材が関連業種に集まり成長していくことが，社会や国家が発展するために強く求められている.

図 1.19 情報処理技術者試験と情報処理安全確保支援士資格

◆ 情報システム技術者は地球の危機を救えるか

　現代社会は，隅々まで情報システムによって支えられています．一見メカの固まりのような自動車を例に取ってみても，コストの50%超が電子部品で占められています．その中にはコンピュータ（マイコン）も含まれ，高級車になると百数十個以上も使われています．格納されているソフトウェアは1000万行にも及び，これは1980年代半ばに構築された銀行の第3次オンラインシステムに匹敵すると言われる巨大な情報システムです．そしてこのようなシステムを創ったのも運用維持しているのも，情報システムの技術者です．技術者といっても理系の人ばかりでなく，文系の人も大勢含まれています．

　人類はこれから人間・社会・環境などに関する難題を解決しなければならないと言われています．そのため，スマートグリッドなど世界的規模の巨大プロジェクトが目白押しですが，これらの中心には常に情報システムがあります．情報システムの仕事に携わることは，人間社会に貢献することにつながります．肉体的な力はいりませんから，老若男女，平等に機会が与えられ，明るい未来が開けています．優秀で創造力のある人材が情報システムの仕事にかかわり，未来の地球を支えてほしいものです．

演習問題

1. 情報化時代とはどのような時代を指すか．説明しなさい．
2. 情報システムとは何か．
3. 情報システムの例をあげ，それぞれどのような役割を果たしているか考察しなさい．
4. コンピュータとネットワークを利用したレストランの情報システムがどんな利益をもたらしたか調査

してレポートを作成しなさい.

5. 情報化時代にあって，エンドユーザはコンピュータや情報システムに対してどのような知識を持つべきかを考えなさい.

6. 人間がコンピュータに使われるというのはどのようなことか，またそれを回避するにはどうすればよいかを考えなさい.

7. コンピュータや情報システムに関連する職業にはどのようなものがあるか，またその職業に従事するためにはどのような学問や訓練が必要か，調べてみよう.

8. 「IT パスポート試験」はどのようなことを意図して設けられた資格試験か，調べてみよう.

9. 図1.1の地域医療連携システムを見て，どんな点で便利になるか，みんなで議論しなさい.

文献ガイド

[1] 今道友信：未来を創る倫理学―エコエティカ，昭和堂，2011.

[2] 西垣通：基礎情報学―生命から科学へ―，NTT 出版，2004.

[3] 情報システム学会：真の「マイナンバー制度」を導入するために，https://www.issj.net/teigen/1307_mynumber.pdf（2022.12.2）

[4] 情報システム学会編：情報システム学会小冊子，情報システム学会，2015.

[5] 魚田勝臣編著，渥美幸雄，植竹朋文，大曽根匡，関根純，永田奈央美，森本祥一著：グループワークによる情報リテラシ 第2版，共立出版，2019.

[6] IT 活用による安心・安全な社会の構築，行政&情報システム，Vol.43，2009.4.

[7] 日立情報：飲食業様向け ASP サービス「Bistro Mate」㈱日立情報システムズ，2019.10.22.

[8] 浦昭二，神沼靖子，宮川裕之他編：情報システム学へのいざない―人間活動と情報技術の調和を求めて―（改訂版），培風館，2008.

[9] 島田達巳，高原康彦：経営情報システム（改訂第3版），日科技連，2007.

[10] 情報処理推進機構：情報処理技術者試験，2022.9.18.

[11] 猪平進，齊藤雄志，高津信三，出口博章，渡辺展男，綿貫理明：ユビキタス時代の情報管理概論―情報・分析・意思決定・システム・問題解決，共立出版，2003.

[12] IT 戦略本部：IT 新改革戦略，2019.10.22.

[13] 朝日新聞社：国の電子申請非効率，朝日新聞，2009.11.8.

[14] 内閣府：Society 5.0 https://www8.cao.go.jp/cstp/society5_0/（2022.12.2）

[15] 人工知能学会編：人工知能学大事典，共立出版，2017.

第2章

ビジネスと情報システム

　情報システムの最たる活躍分野はビジネスの世界であろう．高度情報化社会においては，情報システム抜きのビジネスはあり得ない．ビジネスの世界へのコンピュータ・システムの導入は1960年代に遡るが，その形態も時代と共に劇的に変化してきた．近年の情報通信技術（ICT：Information and Communication Technology）の急速な進歩により，情報システムはビジネス自体を変化させるまでに至っている．この章では，企業における情報システムとビジネスとの関係について学ぶ．

2.1　企業情報システム

　企業は人の集合体であり組織によって運営され，利益を得ることを目的として活動する．この活動を業務と呼ぶ．企業では，業務を遂行するために「情報の収集・処理・伝達・加工」といった情報処理を行っている．情報処理は，人手により処理される部分とコンピュータにより機械化されている部分とに分けられる．つまり，企業における情報システムとは，実際に業務を行う主体である組織と，情報処理システムからなる．本節では，業務の種類や構造，処理形態，業種などの側面から分類したさまざまな企業情報システムを具体的に見ていこう．

2.1.1　企業情報システムの分類

　企業活動における業務は，その特徴によりいくつかの分類がある（表2.1）．まずは業務が構造化されているかどうかの違いにより，定型業務（Routine Task）と非定型業務（Non-routine Task）に分けられる．定型業務とは，決まったタイミングで定常的に行われる業務であり，担当する組織や処理手順が定められた業務である．毎月行う給与計算などが該当する．一方，非定型業務とはその時々に突発的に発生する業務で，担当組織や処理内容も決まっていない．新商品の企画などが該当する．

　さらに，業務内容により基幹系業務と情報系業務に分類できる．基幹系業務とは，その企業本来

表 2.1　企業活動における業務の例

	定型業務	非定型業務
基幹系業務	生産管理，販売管理	商品開発
情報系業務	顧客管理	売れ筋商品の分析

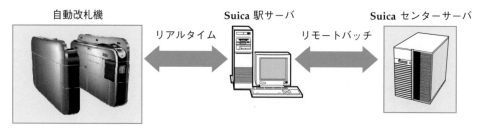

自動改札機　　　　　　　　　　Suica 駅サーバ　　　　　　Suica センターサーバ

リアルタイム　　　　　　　　リモートバッチ

図 2.1　オンラインリアルタイム処理とリモートバッチ処理の例

の業務と直結した業務であり，企業の付加価値をつける流れに沿った業務である．情報系業務とは，基幹系業務以外の業務であり，企業活動により発生する情報を活用した経営方針や戦略の決定などである．企業における情報システムは，その支援する対象業務によって「定型業務システム」と「非定型業務システム」，もしくは「基幹系業務システム」と「情報系業務システム」に分類される場合が多い．

　基幹系業務システムは，データの発生源とコンピュータへの入力を行う場所が同じか，別の場所に運ばれて入力されるか，またそのデータが即時処理されるか，ためておいて一括で処理されるかによってシステムの処理形態を分けることができる．たとえば，企業における給与計算や売掛金の請求業務のように，処理のタイミングが業務上決まっていてデータが揃ってから処理するものと，在庫の問合せや座席予約のように，データが発生するたびに個別に処理しなければならないものがある．前者のように処理すべきデータがたまってから束（バッチ）にして処理する方式をバッチ処理（一括処理）といい，後者のようにデータの発生のつど処理する方式をリアルタイム処理（即時処理）という．

　次に，データの発生源と入力場所に注目してみる．たとえば受注業務において受注データは営業所などの部門で発生する．これらのデータが各場所から伝票やメモの形で集められ，バッチ処理のために発生場所とは異なる場所に運ばれて集中的にコンピュータに入力される場合をオフライン処理という．それに対して，データが発生する営業部門などにコンピュータとつながった端末があり，そこから直接受注データを入力する場合をオンライン処理という．つまり，データの発生源とコンピュータが直接的につながっているのがオンライン処理であり，つながっていないのがオフライン処理である．リアルタイム処理では，一般にデータは発生するつどその場で入力するのでオンラインリアルタイム処理という．たとえば，JR 東日本の Suica システムでは，管理センターに保存してあるデータと Suica カードに保存されているデータを照合して不正乗車やデータ改竄を防止しているが，すべての改札機が管理センターとリアルタイムに通信しているわけではない．駅ごとに1日分の改札の入出データを蓄積しておき，最終電車が終了し改札を閉じた後に管理センターへデータを送ってバッチ処理している（図 2.1）．このように，データはオンライン入力するが処理はバッチ処理することをリモートバッチ処理という．インターネットなどのコンピュータ・ネットワークが発展している現代においては，オンライン処理が主体である．

2.1.2　企業情報システムの役割の変遷

　歴史的に見ると，企業における情報処理システムの機械化は定型業務や基幹系業務の支援が中心

であった．1960 年代の企業情報システムは **EDPS**（Electronic Data Processing System）と呼ばれ，企業における定型業務を機械化することが目的であった．その後，コンピュータ技術の革新によりパソコンの低価格化や高性能化が進み，企業の情報化投資への興味が定型業務や基幹系業務の支援から非定型業務や情報系業務へ移ってくると，企業活動において発生する情報をコンピュータによって一元化し，経営管理を行うことを目的とした **MIS**（Management Information System）や **DSS**（Decision Support System：意思決定支援システム）が登場した．MIS という用語は，経営情報システムと訳され，今日ではかなり広い意味で使われており，企業情報システムそのものを指すことも多い．本書での MIS は，1970 年代当時の MIS を指すこととする．MIS や DSS は，蓄積した情報を元に意思決定を支援するシステムであるが，前者が定型的意思決定を主たる対象としているのに対し，後者は非定型的な意思決定を目的としており，直接的な利用者として経営者を想定している．MIS は，売上情報等を一元管理し，その結果を表示するところまでで終わりであったが，DSS は経営者が必要とする情報，たとえば各事業部門の売上や競争各社の営業状況などとともに，それらを分析するツールを提供することを目的としていた．つまり，MIS は単に集めた情報をユーザに提示するだけで，そこから何かを読み取って判断するのはユーザ自身であるが，DSS は集めた情報からその傾向を解析したり予測したりして，意思決定に必要な判断材料を提示してくれるのである．

さらに 1980 年代になると，情報システムの導入そのものが企業戦略と直結することから，戦略情報システム（**SIS**：Strategic Information System）と呼ばれるようになった．1990 年代以降は，業務自体を抜本的に改革する **BPR**（Business Process Reengineering）が重視され，情報システムはその実現のために必要不可欠なインフラとして導入されるようになった．そして 2000 年代に入ると，業務だけでなく，組織全体を情報システムにより変革する **DX**（Digital Transformation）が指向されるようになった．SIS と BPR，DX については 2.2 節で詳しく述べる．

以上の変遷は，企業情報システムの目的の変化の過程とも言える．対象とする業務が定型から非定型へ，基幹系から情報系へと広がっていき，企業経営への直接的な貢献が求められるようになっていったのである（図 2.2）．

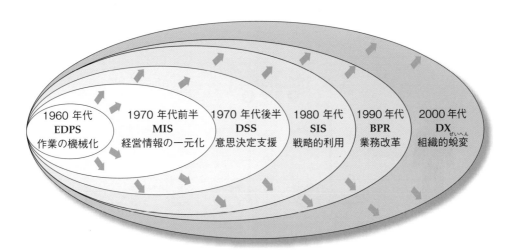

図 2.2　企業情報システムの利用目的の拡大

2.1.3　業種と情報システム

　企業情報システムの目的は，企業の活動を支援することである．企業の業務は，業種によって大きく異なり，そのため利用する情報システムも異なってくる．ここではいくつかの業種に絞り，具体的な情報システムの目的や機能を紹介する．

(1)　製造業の情報システム

　製造業は，原材料を加工し製品を生産して販売する業種である．一口に製造業といっても，素材から製造するようなものから部品を組み合わせて製品を製造するものまでさまざまである．また扱う製品によって顧客の注文を受けてから生産する受注生産や見込生産など，生産方式も異なる．製造業における基幹系業務システムとしては，生産管理システムや在庫管理システムがある．生産管理システムは，生産する商品の数量や，納期，生産を行う設備や人員などの能力といった制約条件から，最適な生産計画を作成するシステムである．また，在庫管理システムは，現在の在庫数や生産状況から適正な在庫を管理する．製造業においては，在庫管理も重要な基幹業務となる．在庫を過剰に持った場合，利益を得ることができないだけでなく，在庫を管理するためのコストも発生してしまう．逆に，在庫が極端に少ない場合，品切れを引き起こして顧客を逃すことになり，在庫数を適正に管理することはきわめて重要である．原材料・部品の調達から製品の製造，流通，販売まで，製品が商品として消費者に届くまでの一連の流れをサプライ・チェーン（Supply Chain）という．このサプライ・チェーンの上で生産数，在庫数，販売数などのデータを部門・企業間を越えて共有し，生産管理や在庫管理を最適化することを **SCM**（Supply Chain Management）という（図2.3）．インターネット販売で最も成功したといわれるパソコンメーカー，デル（Dell）社は，部品の調達を顧客からの注文に応じて行う受注生産方式を取っており，SCM によって部品在庫を極限まで減らすことに成功している．製造業における情報系業務システムは，データ解析により需要予測を行う．基幹系業務システムの生産数や在庫数，市場の動向や流行といったデータを利用し，回帰分析や多変量解析などの統計的な計算を行い，生産管理や在庫管理へフィードバックする．

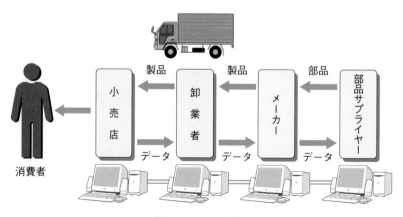

図 2.3　SCM の流れ

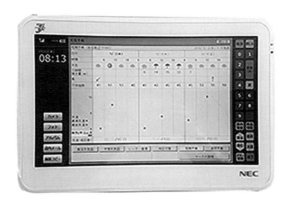

図 2.4　電子受発注台帳の端末装置（写真提供：NEC プラットフォームズ㈱）

(2)　流通業の情報システム

　次に流通業のシステムを見てみよう．製造業同様，流通業も規模や販売対象によってさまざまであるが，基幹系業務システムとしては販売管理システムと受発注管理システムがある．流通業では，生鮮品などの廃棄ロスや，品切れによる販売ロスを減少させることが重要となる．そのためには商品管理の徹底を図らなければならない．最近の小売業における販売管理システムは，売上の発生と同時に行う販売時点管理システム（**POS**：Point of Sales）によるのが普通である．コンビニ大手のセブンイレブンなどでも，POS レジと呼ばれる POS 専用のレジスタが導入され，売上をスキャナでレジに入力すると同時に，商品名，販売個数，時刻，商品の組合せなどのデータが自動的に収集されている．さらに店員が顧客の性別や年齢などを見分けて客層キーを押すことにより，顧客種別も入力できるようになっている．これらの情報はすべて本部に送られ，受発注管理に利用される．また，POS による情報収集と同時に物流にも気を配らなければ，廃棄ロスや販売ロスを減少させることはできない．受発注管理システムは，店舗や小売店からの注文を受け，さまざまな制約条件を考慮して最適な配送計画を作成する．セブンイレブンの各店での発注は，電子受発注台帳を用いて行われている（図 2.4）．電子受発注台帳の端末装置には，各商品の販売実績，推奨売価，粗利益率，発注単価，納品日などのデータが表示され，店側ではそれに従って発注を行う．発注データは，セブンイレブンの本部にあるコンピュータに送られ，そこから共同配送センターに出荷指示が出される．配送車が加盟店を回る順番はコンピュータによって商品の量などを考慮した上で決定され，配送センターではそれに従って商品が並べられていく．その順に配送車へ積み込めば，荷下ろしの時間や手間は最小限に抑えられるわけである．

　流通業における情報系業務システムは，商品の売れ筋分析などを行う．POS などの基幹系業務システムから得た膨大なデータを蓄積するためのデータベースをデータウェアハウス（Data Warehouse）と呼ぶ．また，データウェアハウスに蓄積された大量のデータを解析し，その中に潜む項目間の相関関係やパターンなどを探し出す技術をデータマイニング（Data Mining）という．データベースについては詳しくは 6.7 節で学ぶ．データウェアハウスやデータマイニングは，MIS や DSS を実現するための中核技術である．POS から得たデータから顧客の購買行動や売れ筋商品を分析し，受発注管理にフィードバックする．さらに，ユビキタスネットワーク社会（3.5 節参照）となった現代では，後述するスマートフォンや IC カードが普及・高機能化し，データ／情報

を収集する機会や手段が多様化した．このため，さまざまな情報システムにより日々膨大なデータ／情報が収集，蓄積されている．IT 専門調査会社の IDC によると，2025 年には全世界で 1 年間に発生するデジタルデータの量は 175ZB（ゼタバイト：$\times 10^{21}$，データ量については 4.2 節で学ぶ）ものデータが生成されているという．これらのデータは，Suica などの IC カードや携帯電話の GPS の履歴情報，ソーシャルメディアをはじめとしたインターネットサービス上の投稿や写真・動画データなどから構成され，ビッグデータ（Big Data）と呼ばれる．ビッグデータは膨大で複雑なデータの集合体であるため，その保存や分析の技術が課題となっている．どのような方法でどのようなデータを収集するのか，蓄積したデータをどのように分析し，いかに有益な情報を得るのか，その活用は企業の戦略的な課題である．

　また宅配便業も流通業の一種であるが，販売業とは異なる情報システムを持つ．宅配便業で最も重要なのは荷物の追跡である．輸送中のトラックの現在地を，有料道路の ETC システム（Electronic Toll Collection System：電子料金収受システム），またはドライバーの携帯電話や車載の GPS（Global Positioning System：全地球測位システム）などによって把握し，配達中の荷物を追跡できるよう，トレーサビリティ（追跡可能性）を保証しなければならない．また，近年では RFID（Radio Frequency Identification）タグと呼ばれる超小型の IC チップが実用化されつつある（p.77 参照）．RFID はバーコードなどと比較して記録できる情報量が多く，リーダを近づけるだけで読み取れるため，荷物に付与し，新たな流通管理の手段として期待されている．

(3)　金融業の情報システム

　金融業情報システムでは，現在の ATM（Automated Teller Machine：現金自動預払機）に見られるように，業務の性質上，他の業種よりもいち早くオンライン化が要求された．また法改正などの影響をたびたび受けたため，その変遷も激しい．最近では株券の電子化などが耳に新しい．金融ビッグバン以後は，金融機関同士の統廃合が進んだため，他の業種と比較しても大規模な情報システムの変更が頻繁に起こっている．2002 年にはみずほ銀行で，2008 年には三菱東京 UFJ 銀行で，統廃合に伴う銀行系情報システムでの障害が相次ぎ，社会的な問題となった．みずほ銀行では，その後も 2011 年，2021 年と大規模なシステム障害が頻発している．このように，金融業の情報システムは私たちの日常生活に与える影響が大きいのも特徴である．

　金融業情報システムでは，金銭の流れというきわめて重要なデータを扱うため，厳しい即時性と高い信頼性が要求される．金融業においては入出金管理が基幹業務となる．銀行口座における入金や出金など，関連する複数の処理（取引）をひとつの処理単位としてまとめたものをトランザクション（transaction）という．銀行情報システムは，口座残高に矛盾が起こらないよう，厳密なトランザクション管理を行う（図 2.5）．また，インターネットバンキングやインターネット投資，モバイルバンキングなどの新しいサービスも始まり，ネットワークを介したパソコンやモバイル端末と情報システムとの連携も重要な機能である．金融業における情報系システムではリスク管理を行う．金融業はさまざまな金融商品を取り扱ったり，自らがリスクを課して融資を行ったりしているため，どのようなリスクが存在するのかを把握したり，それらがどの程度の確率で起こり得るのか，回避するにはどうすればよいのかといったリスク管理を行うことが重要となる．また，取引記録から顧客が将来生み出すであろう収益や，顧客の信用リスクなどを算出して，それぞれの顧客に応じたサービス提供や金融商品の紹介に活用するといった顧客関係管理（CRM：Customer

AさんとBさんが同時にひとつの口座にアクセス

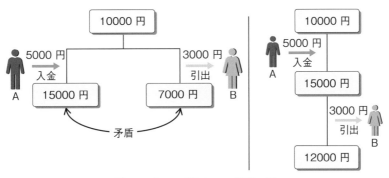

図 2.5　トランザクション管理の例

Relationship Management）を行っている．

　CRM の仕組みは，現在では金融業以外のさまざまな業種にも応用されている．たとえば，カルチュア・コンビニエンス・クラブ株式会社が運営する国内最大規模の共通ポイント「T ポイント」は，カラオケ店，ホテル，コンビニエンスストア，スーパーマーケット，飲食店，ネットショッピングサイト，公共図書館など，さまざまな施設・店舗でポイントを貯めたり，利用したりできるサービスである．T カードには，会員の性別や年齢といった属性情報や，それぞれの施設・店舗での購買履歴が記録されており，こうしたデータを戦略的に利用することで，顧客とのつながりを深めるさまざまな取り組みを行うことが可能となる．現在は，利用可能施設・店舗を跨いだデータ共有は行われていないが，将来的には業種を超えた横断的な活用が予定されており，今後のサービス展開が期待されている．また，CRM の発展として，商品やサービスの利用を通じて顧客が感じた経験価値を管理し活用する顧客経験管理（CEM：Customer Experience Management）も，企業が取り組むべきマーケティング活動や顧客戦略として注目されている．

2.2　戦略と情報システム

　業務を合理化するだけでなく，改革していくためにも情報システムを活用していくべきという考え方は MIS が提唱されたときから存在した．しかし，それが花開いたのは 1980 年代に「戦略」というキーワードと結びついてからである．情報システムによる業務の改革は，企業にとって常に意識すべき問題であり，経営者自らが情報システムの有効性を認識し，率先して進めていくべき事柄である．ここでは企業における経営戦略と情報システムの戦略的利用について考えていく．

2.2.1　経営戦略と IT 戦略

　1980 年代になると，米国企業を中心に経営戦略に「競争優位」という考え方が取り入れられるようになった．これにより，他社との競争において自社が優位に立つための経営戦略が求められる

ようになった．この頃には，コンピュータによる事務作業の合理化は相当程度達成されており，米国の経営者の多くは情報システムの費用対効果に疑いを抱き始めていた．その一方で，情報システムの存在自体が他社との競争条件を自社に対して有利なものへと変革し，いわゆる競争優位をもたらす可能性がありうることに気づき始めていた．このように，経営戦略の一環として競争優位の確立を目的に構築し運用されている情報システムを SIS（戦略情報システム）という．単なる業務の効率化や意思決定の支援ではなく，情報システムの導入そのものが競争優位に立つための戦略となるのである．

　一方で 1990 年代後半には，情報技術（IT：Information Technology）が目覚しい発展を遂げた．IT という用語は，さまざまな場面で使用されており，あいまいかつ多義的に幅広く解釈されているが，本書ではコンピュータのソフトウェアやハードウェア，これらから構成されるコンピュータ・ネットワークの要素技術，およびその利用技術や構築技術などの総称とする．近年では，インターネットを始めとするネットワーク技術が中核となってきているため，「通信」の意味合いを強調して ICT（Information and Communication Technology）と称されることも多い．つまり IT は情報システムを実現するための手段のひとつと位置づけることができる．IT の急速な発展は，企業情報システムにも大きな影響を与えた．パソコン，インターネット，携帯電話などの普及は，企業情報システムの対象を拡大させ，またその構造を複雑化したのである．さまざまな企業がこぞって IT への投資を行い，日々進化している IT を他社よりも先にいち早く取り入れることに躍起になり，その結果情報システムの変更が頻繁に起こってビジネスの実情にそぐわなくなり「使われない情報システム」ができあがる，といった非効率的な投資が行われることが問題となった．IT の技術革新が，経営戦略と情報システムの乖離を引き起こしたのである．だからといって，今この時代においてはもはや IT を企業経営から切り離すことは現実的ではない．ビジネス上の戦略と情報システムとの整合性を維持するためには必要な IT を見極めた上で，どの技術を取り入れ，どの技術を取り入れないのかといった取捨選択をするなど，IT 投資のマネジメントをしていかなければならない．つまり，経営戦略を前提として IT を活用した SIS を構築する IT 戦略が重要になっている．その企業に合った経営戦略に基づいて情報システムが構築されて初めて競争優位を実現できるのである．

　さらに，近年では，デジタルトランスフォーメーション（DX）による新たな価値創造，ビジネスモデルのイノベーションが期待されている．DX は，当時スウェーデンのウメオ大学教授であったエリック・ストルターマン（Eric Stolterman）らが執筆したポジションペーパー "Information Technology and the Good Life" の「IT/ICT の浸透が，人々の生活のあらゆる面でより良い方向に変化させる」という一節が起源とされている．これに類似する概念として，経済産業省が掲げた「IT を戦略的に使いこなし，競争力や生産性の向上を図る」という IT 経営があるが，DX は単にビジネスの視点だけでなく，後述する AI や IoT などの普及がもたらす社会の変革にも企業は対応していかなければならないことを示唆している．

　ここで再度 JR 東日本の例を見てみよう．RFID 技術（非接触型 IC カード）を利用した鉄道乗車券である Suica は大成功を収めた．2004 年からは電子マネー機能も付加され，利用できる店舗も 2022 年 3 月末時点で約 132 万店舗まで拡大しており，Suica の発行枚数は 8,964 万枚を超えている．これだけの大成功を収めた裏にはどのような戦略があったのであろうか．

　JR 東日本の中核事業である鉄道による旅客輸送量は，1990 年代前半からすでに頭打ちであった．

今後は少子高齢化傾向によりこれ以上の増収は望めないと危機感を抱いていた．また，磁気式自動改札機の導入により，利用客の利便性は向上し，改札業務も格段に省力化が図られていたが，その莫大なメンテナンスコストに頭を悩ませていた．そこで自動改札機の入れ替えをきっかけに，この状況を打開すべく，鉄道以外のビジネスを育てて鉄道との相乗効果で新たな収益源を生み出そうという戦略を打ち立てた．そのためのツールが，当時としては画期的な非接触型ICカードという技術を利用したSuicaであった．JR東日本は，サービスアップ，セキュリティアップ，システムチェンジ，コストダウン，ビジネスチャンスという5つのコンセプトを掲げSuicaシステムを開発した．「①サービスアップ」は顧客の利便性の向上，「②セキュリティアップ」は不正乗車・偽造カードの防止，「③システムチェンジ」はキャッシュレス化・チケットレス化による自社の業務改革，「④コストダウン」は改札機のメンテナンスコスト削減，「⑤ビジネスチャンス」は電子マネーなどSuicaを使って新しいビジネスを展開することをそれぞれ狙ったものであった．結果として自動改札機のメンテナンスコストは半分以下に抑えることができ，さらにチケットレス化により紙代などの経費も削減できた．Suica導入の効果はそれだけに留まらず，当時日本ではあまり普及していなかった電子マネーを一大マーケットに築き上げたのである．Suica電子マネーの利用は，当初は駅構内の売店や自動販売機のみであったが，「駅ナカ」から「街ナカ」へというコンセプトに基づき徐々にその範囲を広げていった．今ではコンビニエンスストアや飲食店，スーパーマーケットでも利用できるようになり，現在も拡大し続けている．このような状況を受け，JR東日本では「IT・Suica事業本部」が設立された．鉄道旅客輸送事業者としては異例のIT事業が，いまや経営を支える新たな柱となっているのである．非接触型ICカードというITにより，自社のビジネス戦略と整合性のとれた適切な情報システムが構築されて大成功した事例であると言えよう．

　情報システムが戦略的意図をもって構築され運用されるとき，SISとなり得るのであるが，SISの難しさはこの点にある．経営者のリーダーシップの下で，情報システムの設計と経営戦略の立案が並行して行われなければならないのである．そのためには，経営層がITの要素技術や情報システムの能力とその限界についての深い知識が要求される．しかし，情報システムの実現手段となるITの昨今の変化は激しく，経営者らが常にその動向を把握していくことは容易なことではない．SISを成功させるためには，CIO（Chief Information Officer：最高情報統括責任者）という役職が重要となる．CIOは，経営に関する能力と専門的なITの知識の双方を持ち合わせ，経営戦略とITとの間を橋渡しする役割を果たす．CIOの定義については，ウィリアム・シノット（William.R. Synnott）が1981年に著書 *Information Resource Management: Opportunities and Strategies for the 1980's* にて述べており，当時のSISブームと相まって一躍注目されるようになった．日本でも1980年代後半には，CIOはSIS構築のためのキーパーソンとして認識されていた．しかしながら，当初はCIOというイメージだけが先行して，具体的にどのような役割を果たせばよいのかという解釈が企業ごとに一様ではなく，単に情報システムの構築や運用の責任者，いわゆる「情報システムに関する何でも屋」となっているケースが多かった．CIOという役職が浸透するにつれ，経営戦略と整合性のとれたSIS構築の統括という本来の役割に加え，情報システムを含めた内部統制といった経営寄りの業務も増えてきており，その役割も変化してきている．

2.2.2　イノベーションと情報システム

　今日，技術革新，特に IT 分野の進展は著しい．また，国際情勢や政治，市場，景気，価値観など，企業を取り巻く環境は，複雑にして，常時変化している．このような複雑多岐にわたる環境を整理するのが，前項の戦略の概念である．企業が変化社会で生存していくためには，常に戦略を以て転換・革新を図っていかなければならない．そのための手段のひとつとして，イノベーションへの期待が高まっている．

　イノベーションという概念は，オーストリアの経済学者ヨーゼフ・アロイス・シュンペーター（Joseph Alois Schumpeter）が 1912 年に著書『経済発展の理論』で言及し，世に広まった．シュンペーターは本書の中で，同質なものをいくら結び付けても革新的なものは生まれず，異質なものを結合してこそ変革が起こるという意味で neue Kombination（新結合）と呼んでいた概念を，ラテン語の innovare「新しくする」に動作を表す接尾辞を付け innovation とした．

　日本では，1958 年に当時の経済企画庁が発行した経済白書において，「技術革新」という訳で紹介され浸透したが，これにより技術のみによってイノベーションが可能であるという誤解が広まってしまった．本来，新結合は技術分野のみでなく，新しい財貨（プロダクトイノベーション），新しい生産方法（プロセスイノベーション，次項で後述），新しい販路（マーケットイノベーション），新しい供給源（サプライチェーンイノベーション），新しい組織（オーガニゼーションイノベーション）と，広範にわたって遂行される．このため，上記の解釈は後年訂正され，経済産業省が推進する日本企業における価値創造マネジメントに関する行動指針や，9 章で述べる第 4 次産業革命，Society 5.0 の核に据えられている．

　前項で述べた IT の躍進は第 3 次産業革命とも呼ばれ，現在は第 4 次産業革命への過渡期と言われている．第 4 次産業革命は，ビッグデータや後述する AI，IoT，5G といった IT が SIS と結び付くことで起こるイノベーションであると考えられる．このようなイノベーションを経済成長や国民生活の豊かさにつなげようと打ち出されたのが Society 5.0 である．これは，前述のストルターマンの DX の定義そのものである．

　日本では，2018 年に経済産業省が DX を推進し始めて以降，DX という言葉が一気に広まり話題となったが，IT によるイノベーションについては，既に *"The Corporation of the 1990s: Information Technology and Organizational Transformation"* や *"Information Technology and Organizational Transformation: Innovation for the 21st Century Organization"*，*"Information Technology and Organizational Transformation: History, Rhetoric and Practice"* などの名著で 1990 年代から議論されてきており，それほど新しい概念ではない．特に日本において DX の事例として紹介されている取り組みは，単なる SIS や IT 経営の焼き直しや，これまで繰り返されてきた単なる IT 導入に過ぎないものが多く，DX が一種のバズワードとなってしまっている．

　transformation の原義は「完全なる変化」であり，セミの幼虫が脱皮して成虫になるような劇的な変化，蛻変（ぜいへん）である．DX はデジタルへの変換ではなく，デジタルによる変革である．これらを区別するため，経済産業省の DX レポートでは DX に至る段階を図 2.6 のように分けている．1 章のレストランシステムに例えると，人手により複写式の紙のオーダー伝票で注文をとっていた状態から，ハンディターミナルやオーダープリンタ，キッチンターミナルを導入した状態

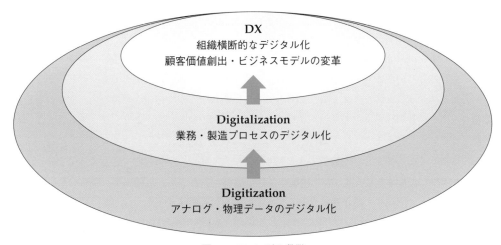

図 2.6　DX に至る段階

が Digitization，そこから店内のテーブルや客席にタブレット端末を導入し，顧客自身が料理を注文できるようにした状態が Digitalization，さらに，顧客は来店せず，パソコンやスマートフォンからインターネット経由で料理を注文し，配達員が自宅まで届けるようなサービスを導入した状態がDX となる．

　経済産業省の「企業がビジネス環境の激しい変化に対応し，データとデジタル技術を活用して，顧客や社会のニーズを基に，製品やサービス，ビジネスモデルを変革するとともに，業務そのものや，組織，プロセス，企業文化・風土を変革し，競争上の優位性を確立すること」という定義を見ても分かるように，DX にはシュンペーターの 5 つのイノベーションが期待されており，SIS による蛻変が求められる．それを理解した上で情報システムを構築する必要がある．このため，CIOは CDXO（Chief Digital Transformation Officer）や CDIO（Chief Digital Innovation Officer）の役割も担うこととなる．

2.2.3　ビジネスプロセスと情報システム

　企業における業務は，ある決まった手順によって行われている．たとえば通信販売業なら，まず顧客からの注文を受注部門が受け，信用部門が顧客の信用調査をし，在庫管理部門が在庫を確認し，なければ生産部門にオーダーを出す．出荷部門が倉庫から注文の品を運び出し，配送部門が出荷するという具合である．このように，ある一定の目的を達成するために関連する業務を連結した業務のつながりのことをビジネスプロセス（Business Process）と呼ぶ．既存の業務の内容や流れを分析し，ビジネスプロセスが最適になるよう再構築することをビジネスプロセス・リエンジニアリング（BPR）という．また，継続的に BPR を行っていけるよう，常にビジネスプロセスをモニタリングし管理することをビジネスプロセス・マネジメント（BPM：Business Process Management）という．BPR は必ずしも情報システムの導入が伴うわけではないが，近年ではそれを前提としている場合が多い．

　BPR や BPM を実施する上では，ビジネスプロセスをモデル化（図示）して目に見える形にすることが重要である．ビジネスプロセスは，業務を行う人の行動やそこでやり取りされるデータ・情

報で構成されているため，全体像を捉えて文字や言葉で表現するのは難しい．前述の通信販売業の例を見てもわかるとおり，ビジネスプロセス自体はそれほど複雑ではないが，さまざまな部門にまたがっているため，冗長な記述になる．実際には，それぞれの部門の中でさらに複雑なビジネスプロセスが存在しているかもしれないし，仮に今のままの内容で他者に説明しても，お互いがまったく同じビジネスプロセスをイメージして共有できているかどうかすら定かではない．文章の場合，業務の主体や前後関係を文章の主語や文章間の関係から読み取る必要があり，よく読み込まないと理解しづらい．これをモデル化すると図2.7のようになり，記号や矢印によって視覚的に捉えることができる．また，図を介して複数の人の間で同時により簡単に情報共有できるようになる．

　BPRやBPMを実現するには，まず現状の業務を理解するところから始まる．現状のビジネスプロセスを，たとえ問題や矛盾があったとしてもそれらを含んだままモデル化して，問題を明確にする．このときのモデルを **As-Is**（現状）モデルという．次に，明確になった問題点に対する改善策を施策して，問題の解決された後の目指す理想であるビジネスプロセスモデルを作成する．これを **To-Be**（理想）モデルという．そして，As-IsモデルからTo-Beモデルへ変革していくための実行計画を立て，実施していく．モデル化のメリットはこれだけに留まらない．近年の内部統制強化の傾向に伴って，ビジネスプロセスの構築・把握が義務化されつつある．ビジネスプロセスモデルを作成して社内の業務手順の標準化や業務遂行に必要な知識・技術の共有や体系化に活用できる．

　企業の戦略に合った情報システムの仕様（機能）を決める際には，情報システムによって改革で

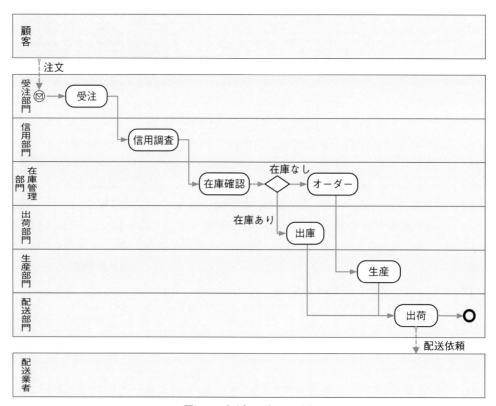

図 **2.7**　ビジネスプロセス図

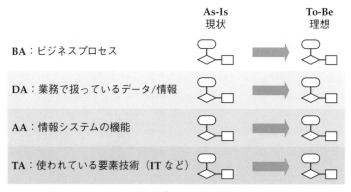

図 **2.8**　エンタープライズ・アーキテクチャのレイヤー

きる業務はどの部分なのかを決定する必要があり，導入過程の初期段階にビジネスプロセスモデル
を作成する．また，新しい情報システムが導入されれば当然業務の流れは変わるため，導入後の新
しいビジネスプロセスモデルも作成することになる．業務への情報システムの導入は，全体のビジ
ネスプロセスを見通した上で計画しなければ，十分な投資対効果を得ることはできない．

　ビジネスプロセスを含め経営戦略や情報システムといった企業などの組織全体を可視化し管理し
ていく手法として，エンタープライズ・アーキテクチャ（EA：Enterprise Architecture）がある．
EA では，ビジネスプロセスのみに限らず，組織全体を BA（Business Architecture），DA（Data
Architecture），AA（Application Architecture），TA（Technology Architecture）という 4 つのレイヤ
ーに分けて現状（As-Is）と理想（To-Be）をモデル化し，情報システムによって競争優位を確立し
ていくための，いわば設計図を作っていく（図 2.8）．BA ではビジネス上の戦略やビジネスプロセ
ス，DA では情報システムで扱うデータ・情報やその流れ，AA では組織に存在する情報システム
とその機能，およびそれらの関連，TA では情報システムに利用されている IT や要素技術について
それぞれ図示する．各レイヤーで作成すべき図については厳密な決まりはないが，米国の標準化団
体 The Open Group が策定した TOGAF（The Open Group Architecture Framework）や日本の経済
産業省が公開している EA ポータル（現在は閲覧不可，国立国会図書館の Web アーカイブにて閲
覧可）において，EA 導入の流れや作成すべき図が例示されている．これら EA のモデルは，IT コ
ーディネータプロセスガイドラインや UISS のタスクフレームワークのタスクの中でも作成するこ
とが推奨されている．EA によって，経営戦略から企業情報システム全体を俯瞰し，管理すること
ができるようになるのである．

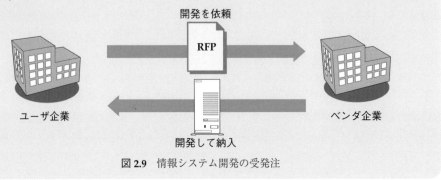

◆ ユーザ企業とベンダ企業

　情報システムの開発や保守，運用といった業務をすべて自社内で行っている企業はあまりありません．一般的に，一部または全部の業務を子会社も含めた外部に委託することが多いでしょう．特に，自社内に開発部門をもっていない企業は多く，情報システムの開発は，依頼する「発注者」側の企業が情報システムに求める機能をまとめて委託先の「受注者」側の企業に対して提示し，開発してもらう，という形で行われています．この発注者側の企業をユーザ企業といい，受注者側の企業をベンダ企業といいます．IT コーディネータプロセスガイドラインや UISS は，ユーザ企業側での情報システムの導入の手順やその中でやるべきことの一覧を定義しています．IT コーディネータプロセスガイドラインの IT 資源調達フェーズでは，ユーザ企業が情報システムの要件をまとめた提案依頼書（RFP：Request for Proposal）と呼ばれる文書を作成し，開発を依頼するベンダ企業の選定を行います（図 2.9）．この RFP が情報システム導入の成否を決める重要な鍵となっています．

図 2.9　情報システム開発の受発注

2.3　インターネットビジネス

　1990 年代後半には，IT のビジネスへの応用がさかんになってきた．なかでも注目を集めたのは，急激に普及するインターネットを利用したビジネスである．携帯電話の普及により，利用者層が拡大し，2013 年以降，日本でもインターネット利用者が 1 億人を超えている．ここではインターネットを活用したさまざまなビジネスについて見ていく．

2.3.1　電子商取引

　電子商取引（EC：Electronic Commerce，e コマース）は，その取引対象によって分類され，企業対消費者の取引 B to C，企業間取引 B to B，消費者間取引 C to C，企業対行政の取引 B to G，企業対従業員の取引 B to E，行政対消費者の取引 G to C など多岐に渡る．それぞれの取引における B は Business（企業），C は Consumer（消費者），G は Government（行政），E は Employee（従業員）を表している．これらの取引形態について一つひとつ見ていこう．
　代表的な B to C の形態は，消費者がインターネット上に開設された企業の Web サイトにアクセ

スし，オンラインでショッピングを行うというもので，インターネットにはそのための仮想ショッ
ピングモールも数多く存在している．たとえば楽天市場などがその典型的な例である．企業側から
見ると，B to C を成功させる鍵のひとつは，既存の市場では提供できなかった消費者個々の嗜好に
応じたワン・トゥ・ワン・マーケティングである．たとえばアマゾン・ドット・コムのサイトで
は，顧客個々の過去の購買傾向や商品閲覧履歴を分析した上で，好まれそうな商品を推薦する機能
を備えている（図 2.10）．また，一度顧客として登録されたユーザは次回からの購入がマウスのク
リックひとつで可能であるという「1-Click 機能」を導入し，顧客の利便性を高めている．B to C
では顧客と直接取引するため，仲介業者を排除することができ，それによってコスト削減が可能に
なる．このような努力の結果，アマゾンでは定価より安く購入できる商品が多くなっている．また
最近では，消費者間の取引を電子的に行う C to C サービスも増えてきている．大手ポータルサイ
トが運営しているインターネットオークション以外にも，後述するスマートフォンの普及がきっか
けとなり，メルカリや楽天ラクマなど，より気軽に取引できるオンラインフリーマーケットも多く
利用されるようになった（図 2.11）．オークションとの大きな違いは，商品の価格が固定されてい
ることであり，迅速な売買が可能である．

　B to B は SCM のような企業間取引を電子的に行うものである．B to C と比較すると地味なイメ
ージはあるが，取引の額が大きく，市場の規模も拡大速度も格段に大きい．B to B の本質は，電子

図 2.10　アマゾン・ドット・コムのレコメンデーション機能（https://www.amazon.co.jp/，2022.9.13）

図 2.11　メルカリの出品一覧画面（https://jp.mercari.com/，2022.9.13）

商取引の実現を通してビジネスプロセスを効率化することにより，収益の向上を図ることにある．こうした B to C や B to B にとどまらず，楽天や Amazon，アップルなど，自社のサイト内（プラットフォーム）に他社が出品，出店できるサービスを実現した B to B to C 型のプラットフォームビジネスも増えつつある．

　また，B to G は，企業と行政組織との間の電子商取引であり，公共事業支援統合情報システムCALS/EC（Continuous Acquisition and Life-cycle Support / Electronic Commerce）などがある．CALS/EC は，官公庁や自治体が公共事業に関する調達を電子的に行うシステムであり，電子納品や電子入札といった機能がある．B to E は，企業が従業員に対して行う福利厚生の一環であり，自社製品を割安で販売する社員販売や保養施設の割引予約，年金・保険・ローン・預貯金といった金融サービスなどを電子的に提供するものである．G to C は，個人に対する電子的な行政サービスである．日本では，e-Japan 戦略の重点課題として電子政府化が進められた．現在では国税の申告や納税を電子的に行える e-Tax や，オンラインによる住民票の交付請求といったサービスが実現している．2015 年以降は，こうした G to C のサービスと個人番号（マイナンバー）が順次連動するようになってきている．

　電子商取引の規模や適用範囲の拡大に伴い，インターネットバンキングや電子マネーといった新たな決済手段も確立してきた．基本的に実店舗を設置せず，インターネットによる取引に特化したインターネット専業銀行なども設立された．日本における電子マネーは非接触型 IC カードとして提供されることが多い（図 2.12）．非接触型 IC カードタイプの電子マネーはビットワレット社（現 楽天 Edy 株式会社）の Edy が先駆けであるが，当初は利用可能な店舗も少なく，なかなか普及しなかった．その後，Suica や PASMO，ICOCA などの鉄道乗車券と電子マネーが一体化した非接触型 IC カードが普及すると，電子マネーの認知度が一気に高まり，Edy も 2022 年 6 月末時点で発行枚数が 1 億 4,840 万枚に達している．そのほかにも，後述のスマートフォンアプリを利用したモバイル決済や，単に現実の通貨を電子化した電子マネーではなく，独自の通貨として取引される仮想通貨と呼ばれるものも登場するなど多様化しており，今後もさまざまな電子決済手段が展開していくことが予想される．

　いずれの電子商取引の形態においても，ネットワークを利用している以上は情報流出の可能性は否定できない．電子商取引では，顧客情報やクレジットカード番号，送金情報など，きわめて重要な情報をやり取りすることが多いため，しっかりとした情報管理，漏えい対策が必要である．また，電子商取引の拡大により，ネットオークション詐欺やフィッシングといった特有の犯罪も増加してきている．このような犯罪に対する法的な整備も進んできてはいるが，技術革新のスピードには追いついていないのが現状である．民法をはじめとする現行法の多くは，電子商取引を前提とし

図 2.12　非接触型 IC カードによる電子マネー
（写真提供：楽天 Edy ㈱，イオン㈱，東日本旅客鉄道㈱）

て制定されているものではないため，今後も取引の実務の変化やITの動向など，状況の変化に応じて柔軟な解釈による対応が必要となる（第9章参照）．

2.3.2　モバイルインターネットビジネス

　今では当たり前のようにスマートフォンからインターネットを利用しているが，携帯電話，いわゆるガラケーの時代では画期的なことであった．本項では，モバイル（移動体通信）端末の進化とモバイルインターネットビジネスの変化について概括する．

　日本では，携帯電話端末自体の普及はすでに1990年代前半に進んでいたが，インターネットサービスが利用できるようになったのは1999年のことである．これまで単に音声通話のみの利用であった携帯電話に，Webページへのアクセス，電子メール，ゲームなどのアプリケーションのダウンロードといった新しいサービスを持ち込み，これらのサービスがユーザに幅広く受け入れられた結果，普及をさらに加速させた．携帯電話によるインターネットサービスは，当初はNTTドコモならi-mode，auならEZwebなど，各携帯電話会社専用のサービスしか利用できなかったが，従来よりも通信速度の速い第3世代携帯電話（3G）が登場した後には，通常のインターネットサイトの閲覧も可能となり，パソコン用のサイトも表示できるフルブラウザ機能を備えた携帯電話が普及した．また，音楽配信や映像配信といった大容量のコンテンツを扱う通信サービスも可能になり，さらにカメラ機能やGPSによる位置情報を利用したサービスなど，サービスのマルチメディア化が進んだ．

　一方海外では，1992年頃にノートパソコンの機能を限定したような**PDA**（Personal Digital Assistant）と呼ばれる小型の携帯情報端末が開発され，さらに携帯電話とPDAのハイブリッド端末としてスマートフォンが登場した．当初，IBMやノキア，ブラックベリー，マイクロソフトなどの端末が存在していたが，現在のようにタッチスクリーンではなく，ハードウェアキーボードが採用されていた．そして2007年にアップル社が初代iPhoneを発表し，その翌年にはグーグル社がAndroid OSを搭載したスマートフォンを発売した（図2.13）．以降，従来型の携帯電話はスマートフォンに取って代わられていくこととなる．

　日本にも，2004年頃にiPhone以前のスマートフォンが参入してきたが，前述のように日本独自の進化を遂げた携帯電話（ガラケー）が主流であったため，当時の市場では受け入れられなかった．しかし，2008年にiPhoneが日本で初めて発売されると，スマートフォンが急速に普及した．総務省の情報通信白書によると，スマートフォンの世帯保有率は，調査開始時の2010年は9.7%であったのに対し，2021年は88.6%と急増しており，端末別のインターネット利用率も，パソコンの48.1%を上回り，スマートフォンが68.5%と最も高くなっている．

　携帯電話やスマートフォンにRFIDチップFeliCaを内蔵し，これを利用したサービスも一般的になってきている．FeliCaを内蔵したICカードの普及を受け，それをモバイル端末に組み込んだのである．2016年9月にアップル社から発売されたiPhone 7以降，日本で流通する端末に限り，このFeliCaが内蔵されており，JR東日本のモバイルSuicaをはじめとして，さまざまな決済サービスを利用できるようになった．世界で広く普及しているRFIDはType AやType Bと呼ばれるタイプで，FeliCaは日本以外ではほとんど使われていない．それにも関わらずiPhoneに搭載されたということは，モバイル分野におけるRFID活用への期待が大きいことを表している．普及台数から

図 2.13　代表的なスマートフォン（写真提供：アップル社，ソフトバンク㈱）

見ると，日本の総人口を上回っており，これほど多く普及している情報端末はほかにはない．よって，FeliCa 内蔵による潜在的なビジネスチャンスは残されており，いまなお多くのビジネスモデルが提案されている状況であるが，その利便性の反面，紛失や盗難，破損によるリスクも高い．

　モバイルインターネットビジネスはまだまだ可能性を秘めた市場であると言えるが，契約者数自体はすでに頭打ちの状態であり，成熟した市場でもある．携帯電話事業者間で契約者数を競い合う時代は終わり，今後はサービス自体の質の向上が求められる．従来までの携帯電話の利用形態は，利用者自身が自分の欲しい情報を取りにいくことが多かったが，インターネット上の情報量が膨大になった現在では必ずしも利用者が欲する情報が入手できるわけではない．これからのサービスは，利用者が欲している情報をいち早く察知し TPO に合わせて配信する形態にシフトしていく必要がある．スマートフォンの多くは，人工知能（AI：Artificial Intelligence）技術を用いた音声アシスタントが実装されているが，その他にも，AI が利用者の嗜好や癖，習慣を学習して必要な情報を予測・提供する様々なサービスが展開されている．たとえば，自分に似合う髪型や服装，メイクを提案してくれるなど，その応用範囲は広い．また，大容量で超高速な通信が可能な第5世代移動通信システム（5G）の実用化も始まっている．次世代の画期的なサービスに期待しよう．

◆ モノのインターネット

　パソコンや携帯電話などの情報通信機器に限らず，身のまわりのあらゆる「モノ」がインターネット通信機能を備える IoT（Internet of Things）が話題となっています．その背景には，センサ技術の進歩や，クラウドの普及があります．温度センサや湿度センサ，加速度センサ，人感センサなどにより外部環境の情報をモノから取得し，インターネット経由で保存して分析，その結果に応じてモノを動作させます．たとえば，内蔵された GPS の位置情報とインターネット上の地図データを連動し，振動で道案内をするスマートシューズや，今いる場所の湿度を測定し，インターネット上の気象データと比較して調理に必要な分量を補正してくれるスマートはかり，身につけている衣服から心拍，心電，発汗量を取得して予防診断に利用できるスマートファブリックなど，空想小説で出てきそうな道具が，次々と現実のものになっています．著名な経営学者であるマイケル・ポーターも，IoT は企業，特に製造業に大きな変革をもたらすと述べており，私たちの生活やビジネスの常識を根底から覆す可能性を秘めているのです．

2.3.3　インターネット・マーケティング

　インターネットは，商取引環境のみでなく，企業のマーケティング手法も変化させた．インターネットにより個人が必要な情報をいつでもどこでも入手でき，容易に比較・検討できるようになったため，今や企業が顧客を選ぶのではなく顧客自身が企業を選ぶ時代になったのである．このため，各企業はインターネットを媒体としたマーケティングを重視するようになり，顧客の獲得方法や購買行動の把握，製品ブランドの確立方法に至るまで，その取り組み方が大きく変化した．

　インターネットを活用したマーケティングにも，単純にインターネット上の Web ページに広告を掲載するものから，Yahoo や Google などの検索エンジンと連動したもの，YouTube や Twitter，Instagram などのソーシャルメディアを活用したもの，電子メールを経由したものまでさまざまな手法がある．インターネット・マーケティングとしての活動の中でも近年特に重要となってきているのが，ソーシャルメディアへの対応である．電通が 2022 年 3 月に発表した調査レポートによると，2021 年の日本の総広告費 6 兆 7,998 億円のうち，39.8%（2 兆 7,052 億円）をインターネット広告費が占め，初めてマスコミ 4 媒体（テレビ，新聞，ラジオ，雑誌）の広告費（36.1%，2 兆 4,538 億円）を上回った．さらに，インターネット広告費の 3 分の 1（7,640 億円）がソーシャルメディアを使ったものとなっている．

　ソーシャルメディアとは，**SNS**（Social Networking Service）やブログ，電子掲示板，ネットショッピングサイトの商品レビュー，写真・動画共有サイトなど，インターネット利用者が情報を発信して形成していくメディアの総称である．多くのソーシャルメディアでは，一般利用者のユーザアカウント以外に，「公式アカウント」と呼ばれる企業などがプロモーションに利用できる認証付きユーザアカウントを提供しており，各社がこれを利用して積極的に情報発信を行っている．ソーシャルメディアの利用者は年々増加しているため，公式アカウントによる情報発信は，一度に多くの消費者へアプローチできる有効な手段となる．一方，実際に商品やサービスを利用した消費者は，その感想などをソーシャルメディアで発信する．これがいわゆる「口コミ」となり，情報が拡散していく．こうした書き込みは，消費者の「生の声」であり，企業側にとって有益な情報となるが，炎上対策や風評による影響など，新たな課題も発生している．また，こうしたソーシャルメディアの特徴を兼ね備えた B to C 型 EC サービスであるソーシャルコマースも登場し，新たな販売チャネルとして期待されている．

　また，検索エンジンへの対応も怠ってはならない．顧客が欲しい商品をキーワードとしてインターネットで検索した場合，当然 Web サイトが検索結果の上位に表示されればされるほど注目されやすくなり，その分 Web サイトへのアクセス数も増え，取扱商品やサービスの認知度の向上を期待することができる．このため，各企業は自社商品やサービスに関するキーワードが検索された際に，検索結果のより上位に自らの Web サイトが表示されるように対策を講じる必要がある．このような対策を **SEO**（Search Engine Optimization：検索エンジン最適化）という．検索エンジンで検索結果の上位に表示されるようにするための仕組みは原則として非公開であるが，Web ページのテーマと検索キーワードの関連性や，他の Web ページからの訪問者数やリンク数などが影響するとされている．過剰な SEO を行った結果，逆に掲載順位が下がったり，検索エンジンの検索結果にまったく表示されなくなるという問題もしばしば起こっている．一般に Web サイトの閲覧者

は，検索エンジンからの訪問が 30〜60％を占めると言われており，検索エンジンの検索結果に表示されなくなるということは訪問者がいなくなることを意味し，その企業にとってかなりの不利益となる．こういったことを避けるために各企業は SEO を専門に請け負っている事業者へ依頼することが多く，この SEO 事業によってひとつの市場が形成されるまでに至っている．

　この SEO 以外にも検索エンジンと連動した広告を表示するリスティング広告の活用も増えている．リスティング広告は，検索エンジンの検索結果表示とは別に，検索結果の上位のリンクの上部や横に，入力されたキーワードに関連する商品やサービスを扱っている企業の広告リンクを掲載するものであり，キーワード連動型広告とも呼ばれる．主なリスティング広告サービスにグーグル社の Google 広告や Yahoo!広告の検索広告などがある．リスティング広告や SEO も含めて検索エンジンからのアクセス全般を対象としているマーケティング手法や戦略は **SEM**（Search Engine Marketing：検索エンジンマーケティング）と呼ばれており，インターネット広告の中でも重要な位置付けを占める．

　ほかにも，商品・サービスに関する画像や動画などのコンテンツを掲載するディスプレイ広告や，文字のみのリンクを表示するテキスト広告，一般のインターネットユーザの Web ページや SNS に広告を掲載してもらいその貢献度に応じて報酬を支払うアフィリエイト広告，Amazon のレコメンデーション機能のように Web サイトの閲覧履歴を参照して利用者に見合った広告を表示するリターゲティング広告など，広告の掲載の仕方ひとつを取ってもさまざまな方法がある（図

図 **2.14**　さまざまなインターネット広告

2.14).広告効果を十分に得るためには，それぞれの掲載方法の特徴をしっかりと把握し，自社の製品やサービスにとって最適な方法を選択するマーケティング戦略が必要となる.

◆ 増える動画広告

通信速度の向上に伴い，Web ページやスマートフォンアプリにおいて，動画による広告を頻繁に目にするようになりました.前述の電通のレポートによると，インターネット広告費のうち動画広告が 5,000 億円を占めています.こうした動画広告にも，いくつかの種類があります.YouTube などの動画共有サービスにおいて動画視聴前や視聴中に流れるインストリーム動画広告や，Web ページに埋め込まれ，マウスカーソルが重なると拡大表示されたりするインバナー動画広告，ソーシャルメディアのタイムラインなどに投稿され，通常は静止画のものが，ユーザがスクロールして画像が表示されると自動的に再生が始まるインリード動画広告などです.スマートフォンからのインターネットアクセスが増えているなかで，いかに利用者の目を惹くコンテンツを作成するか，各社が工夫を凝らしています.

演習問題

1. 身近にある企業情報システムを調べ，その背景にどのような経営戦略があるか分析してみよう.
2. 仮想通貨のメリットとデメリットを考えてみよう.
3. AI を使ったインターネットサービスの事例を調べてみよう.
4. インターネットオークションとオンラインフリーマーケットそれぞれのメリットとデメリットを比較してみよう.

文献ガイド

［1］ 薦田憲久，水野浩孝，赤津雅晴：ビジネス情報システム，コロナ社，2005.
［2］ 神沼靖子，内木哲也：基礎情報システム論，共立出版，1999.
［3］ 南波幸雄：企業情報システムアーキテクチャ，翔泳社，2009.
［4］ 角埜恭央：ビジネス価値を創造する IT 経営の進化，日科技連，2004.
［5］ 戸田保一，飯島淳一編：ビジネスプロセスモデリング，日科技連，2000.
［6］ 阿部満：IT 経営可視化戦略，産業能率大学出版部，2007.
［7］ 野村総合研究所システムコンサルティング事業本部：図解 CIO ハンドブック改訂 5 版，日経 BP 社，2018.
［8］ 松本正雄（編著）：Web サービス時代の経営情報技術，コロナ社，2009.
［9］ 須藤修，小尾敏夫，工藤裕子，後藤玲子（編）：CIO 学，東京大学出版会，2007.
［10］ NTT ソフトウェア株式会社 EA コンサルティングセンター：エンタープライズ・アーキテクチャの基本と仕組み，秀和システム，2005.
［11］ 野村総合研究所 ICT メディアコンサルティング部：IT ナビゲーター 2022 年版，東洋経済新報社，2021.
［12］ 椎橋章夫：Suica が世界を変える，東京新聞出版局，2008.
［13］ Carol O'Rourke, Neal Fishman, Warren Selkow：Enterprise Architecture Using the Zachman Framework, Course Technology, 2003.

[14]　みずほ情報総研：IT とビジネスをつなぐエンタープライズ・アーキテクチャ，中央経済社，2004.

[15]　斉藤環：戦略情報システム入門，東洋書店，1989.

[16]　William R. Synnott（著），成田光彰（訳）：戦略情報システム― CIO の任務と実務，日刊工業新聞社，1988.

[17]　NTT データ研究所：CIO の IT マネジメント，NTT 出版，2007.

[18]　稲葉元吉，貫隆夫，奥林康司（編著）：情報技術革新と経営学，中央経済社，2004.

[19]　西村総合法律事務所ネットメディアプラクティスチーム（編著）：IT 法大全，日経 BP 社，2002.

[20]　IIBA：ビジネスアナリシス知識体系ガイド（BABOK ガイド）Version 3.0，IIBA 日本支部，2015.

[21]　大川敏彦：SE ならこれだけは知っておきたい 業務分析・設計方法―ビジネスプロセスエンジニアリングと問題解決法，ソフトリサーチセンター，2008.

[22]　インターネット白書編集委員会（編）：インターネット白書 2022，インプレス R&D，2022.

[23]　岩田昭男：O2O の衝撃，阪急コミュニケーションズ，2013.

[24]　ハーバードビジネスレビュー編集部：IoT の衝撃――競合が変わる，ビジネスモデルが変わる，ダイヤモンド社，2016.

[25]　内山悟志：デジタル時代のイノベーション戦略，技術評論社，2019.

[26]　Alex Moazed，Nicholas L. Johnson 著，藤原朝子訳：プラットフォーム革命，英治出版，2018.

[27]　亀井卓也：5G ビジネス，日本経済新聞出版社，2019.

[28]　藤芳誠一：蛻変の経営 改訂増補版，泉文堂，1978.

[29]　J. A. シュンペーター著，八木紀一郎，荒木詳二訳：シュンペーター経済発展の理論（初版），日本経済新聞出版，2020.

[30]　独立行政法人情報処理推進機構：DX 白書 2021，独立行政法人情報処理推進機構，2021.

[31]　菊盛真衣：e クチコミと消費者行動，千倉書房，2020.

[32]　廣田章光，大内秀二郎，玉置了（編著）：デジタル社会のマーケティング，中央経済社，2019.

[33]　西川英彦，澁谷覚（編著）：1 からのデジタル・マーケティング，碩学舎，2019.

[34]　金澤一央，DX Navigator 編集部：DX 経営図鑑，アルク，2021.

第3章

コンピュータの誕生から
ネットワーク社会へ

　私たちが日常生活を営む世界は，心や思考を含む精神世界，日常生活の場である物理的現実世界，そしてソフトウェア，ウェブや仮想空間を含むサイバー世界から成っている（図 3.1）．これらの世界は互いに重なり合っており，人間はこれら 3 つの世界とかかわって毎日の生活を営んでいる．物理的世界は，見て触ることができる，すなわち五感によって直接認識できるモノの世界である．精神世界は直接見たり，触ることのできない心の世界である．個人が内面に秘めているものを，言葉や絵によって表現することができる．サイバー世界はコンピュータとネットワークの中にデジタルデータによって作られる世界である．情報機器のハードウェアは物理的世界に存在するが，デジタルデータやソフトウェアはサイバー世界を構成する．サイバー世界は出力・表示装置によって人間に認識できるようになる．20 世紀前半までは宗教など精神世界が人間の生活に大きな影響を及ぼしたが，21 世紀の現代ではそれに代わってサイバー世界の影響が強まりつつある．すなわち，情報通信技術なしには私たちの生活や社会の仕組みが成り立たない状況が起きている．

　電子計算機が世界に数台しか存在しなかった時代から始まり，ひとつの計算機を多数の人が共有する時代を経て，現在はネットワークに接続された 1 台のコンピュータを一人が占有して使う時代を急速に通過しようとしている．テクノロジーは時間に対し加速度的に進歩し，近い将来複数の超小型コンピュータが分散協調して一人の人間に奉仕する時代が来ると予測されている．ユビキタス（Ubiquitous）とは，もともとキリスト教の神学用語で，神の力の "遍在" を意味する言葉であったが，XEROX パロアルト研究所のマーク・ワイザー（Mark Weiser）により，ネットワーク社会について使うことが提案された．ネットワークに接続された多数の超小型のコンピュータが目に見えない形で至るところに "遍在" し，人間の意図や状況を判断して人間が意識することなく生活を便

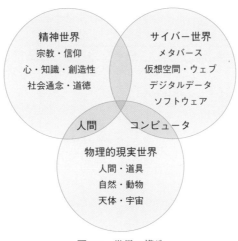

図 3.1　世界の構造

利にしてくれる環境を意味する．日本でも，1980年代にトロン（p.78 コラム参照）と呼ぶ OS を無償で公開した東京大学の坂村健によって「どこでもコンピュータ」というユビキタスと同様の概念が提案されている．ユビキタス時代には，情報通信技術（ICT：Information and Communication Technology）によって，3つの世界（図3.1）の融合が一層進むと予想される．

　人間とコンピュータシステムの間の対話は，**CUI** から **GUI**（p.155 コラム参照）に変わり，新たに言葉を理解して音声でシステムへの指示ができる **VUI**（Voice User Interface）が加わった．言葉を理解する **AI** スピーカーの例として，アマゾンエコー，グーグルホームなどがある．AI スピーカーを使うと，家電の制御，音楽や動画の再生，商品の注文などが音声でできる．将来は，思ったことが脳波の信号を通じてシステムに反映される **BMI**（Brain Machine Interface）の時代が来ると言われている．

　現代では手紙は電子メールに変わり，本は電子書籍になり，音楽や映画は CD や DVD からネットでストリーミングするようになり，お金はビットコインのような仮想通貨が使われ始めた．すなわちモノの世界にあるデータはディジタル化され，クラウド化されてサイバー世界に移ってゆく．3次元動画技術を使って，現実世界をコンピュータ内部に映したような仮想現実（**VR**：Virtual Reality）の世界を構成することも可能になった．また拡張現実（**AR**：Augmented Reality），複合現実（**MR**：Mixed Reality）としてコンピュータ内の仮想的な物体と現実世界の景色の画像を合成してひとつの映像として見せることも試みられている．モノをインターネットに接続し，センサでビッグデータを収集し，それを人工知能で処理・可視化する進歩した情報システムを活用し，大衆から SNS で意見を集約して集合知（p.73 参照）を形成するであろう．

　アメリカの未来学者アルビン・トフラー（Alvin Toffler）によると，人類は生活や文化に大きな影響を与える3つの波を経験しているという．第一の波は数千年にわたる緩やかな農業革命であり，第二の波は 1712 年のニューコメンによる実用的蒸気機関の発明に始まる百年単位の波動の産業革命であり，第三の波は 1960 年頃に始まった数十年間の情報革命である．現在私たちが直面している第三の波では，コンピュータとネットワークが大きな役割を演じている．人間は過去に機械式計算機を作り改良を重ね，20世紀の中頃に電子式計算機が誕生した．新しい型の計算機を製作する場合には，何らかの動機あるいは時代の要請があった．機械によってより速くより便利に，計算やデータの処理を行おうとする人間の意志が計算機械を進化させ，今日のコンピュータネットワークとその利用技術が形成された．本章では情報通信技術がどのように形成され，進化し，社会に浸透していった過程を概観する．

3.1　コンピュータ前史

　古代から人間は，計算を必要とする仕事のために，その時代に利用できる技術を使い，計算のための道具を各種考案してきた．

(1) 手動式計算機

　算盤（そろばん）は，古代中国の周の時代（B.C. 1027 頃〜B.C. 256）に使われていたという．手

図 3.2 パスカルの加算器

図 3.3 バベッジの階差計算機（複製）

動式計算機ではあるが，記憶，計算，表示という計算機としての基本機能を備えていた．ヨーロッパではジョン・ネーピア（John Napier）が対数計算法を発見し，1630 年にはウィリアム・オートレッド（William Oughtred）により対数計算の原理を利用した計算尺が発明された．これらの手動式計算機は電卓ができるまでは広く一般家庭でも使用されていた．

(2) 機械式計算機

17 世紀から 20 世紀の初頭までは機械式計算機の時代である．1642 年にブレーズ・パスカル（Blaise Pascal）が歯車を使用した加算器を発明し（図 3.2），1673 年にはゴットフリート・W・ライプニッツ（Gottfried Wilhelm Leibniz）により加減乗除を行えるように改良された．当時は天文学や税金の計算が計算機の主な用途であった．19 世紀に入ると，チャールズ・バベッジ（Charles Babbage）が数表の計算のために階差計算機（difference engine）（図 3.3）を設計した．詩人として有名なバイロンの娘，エイダ・ラブレス伯爵夫人（Augusta Ada King, Countess of Lovelace）は数学を学び，バベッジの仕事を手伝い，最初のプログラマーとして知られている．当時は正弦・余弦，対数などの計算は，簡単に計算できる道具がなく，本の形で印刷された数表を使っていた．1932 年にはマサチューセッツ工科大学のバンネバー・ブッシュ（Vannevar Bush）が微分解析機を製作している．これらは原理的には歯車の回転を利用して機械式計算を行うものであった．

(3) 電気機械式計算機

1930 年代後半にリレー（継電器）を回路素子として使う，電気機械式計算機が出現した．ドイツのコンラート・ツーゼ（Konrad Zuse）は，1938 年頃から 1945 年までリレーによる 2 進演算ができる電気機械式計算機を製作し，改良を続けた．この計算機は紙テープによるプログラミングが可能であったが，命令セットには条件分岐が含まれていなかった．リレー式計算機はアメリカのベル研究所でも研究され，1939 年にジョージ・スティビッツ（George Stibitz）らにより試作機が完成し，その後改良がなされた．ハーバード大学のハワード・エイケン（Howard Aiken）は IBM と共同で 1943 年に機械式の Mark I を，1947 年にはリレー式の Mark II を開発した．

3.2 コンピュータの誕生

　英語の「計算する」という意味の compute は，もともとラテン語の「一緒に考える」（com：共に，putare：考える），すなわち「まとめて考える」，「合計する」，「計算する」に由来する．たとえばリンゴがこちらに 2 個，あちらに 3 個あった場合，まとめて考える，すなわち合計すると 5 個になる．人間の計算という思考過程を，仮想の計算機械を使って，初めてアルゴリズム（algorithm）として表現したのが，英国の数学者アラン・チューリング（Alan Turing，図 3.4）である．彼は，長いブランクのテープと記録のできるヘッドを用意して，テープに"1"を 2 個書き込み，ひとつブランクを開けて"1"を 3 個書き込んだものから，"1"を連続して 5 個書いたテープに書き換える方法を，1 ステップずつ記述して，機械に計算を行わせることを可能にした．この仮想の計算機をチューリング・マシンと呼んでいる．現代のコンピュータはチューリングの計算機械を基にして，ジョン・フォン・ノイマン（John von Neumann，図 3.5）が数学的に明確な表現をしたものと言える．

　人間と計算機の類似性に関心を持っていたチューリングは，コンピュータの知能をテストする方法として，"チューリング・テスト"を提案している．テストする審査員が，ディスプレイとキーボードのみを通して別の部屋のコンピュータまたは人間と，ある分野の話題に関して対話し，区別ができなければコンピュータは人間と同等の思考力があるとみなす．

　マサチューセッツ工科大学出身の天才的発明家・起業家であるレイ・カーツワイル（Raymond Kurzweil）は，技術の進歩や技術に依存する社会に関して"予言"を行い，それらを言い当ててきた．彼の予言は，ムーアの法則（p.55 コラム参照）や技術の進歩が指数関数的に進む事実に基いている．彼が 1980 年代に行った予言の中には，1998 年頃チェスの人間チャンピオンとコンピュータの対戦で，人間のチャンピオンが負けることが含まれている．実際，それは 1997 年にチェスの世界チャンピオン，ガルリ・カスパロフ（Garry Kasparov）が IBM の並列チェスマシン，ディープブルー（Deep Blue）に敗れたことにより実現している．カーツワイルによれば，2030 年頃のコンピュータはチューリング・テストによっても人間と区別がつかない程度に進化するという．

図 3.4　アラン・チューリング

図 3.5　ジョン・フォン・ノイマン

◆ ムーアの法則

　インテル社創設者の一人であるゴードン・ムーア（Gordon Moore）は，半導体の1チップに集積できるトランジスタの数は，1年半から2年ごとに2倍に増加するという経験則を，1965年に論文として発表しました．当初は注目されませんでしたが，その後各社が新たに集積回路を開発する際に，集積度を決める目標として使うようになりました．そのため，この経験則をムーアの法則（Moore's Law）と呼ぶようになりました．

(1) アタナソフの試み ABC

　1920年代の終わりに，ウィスコンシン大学でヘリウムの電子軌道構造に関する博士論文を作成していたジョン・V・アタナソフ（John Vincent Atanasoff，図3.6）は，手回し式卓上計算機で数週間もかかるような計算を行っていた．これがアタナソフを電子式高速計算機械の開発へと駆り立てた．1930年に理論物理学の博士号を取得したアタナソフは，アイオワ州立大学へ移り研究を続け，後に大学院生のクリフォード・ベリー（Clifford Berry）を助手として ABC（Atanasoff-Berry Computer，図3.7）を製作した．1939年に試作機を作り，1941年に第2号機が完成した．ABCは，真空管約300本を使用して最高29変数の1次連立方程式を解くように設計されていた．電子的な計算部分は動作したが，係数データを一時的にカードとして出力し再度計算で使用するため，

図 **3.6**　ジョン・V・アタナソフ

（出典："John Vincent Atanasoff & the Birth of Electronic Digital Computing"，© JVA Initiative）

図 **3.7**　ABC（アタナソフ・ベリー・コンピュータ）（参考文献［3］から転載）

入力する機械的なカード入出力部分の信頼性が十分ではなく実用にはならなかったようである．しかし，ABC は真空管による電子式計算機械の最初の試みであり，連立方程式を解くための専用機であった．アタナソフは第2次世界大戦勃発のため，ABC を完成することなく 1942 年に大学を去っていった．

　ABC は，2進法の採用，コンデンサによるメモリ等，原理的に現代のコンピュータにも通じる当時としては革新的なアイデアが採用されていた．回転式ドラムの表面に装着された多数のコンデンサの電荷が消える前に再充電する機構を考案し，彼はこれをジョギングと呼んだ．この動作原理は現代の DRAM（Dynamic Random Access Memory）のリフレッシュ機構と酷似しており，彼の先見的なアイデアのひとつである．1970 年代までは知る人はほとんどなく ABC は忘れ去られており，ENIAC が世界最初の電子計算機であるとされていた．3.3節（1）項で述べるように，アタナソフの ABC が計算機の歴史に再び登場するのは，スペリー・ランド社とハネウェル社の間の特許係争によってである．

（2）　ノイマンと ENIAC

　20 世紀前半にはコンピュータ（Computer）とは"計算する人"，すなわち計算手であった．主として女性が，各種の計算をこなすために雇われたという．1940 年代初頭は第2次世界大戦の最中であり，軍事関係の研究に対する需要が強かった．そのひとつに弾道計算がある．戦場では，風向きや風速等種々の条件のもとで大砲の弾道約 3000 本を正確に計算して射撃表としてもっている必要があった．ペンシルベニア大学ムーアスクールのジョン・W・モークリー（John William Mauchly）とジョン・P・エッカート（John Presper Eckert）は，この計算を人ではなく，電子的な機械で計算することを計画した．陸軍弾道研究所の研究資金を得て 1943 年に **ENIAC**（Electronic Numerical Integrator and Computer）の開発に着手し，1946 年に完成した．

　ENIAC は，真空管 18000 本を使用し，消費電力 140KW（キロワット），重さ 30 トンの巨大な計算機械であった（図3.8）．この計算機は 10 進演算を行い，20 個の加算器，乗算器，除算器を並列に動作させることができた．弾道計算だけでなく物理，数学，熱力学，気象等の広い範囲の問題に利用された．ENIAC は 1949 年に π（円周率）の計算にも使われ，2037 桁を 70 時間で計算している．1桁に約2分かかったことになる．

図 **3.8**　ENIAC（写真提供：日本 IBM ㈱）

しかしこの計算機には，次にあげるような種々の問題点が浮上してきた.

・配線論理によるプログラムのため問題を変える場合には配線やスイッチの設定を変更する手間がかかる.
・多数の真空管を使用することによる発熱.
・真空管のフィラメントが切れると故障個所を発見し修理するのに時間がかかる.

これらの問題点を解決するため，EDVAC の開発が計画された.

(3) 改良の成果 EDVAC

モークリーとエッカート，そして後にプロジェクトに加わったフォン・ノイマンらは，ENIAC で採用している結線やスイッチによるハードウェア的な方法を改良するために，処理の手順，すなわち計算機に対する指示の流れをソフトウェアのコードとしてメモリに記憶しておくプログラム記憶方式（ストアド・プログラム方式）を提案した．計算機に行わせる処理を変更するには，ハードウェアの変更はせずに，記憶されているプログラムの内容を変更するだけで簡単に対処できる．また ENIAC では並列演算を行っていたが，演算をひとつずつ逐次的に行うことにより構成を簡単にすること，10 進演算を 2 進演算に変えたり，メモリをフリップフロップから水銀遅延管に変えて，真空管を減らすことを考えた．これらにより ENIAC の問題点を改善して，EDVAC（Electronic Discrete Variable Calculator）という新しい機械を開発することが計画された.

モークリー，エッカート，フォン・ノイマン，ハーマン・H・ゴールドスタイン（Herman Heine Goldstine）らは ENIAC の開発経験をもとに，1946 年 7 月から 8 月にかけて 6 週間の間，ペンシルベニア大学ムーアスクールにおいて電子計算機の講習会を開催した．世界中の企業，大学，研究所から多くの研究者，技術者が参加した．講義内容は，数値解析，偏微分方程式の解法，計算機の電子回路，水銀遅延管メモリ，プログラム記憶方式の着想などを含み，大変貴重な電子計算機の技術を広く世界に公開した有意義な講習会であった．受講者の一人であったケンブリッジ大学のモーリス・V・ウィルクス（Maurice Vincent Wilkes）が，3 年後に世界最初のプログラム記憶方式の計算機 EDSAC を完成することになる.

ペンシルベニア大学では，プロジェクト内での知的な功績争いや，特許をめぐっての不協和音などが原因で人材流出が続き，EDVAC の完成は 1952 年まで遅れた．結果として，世界最初のプログラム記憶方式計算機開発の栄誉は，イギリスのケンブリッジ大学に奪われることになる．EDVAC では，真空管の数は ENIAC の約 5 分の 1 の 3560 本程度に減らされた.

今日，逐次処理のプログラム記憶方式の計算機をノイマン型と呼ぶのは，高名な数学者でありENIAC プロジェクトで重要な役割を果たし，論文として数学的に計算機の理論を説明したフォン・ノイマンの名を冠しているためである.

◆ **スイッチング素子としてのリレー，真空管，トランジスタ**

　デジタル計算機の論理演算は，スイッチングにより行われます．リレーは電磁石により，スイッチをオンまたはオフに制御します．5.3節の論理回路で説明するように，直列に接続されたスイッチは AND ゲート（論理積），並列に接続されたスイッチは OR ゲート（論理和）の動作をします．

　真空管の中では，カソード（陰極）からプレート（陽極）に向かって電子が流れており（すなわち陽極から陰極に向かって電流が流れています），その間にグリッド（格子）という電極があり，グリッドがマイナスの電位になると電子の流れが止まり，プラスになると流れます．グリッドの電位によって電子の流れを制御することにより，スイッチと同じ動作をさせています．

　トランジスタも同様に，エミッタからコレクタという電極へ向かって電流が流れるのを，ベースという電極に流す電流によって制御して，スイッチとして動作させています．

　リレーは機械的なスイッチであるため動作が速くありません．真空管は電子的なスイッチであるため動作は速いですが，サイズが大きい，発熱がある，白熱電球と同じように陰極を熱するフィラメントが切れるため信頼性が低い，などの問題があります．トランジスタは小型で信頼性も高く，集積回路を形成することができます．コンピュータの論理素子も時代とともに進化してきたのです．

⑷　**最初のノイマン型コンピュータ EDSAC**
今日，ノイマン型と呼ばれるコンピュータは，下記の2つの特徴を持っている．

① プログラム記憶方式：プログラム（命令の流れ）とデータをメモリ（主記憶装置）に記憶する．
② 逐次処理：メモリに記憶された命令をひとつずつ読み出して解釈，実行する．

　計算機に行わせる仕事の手順をプログラムとして記憶しておけば，処理が変わってもプログラムの修正により，簡単に仕事の手順を変更できる．

　人間は自然現象や仕事上の処理を問題と認識して処理の手順を考えるが，現代のコンピュータは計算を行うコンピュータのハードウェアを人間が直接操作することはできない．この人間とハードウェアの間の隔たりをセマンティックギャップ（semantic gap，意味的隔たり）という．人間が処理の手順であるアルゴリズムを考え，それを実行するプログラムを作成し，機械語に翻訳してCPU（central processing unit，中央処理装置）というハードウェアに実行させる．すなわち，ソフトウェアがセマンティックギャップを埋める働きをしているのである．

　非常に多量の計算を必要とする地球大気の大規模変動の研究に関心をもっていたケンブリッジ大学のウィルクスは，1946年8月にペンシルベニア大学ムーアスクールで開催された電子計算機の講習会に参加した．帰国後，ウィルクスらは電子計算機の開発をすすめ，1949年世界最初のプログラム記憶方式の計算機 EDSAC（Electronic Delay Storage Automatic Calculator）を完成させた（図3.9）．ウィルクスのチームでは，プログラミング上の重要な概念であるマイクロプログラム方式やサブルーチンなどを提案した．

図 **3.9** EDSAC とモーリス・V・ウィルクス（左）（© Computer Laboratory, University of Cambridge）

◆ 非ノイマン型コンピュータ

世の中にはノイマン型以外の考え方で作られたコンピュータもあります.

(1) データフローコンピュータ（data flow computer）：ノイマン型コンピュータでは，プログラムの命令が作り出す制御信号によってコンピュータが動作しています. これを制御駆動方式といいます. それに対し，データフローコンピュータは，データが演算器に入力されることによって，演算回路が始動するデータ駆動という考えに基づいて作られています. 加算や乗算のオペランドが揃うと同時に演算が始まり，結果が得られ次第，次の演算器に送られるので，演算器の数や接続に制限がなければ最短時間で計算を行うことができます.

(2) ニューロコンピュータ（neuro computer）：人間の脳内の神経細胞は，複数のシナプスからの信号の加重和がある一定値を超えると，出力信号を出します. 大脳が働くために，神経細胞が集まって神経回路網を形成し，互いに信号のやり取りをしています. ニューロコンピュータは，このような人間の脳内の処理を，電子回路やプログラムで真似て，処理を行うものです. 文字認識，音声認識，天気予報，株価予測，ロボット制御などに応用されています.

(3) ファジィコンピュータ（fuzzy computer）：カリフォルニア大学のロトフィ・A・ザデー（Lotfi A. Zadeh）教授により提唱された"あいまい理論"に基づいて作られたコンピュータです. デジタルコンピュータは 0 と 1 の 2 つの値しか扱わない 2 値処理を行いますが，人間の会話では「暑い」といっても何度以上なら暑いのか境界ははっきりしていません. すなわち境界はあいまいです. 30℃以上であれば「暑い」に対するグレード（適合度）が 1，10℃以下であればグレードを 0 として，その中間の温度に対して，0 から 1 の間の連続した値をグレードに割り当てます. このような人間の感覚のあいまいな値をグレードに表して処理を行うコンピュータをファジィコンピュータといいます. 主に制御で使用され，センサと組み合わせて空調の温度制御，地下鉄の速度制御などに応用されています.

図 **3.10**　岡崎文次（写真提供：専修大学）

⑸　**FUJIC と日本のコンピュータ開発史**

さてここで，日本ではどのような状況でコンピュータ技術が進歩したのか見てみよう．

　1950 年代には写真機（カメラ）のレンズ設計の計算は，2 人一組の計算手の女子社員が対数表を使用して紙と鉛筆で計算を行っており，一日に 10 本程度の光線の計算が限界であった．レンズを新しく設計するには 1000 本から 2000 本の光線の計算が必要とされ，レンズの設計が終わるのに数ヶ月かかった．富士写真フィルムの岡崎文次[1]（図 3.10）は，「科学朝日」の 1948 年 8 月号の SSEC（Selective Sequence Electronic Calculator）という IBM の電子計算機の記事を読んで，電子計算機の実現可能性を信じた．レンズの設計計算を真空管による電子式計算機で速く効率よく行おうと考え，会社に「レンズ設計の自動的方法について」という企画書を提出した．この中で計算機を使って設計すれば計算の誤りがなくなること，また人件費の削減になることを訴えて研究費を得ることができた．会社が支出を認めた背景として，当時唯一の娯楽であった映画産業が盛んで，映画のフィルムで会社の財政が潤っていたことがあげられる．1952 年に開発に着手し，1956 年 3 月に FUJIC を完成した（図 3.11）．これが日本で最初のプログラム記憶方式の全電子式計算機である．FUJIC は真空管約 1600 本と水銀遅延管メモリを使用し，17 個の命令が使えた．演算命令は 3 アドレス命令であった．2 進で絶対値 32 ビットの数値データを扱い，加算は 0.1ms（ミリ秒），乗算は平均 1.6ms，除算は 2.1ms の性能であった．水銀遅延管記憶装置は 1 語 33 ビットで 255 ワードを記憶し，平均 0.5ms でアクセスすることができた．光学関係の計算，微分方程式の解法等に実際利用された．現在 FUJIC は，国立科学博物館に保管されている．

　当時多くの研究機関で電子計算機の開発が進められていたが，岡崎文次がほとんど独力で日本最初の電子計算機の開発に成功している．岡崎の回想では，参考にする文献や資料が少なく，読んで理解する時間が省けたこと，多人数のプロジェクトではないので会議や議論の調整をする必要がなかったこと，専門が物理であったため電気も機械も理解できたので最も容易そうで実現に十分な方法を使い実装したこと，などを成功の原因としてあげている．効果的にデモを行い，また定期的に報告書を書いてプロジェクトが順調に進展していることを，会社の上層部や対外的にアピールした

1　岡崎文次は，富士写真フィルムで日本初のコンピュータを開発した後，日本電気㈱を経て，1972 年専修大学経営学部に情報管理学科が設置される際に教授として招聘され，1985 年まで同大学で情報教育にあたった．

図 3.11 FUJIC（写真提供：富士写真フィルム㈱）

という.

　FUJIC と同時期に日本独自のパラメトロン計算機の開発が行われている．東京大学の後藤英一は，1954 年フェライトを使用した磁気によるスイッチング素子であるパラメトロン素子を発明し，これによって 1957 年に日本独自のデジタルコンピュータが開発された．パラメトロン計算機は，電気通信研究所，東京大学，日立製作所，富士通，日本電気などのコンピュータ・メーカーでも試作された．動作は安定していたが計算速度が遅く，当時第 2 世代のトランジスタ素子に移行しつつあった時期で，パラメトロン計算機は 2 年ほどでコンピュータの歴史から退いていった.

　1960 年代，多くの日本の企業は米国のコンピュータ・メーカーと技術提携を行った．大きな資本をかけずに手っ取り早く製品を市場に出荷する方法は，技術的に進歩した米国メーカーと手を結ぶことであった．当時，外国メーカーとの技術提携を行わず独自技術で製品開発を行っていたのは富士通だけであった．日本電気はハネウェル，日立製作所は RCA，東芝は GE，三菱電機はゼロックスと技術提携を行った．これらの米国メーカーの多くは現在コンピュータ事業から撤退している.

　1971 年には第 3 世代の IBM370 が出荷され，また米国政府によるコンピュータの輸入と資本の自由化の圧力があり，日本のコンピュータ産業の強化育成を図る必要が出てきた．日本政府の指導により，日立製作所と富士通，日本電気と東芝，三菱電機と沖電気が新機種共同開発のための提携を結んだ．これにより大型から小型まで多様な機種が開発されていった．その状況の下，日本独自のオフコン（オフィスコンピュータ）という事務処理用の小型機種が開発され，企業のオフィスオートメーション（OA）を支えた.

　1982 年から 10 年計画で通産省（当時）の主導の傘下に，企業が協力して組織された新世代コンピュータ技術開発機構（ICOT）が，日本独自の「第五世代のコンピュータ」の研究を行った．このプロジェクトでは，推論，連想，学習等の人間には得意であるがコンピュータにとっては不得意な処理の研究を行った．人工知能の実現を目指してデータフロー方式の並行処理による推論マシンを開発した．また，人間とコンピュータの知的なインタフェースの研究も行われた．しかしこの国をあげての研究プロジェクトは，コンピュータの小型化，ネットワーク化という世界的な趨勢から外れたものであった.

3.3　汎用大型機と高速化への道

(1)　最初の商用コンピュータ UNIVAC I

　1945年フォン・ノイマンはプリンストン高等研究所へ移り，1946年モークリーとエッカートは，商用コンピュータを開発するためペンシルベニア大学を去った．彼らはエッカート・モークリー・コンピューティング・コーポレーション（EMCC）を設立し，EDVAC計画をもとにした新しいコンピュータの開発を始め，1950年に BINAC（Binary Automatic Computer）を開発した．しかし経営状態が悪く，1950年事務機器の大手メーカーであるレミントン・ランド社の子会社となった．1951年，最初の商用のプログラム記憶方式のコンピュータ，UNIVAC-I（Universal Automatic Computer I）が完成し，レミントン・ランド社から発売された．レミントン・ランドは1955年にスペリー社と合併し，スペリー・ランド社となった．同社は1986年にバローズ社と合併し，ユニシスと社名変更された．この間スペリー・ランド社から転出した技術者たちによって，1957年にCDC（Control Data Corporation）が設立された．

　ENIAC の特許権（1964年発効）はスペリー・ランド社が買収して，UNIVAC に使用すると同時に，他の計算機製造会社に特許使用料を課していた．しかしハネウェル社だけはこれを拒否したので，1967年，スペリー・ランド社は連邦裁判所に提訴した．これに対しハネウェルは，スペリー・ランドの所有する ENIAC 基本特許の無効と独占禁止法違反の容疑で提訴した．ハネウェルは，この裁判の証拠書類を準備する間にアタナソフの業績の存在を知り，アタナソフの計算機械に関する詳細な調査を行った．裁判の過程で，電子的なデジタル計算の主要な部分が ABC の中にあったこと，それをモークリーが1940年代の初めにアイオワ州立大学のアタナソフの実験室を訪れて詳細な説明を受けていたことが明らかになってきた．またノイマンがプログラム記憶方式の着想を論文として世界の科学者に配付したことで，公知の事実となっていることも指摘された．1973年10月19日，ミネアポリス連邦地方裁判所の判事 E.R. ラーソンは ENIAC の基本特許を無効とする判決を言い渡した．この判決の背景には，コンピュータ技術を一部の企業に独占させるのではなく，広く公開してコンピュータ産業を振興したいという意図が働いたと言われている．

(2)　IBM の汎用コンピュータ

　IBM（International Business Machines）社の前身は，ホレリスの穿孔機の製造販売を行っていたCTR（Computing Tabulating and Recording）社である．1924年に社名を変更した事務機器メーカー IBM は，第2次大戦中ハーバード大学のエイケンと共同で Mark I と呼ばれるリレーを使用した計算機を開発していた．IBM は1951年，701という汎用大型の電子計算機を，続いて1953年には中程度の価格で高信頼性を目指した650を発売した．IBM650は，記憶装置として磁気ドラムを使用した．IBM の真空管式コンピュータは709を最後に，709のトランジスタ版である7090に変わった．汎用大型計算機（メインフレーム）では一般に，素子として真空管を使用したものを第1世代，トランジスタを使用したものを第2世代と分類している．

　1956年，IBM は磁気ディスクの始まりである RAMAC（Random Access Method of Accounting

図 3.12　IBM360（写真提供：日本 IBM ㈱）

and Control）を発表した．これは直径 24 インチのアルミのディスク基板 50 枚に 500 万キャラク
タ（文字）を記憶するものであった．1990 年代に，IBM は高感度で S/N 比の高い磁気抵抗効果型
ヘッドと新しい信号処理技術の開発に成功し，より小さい磁気記録パターンから記録信号を読み出
せるようになった．そのため磁気ディスクの面記録密度は飛躍的に向上した．RAMAC から 40 年
後のパソコン用のハードディスク装置では，RAMAC と比較して面記録密度で約 50 万倍，シーク
時間で約 50 分の 1，転送速度では約 2000 倍に達している．

　1964 年には IBM360（図 3.12）が発売された．この計算機は第 3 世代の TTL（Transistor-
Transistor Logic）と呼ばれる集積回路の技術で製造され，同一アーキテクチャで計算機の規模を変
えることができ，ソフトウェアの互換性を持たせたもので，汎用大型機（Main Frame）の代名詞
となった．

　世間では汎用大型機が主流であったが，1965 年には DEC（Digital Equipment Corporation）社
が，PDP-8 という汎用大型機より規模が小さく低価格で，ビジネス利用を目的としたミニコンピ
ュータを発表した．1970 年代を通じてミニコンピュータは，事務処理用として利用されたが，
1980 年代の後半からは，パーソナル・コンピュータによりその地位は取って代わられた．

　1971 年，動的アドレス変換機構（Dynamic Address Translation）による仮想記憶（Virtual
Storage）システムを実装した IBM370 が出荷された．これによりプログラマは，容量の大きなディ
スクと同じ大きさの仮想的なメモリを使用することができるようになり，計算機のメモリの制限
から開放された．IBM370 は第 3 世代後期の LSI（Large-Scale Integrated circuit＝大規模集積回路）
技術で製造されたが，1970 年代後半以降に VLSI（Very Large-Scale Integrated circuit＝超大規模集
積回路）を回路素子として使用したコンピュータを第 4 世代という．

（3）　スーパーコンピュータ

　スーパーコンピュータは主に科学技術計算で使用されるもので，一般のコンピュータと比較して
計算性能がきわめて高い機種を指す．スーパーコンピュータの性能は，1 秒間に実行できる浮動小
数点演算の数 FLOPS（Floating-Point Operations Per Second）で表す．当然のことながらその性能
は毎年急速に向上している．汎用大型機が改良されるにつれて，特に画像処理や偏微分方程式の解
法など科学技術計算の分野では，浮動小数点演算をより高速に計算する必要性が出てきた．そのた

◆ 次世代の超高密度記録の研究

　垂直記録方式を採用するなど，磁気ディスクの技術は現在でも進歩していますが，次世代の技術の候補として研究されているのが走査プローブ顕微鏡（SPM：Scanning Probe Microscope）による超高密度記録技術です．SPM の一種である走査トンネル顕微鏡（STM：Scanning Tunneling Microscope）は，金属等の導電性のある表面に微弱な電流を流しながらプローブ（探針）を走査し，これにより表面の原子構造を観察する装置です．1981 年に IBM のチューリッヒ研究所でゲルト・ビーニッヒ（Gerd Binning）とハインリッヒ・ローラー（Heinrich Rohrer）らによって発明され，シリコン表面の原子構造を解析して 1986 年度ノーベル物理学賞の栄誉に輝きました．その後，スタンフォード大学では金属以外の電流の流れない物質の表面も観察できる原子間力顕微鏡が，また IBM のワトソン研究所では微細な領域の磁気力を検出する磁気力顕微鏡などが相次いで開発されました．これらのプローブを使用する顕微鏡を総称して，走査プローブ顕微鏡（SPM）といいます．現在では，SPM は単に観察するだけでなく，そのきわめて高い分解能を利用して超高密度記録装置としての可能性が世界各国で研究されています．1989 年には IBM アルマデン研究所の D. アイグラーらが，真空中で絶対温度 4 度に冷却したニッケル板の上にキセノン原子 35 個を並べ替えて "IBM" という文字を書きました（図 3.13）．これは原子 1 個が 1 ビットに相当する究極の記憶装置を提案したことを意味します．しかしアクセス時間が長いので未だ実用化には至っていません．

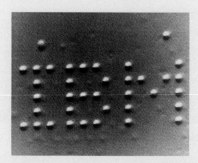

図 3.13　キセノン原子で書いた "IBM" という文字（写真提供：日本 IBM ㈱）

めイリノイ大学で Illiac-IV という並列計算機が設計され，1972 年にバローズ社で開発された．これは 64（＝ 8 × 8）個の演算装置を並列動作させる SIMD（Single Instruction Stream Multiple Data Stream）型と呼ばれるもので，同じ命令を多数のデータに対し同時に実行して高速化を図る並列処理のコンピュータであった．

　1957 年にスペリー・ランド社を退社したウィリアム・ノリス（William Norris）とシーモア・クレイ（Seymour Cray，図 3.14）らは，CDC（Control Data Corporation）を設立した．クレイは CDC で高性能な計算機を設計していたが，1972 年に独立してクレイリサーチ社（CRI：Cray Research Inc.）を設立し，スーパーコンピュータの開発を始めた．1976 年，世界最初の商用スーパーコンピュータ CRAY-1（浮動小数点演算性能 160MFLOPS）を出荷した（図 3.15）．CRAY-1 は大容量のベクトルレジスタを備え，加算と乗算各 1 個のパイプライン浮動小数点演算装置により高速処理を実現するものであった．写真の円筒状の筐体の中に CPU があり，円筒の周囲の椅子の下には冷却装置がある．スーパーコンピュータの CPU は電力消費が激しく，発熱するため，

図 **3.14**　シーモア・クレイ（写真左）（© Cray Inc.）

図 **3.15**　CRAY-1（写真提供：日本シリコングラフィックス・クレイ㈱)

CRAY-1 ではフロンガスを使用して冷却を行った．しかしフロンはオゾン層を破壊し，地球上へ紫外線の照射を増やすことが指摘され，環境保護の観点から産業界では使用されなくなった．現在では，水冷または強制空冷のような方法で冷却を行っている．

　CRAY-1 によって始まる商用のスーパーコンピュータは，年間の出荷台数は少ないが大規模数値計算等の分野で需要があった．1980 年代，スーパーコンピュータを製作している企業は米クレイ社，日立製作所，富士通，日本電気の 4 社であり，スーパーコンピュータは日米貿易摩擦の一因となった．CRI は 1996 年にシリコングラフィックス社に買収されたが，2000 年にテラコンピュータ社が買収合併しクレイ社（Cray Inc.）と社名変更した．

　ENIAC で π（円周率）の計算を 2037 桁まで行ったことは，3.2 節(2)で述べた．π の計算の記録は，1980 年代に入るとスーパーコンピュータによって更新されるようになり，1989 年には東京大学の金田康正らが日立のスーパーコンピュータ S-820/80 を使用し，74 時間 30 分かけて 10 億 7 千万桁以上の精度で π を計算した．これは，1 桁の計算を約 0.25ms（ミリ秒）で行ったことになる．これは 1949 年の ENIAC での計算速度と比較して約 50 万倍の改善がみられるが，計算アルゴリズムの改良，計算機のアーキテクチャやハードウェア部品など要素技術の改良によりもたらされたものである．21 世紀に入り，筑波大学などで記録を更新し，2009 年には 2 兆桁を超す π の計算を行っている．

　図3.16に，スーパーコンピュータのピーク性能（最大理論性能）を年度ごとに表示した．1993
年以降はTOP500（http://www.top500.org/）という，スーパーコンピュータのランキングサイトの
データに基づく．それ以前のデータは筆者の独自調査によるものである．1980年代以降スーパー
コンピュータのピーク性能が，10年で約1000倍の割合で向上しているのは，搭載する演算装置の
数が10年ごとに数千倍に増えるためである．すなわち，スーパーコンピュータが少数精鋭型から
多数精鋭型に進化したためである．1990年代に入り，HPC（High Performance Computing：高性
能計算）の分野には，インテルやIBMなどアメリカの企業も参入してきた．地球シミュレータは，
1998年に科学技術庁（当時）の主導で計画され，日本電気（NEC）のSX-5というスーパーコンピ
ュータのアーキテクチャを基に開発された．地球シミュレータは，高性能の浮動小数点演算装置を
5120個並列に動作させることができ，ピーク性能は40TFLOPS（T：テラ $= 10^{12}$）にのぼる．温暖
化など気候変動や海流，地殻など地球規模のシミュレーションに活用されている．2002年に横浜
市の海洋研究開発機構に設置され世界で最高の性能を発揮したが，2004年にはIBMのBlue Gene
に世界1位の座を明け渡した．2011年には理化学研究所と富士通が京（けい）というスーパーコ
ンピュータを開発した．京は10PFLOPS（P：ペタ $= 10^{15}$）の演算性能を持ち，1秒間に約1京
（= 10000兆）回の浮動小数点演算を実行することができる．医療や創薬の分野，大気の循環モデ
ルの計算，その他産業応用に活用される．しかし京も，2012年には米国IBM社のSequoiaに抜か
れた．その後，米国Cray社のTitanが1位になり，2016年6月には中国の神威・太湖之光が約
125PFLOPS，2018年6月には米国のSummitが約200PFLOPS，2020年6月には日本のスーパーコ
ンピュータ「富岳」が約537PFLOPS，そして2年後に米国のFrontierが1,685PFLOPSを達成し，
各国が理論的ピーク性能の世界最高記録を競っている．「富岳」は富士通と理化学研究所が開発し
たスーパーコンピュータで，新型コロナ感染シミュレーションの室内空気循環モデルなどに使われ

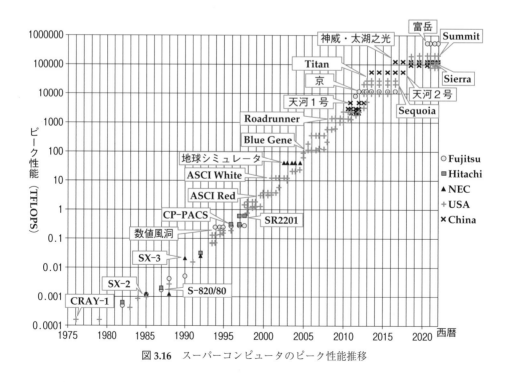

図3.16　スーパーコンピュータのピーク性能推移

た（図3.17）.

　スーパーコンピュータは演算性能だけではなく，環境に配慮して消費電力が少ないことも重要である．Green500 というサイトでは消費電力当りの性能（FLOPS/W）でランク付けをしている．日本は伝統的に Green500 のランキングには強く，2018 年 6 月には理化学研究所のシステム菖蒲が 1 位と高エネルギー加速器研究機構の睡蓮が 2 位を占めた．これらは日本の株式会社 PEZY Computing により開発されたものである．2021 年 6 月からは日本のプリファードネットワークス社の NM-3 という深層学習用のコンピュータが，39.38GFLOPS/W という世界で最高の性能を発揮している．

　スーパーコンピュータの性能は常に向上しており，その時代に適したベンチマークテストにより世界での順位が付けられる．世界のスーパーコンピュータの性能はその国の経済力と科学技術の水準を示す指標として，TOP500 および Green500 というサイトに順位が公開され，毎年 2 回更新されている．科学技術と産業の振興のため，先進国，新興国を問わず世界各国で最高速のスーパーコンピュータの開発を競っている．スーパーコンピューティングの分野は，計算能力を必要とするビッグデータの処理や人工知能の開発でも重要となっている．この分野は将来的には，量子コンピュータが有望であるとされ，現在各国で研究が進められている．

図 3.17　「富岳」の外観（写真提供：理化学研究所）

3.4 小型コンピュータへの道

(1) インテルのマイクロプロセッサ

1947年，ベル研究所においてジョン・バーディーン（John Bardeen），ウォルター・H・ブラッテン（Walter Houser Brattain），ウィリアム・B・ショックレー（William Bradford Shockley）らによってトランジスタが発明され，これが後に集積回路へと発展していく．トランジスタの発明者たちは1956年にノーベル物理学賞を受賞することになるが，ショックレーは1954年にベル研究所を去り，半導体のビジネスを興すためにカリフォルニアに自分の会社を創設した．この会社にはロバート・N・ノイス（Robert Norton Noyce），ムーアらがいた．1957年にこの二人はフェアチャイルド・セミコンダクター社へ転出し，1968年にフェアチャイルドをスピンオフして，カリフォルニアのシリコン・バレーに半導体メーカー，インテル社を創設した．1969年，日本の電卓メーカー，ビジコン社は，技術者の嶋正利を派遣して，インテル社と共同で電卓用LSI（Large Scale Integration＝大規模集積回路）の開発を開始した．最初は10進演算方式でLSIを実装することが考えられていたが，さまざまな問題点を解決していく過程で「電卓としても使えるようにプログラムできる汎用コンピュータ」にしたほうがよいという提案がなされ，1971年世界で最初の2進4ビットのマイクロプロセッサ4004（図3.18）が両社によって共同開発された．システムとして使いやすいように，CPU（4004）だけでなく，RAM，ROM，そして入出力用のLSIをファミリーチップとして提案した．マイクロプロセッサは，1972年8ビットの8080，1976年16ビットの8086，とビット数が増えていった．

(2) パソコンの誕生

1975年，MITS（Micro Instrumentation and Telemetry Systems）社によってアルテア（Altair）8800という世界最初のパーソナルコンピュータ（パソコン）[2]が開発された．これは事実上のパソコンであったが，当時はパーソナルコンピュータという用語は普及しておらず，ミニコンピュータのキットとして発売された．パーソナルコンピュータという名称は，アラン・ケイ（Alan Kay，図3.19）が書いた *Scientific American* 誌1977年9月号の論文「マイクロエレクトロニクスとパーソナルコンピュータ」（"Microelectronics and the Personal Computer"）以降広まっていった．

ビル・ゲイツ（Bill Gates）とポール・アレン（Paul Allen）の二人によって始められたマイクロソフト社は，アルテアのために，BASIC言語処理のソフトウェアを開発した．マイクロソフトBASICが動くまでは，アルテアのプログラムは機械語を，パネルスイッチを使って入力していた．ゲイツらはPDP-10という大型計算機でアルテアのシミュレータを作り，これによりBASICの言語プロセッサを開発した．当時のコンピュータのメモリ容量は小さかったので，プログラムをコン

2　パソコンとは，パーソナルコンピュータ（Personal Computer）を略した日本語である．アラン・ケイには，「未来を予測する最良の方法は，それを発明することだ（The best way to predict the future is to invent it.）」という有名な言葉がある．彼は，ムーアの法則を基に将来的に半導体の1チップ上にコンピュータの機能のほとんどが収まることを知り，一人が1台のコンピュータを所有する時代が来ることを予見することができた．

 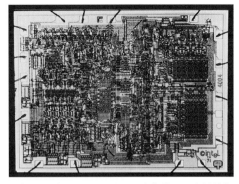

図 **3.18** インテル 4004　3.0mm × 4.0mm のチップ上に約 2300 個のトランジスタを集積した世界最初のマイクロプロセッサ（写真提供：インテル㈱）

図 **3.19**　アラン・ケイ

パクトに作るために高度な技術を必要とした．また 1970 年代中頃のシリコン・バレーでは，スタンフォード大学やカリフォルニア大学（バークレー校）の学生やその出身者たちが集まって，趣味としてマイクロプロセッサを使用してコンピュータを作り，ゲームや BASIC のプログラムを動作させるホーム・ブリュー・コンピュータ・クラブと呼ばれる活動を行っていた．その中からスティーブン・G・ウォズニャック（Stephen Gary Wozniak）とスティーブ・ジョブズ（Steve Jobs）らがアップル社を創設した．VISICALC という表計算ソフトも商品化され，パーソナルコンピュータの市場が成長を始めた．

　世界最大のコンピュータ・メーカー IBM 社はそれまで内製の部品とソフトウェアを使っていた．しかしパーソナルコンピュータの開発を急いだためインテル社の 8088（16 ビット）を CPU に，マイクロソフト社の MS-DOS をオペレーティングシステム（OS）として採用し，1981 年パーソナルコンピュータ IBM PC/XT を発表した（図 3.20）．そして 1985 年には改良版の PC/AT を発表した．アップルと NEC を除く現代のパーソナルコンピュータのアーキテクチャは，IBM PC が基本となっており，そのほとんどにインテルのマイクロプロセッサとマイクロソフトの OS が使用されている．IBM PC はよく売れたが，多数のメーカーが同様にインテルの MPU とマイクロソフトの OS で IBM 互換機を製造するようになった．これが結果としてインテルとマイクロソフトに繁

図 **3.20**　IBM PC/XT（写真提供：日本 IBM ㈱）

栄をもたらし，IBM がパーソナルコンピュータの市場で主導権を握ることができない原因となった．

　1970 年，ゼロックス社のパロアルト研究所（PARC：Palo Alto Research Center）が開設されると同時に，国防総省高等研究計画局からロバート・テイラー（Robert Taylor）が移籍してきた．テイラーは，研究費を全米の大学に分配していた関係で，最も優秀なコンピュータ科学の研究者たちを知っていた．テイラーによってスカウトされた優秀な研究者たちは，多くの成果をあげた．ここで開発された技術には，WYSIWYG（What You See Is What You Get：画面で見た通りのものが印刷で得られるもの）のワープロ，GUI（Graphical User Interface），LAN（Local Area Network）の技術であるイーサネット（Ethernet），レーザプリンタなど，今日なくてはならない技術が多い．アイコンをマウスでクリックしてソフトウェアを起動する GUI の原型も 1970 年代の終わりにはパロアルト研究所で開発されていた．この技術によればコンピュータの操作マニュアル等を暗記する必要はなくなり，一般の人々にもコンピュータが使えるようになるわけである．しかし当時のゼロックス社の経営陣には，GUI が後にどれほど重要な技術となるかわからなかった．ゼロックス社が会社の利益に貢献させることができたのはレーザプリンタ技術のみで，多くの技術は人材の流出とともに他社へ渡った．1984 年アップル社は，Macintosh という GUI 環境を取り入れた使いやすいコンピュータを市場に出した．マイクロソフト社も 1985 年に GUI 技術を取り入れて Windows という OS を開発した．GUI によってコンピュータは一般の人々にも使いやすいものとなり，社会への普及が促進された．

（3）ワークステーション

　ワークステーション（workstation）は，技術者が CAD（Computer-Aided Design）などの設計業務に使用するコンピュータで，高性能の CPU とグラフィクス用の高精度のディスプレイを装備していた．

　IBM では，1975 年ジョン・コック（John Cocke）らによって，コンパイラを活用し高速で処理できる比較的簡単な少数の命令セットを使用した計算機の開発に着手した．その後カリフォルニア大学バークレー校，スタンフォード大学でも同様のコンピュータに関する研究が始まった．IBM

では IBM801 を開発し，スタンフォード大学では MIPS（Microprocessor without Interlocked Pipeline Stages），カリフォルニア大学では RISC（Reduced Instruction Set Computer）と呼ばれた．この種のコンピュータは中央処理装置がパイプラインにより命令実行の高速処理を行い，シングル・チップ上に実装されている．

　その後各社でこのタイプのチップを製造したが，1987 年にサンマイクロシステムズ社が RISC を SPARC と呼ばれるワークステーションに使用し，ワークステーションといえば RISC 型が標準となった．ワークステーションには通常，OS として UNIX を使用しているため TCP/IP による通信機能をもっており，インターネットの発展に貢献した．

3.5　コンピュータネットワークと社会

⑴　インターネットの起源 ARPANET

　インターネットの起源は，米ソ冷戦時代の 1960 年代末に核の脅威に対処するため，安全性の高い広域の情報通信システムの構築を目的として米国国防総省（DOD：Department of Defence）が作ったコンピュータネットワークに始まる．ソビエト連邦が 1957 年に人工衛星の打ち上げに成功すると，空からの脅威を感じたアメリカは防衛分野の科学技術の振興を目的として国防総省に高等研究計画局（ARPA：Advanced Research Project Agency）を創設し，その中に情報処理技術室（IPTO：Information Processing Techniques Office）という情報処理技術の研究を計画促進する部門を置いた．

　IPTO 初代の室長（1962〜1964）は，ジョセフ・C・R・リックライダー（Joseph Carl Robnett Licklider）というマサチューセッツ工科大学（MIT）出身の学者で，専門は音響心理学であったが，計算機と人間の共生という思想をもって研究を行っていた．第 2 代の室長（1964〜1966）はアイバン・サザランド（Ivan Sutherland）というコンピュータグラフィクスの研究者，第 3 代の室長（1966〜1970）には，リックライダーと専門分野が近いテイラー（Robert Taylor）が就任した．当時，計算機といえば数値計算に利用することが常識であったが，テイラーは，コンピュータは単なる計算機械ではなく，コミュニケーションのための道具であると考えていた．

　アメリカとソ連の冷戦時において国家の情報網は重要で，部分的な破壊によっても通信網が完全に麻痺することがないよう，通信経路の冗長性を重視して全米各地にある多数の計算機を網の目のように通信回線で相互接続することが考えられた．テイラーは，マサチューセッツ工科大学（MIT）から計算機と通信回線の技術をもったローレンス・ロバーツ（Lawrence Roberts）を引き抜き，アメリカ中の大学にある大型計算機を接続する計画を実行に移した．通信方式に関しては第 7 章に詳述されているが，パケット交換方式による通信は，1960 年にランド社のポール・バラン（Paul Baran）によって提案された．パケット交換によりメッセージの通信ができるようにしておけば，通信網の一部または一か所の計算機が破壊されるようなことがあっても，他の径路を通って情報を伝送することができる．ARPA は全米の大学に研究費を分配していたが，各大学の大型計算機をネットワークで接続して，互いの研究成果や計算機資源を共有することにより，重複した研究を排除し，またコストを削減できるという利点も生じる．

　当時の大型計算機はメーカーによって規格や方式も異なり，直接接続することは困難であった．MIT のウェズリー・クラーク（Wesley Clark）の発案により，各種の大型計算機と通信網の間に通信制御用の小型の計算機を挿入することにした．ネットワーク制御用小型計算機を IMP（Interface Message Processor）と呼んだ．この装置を開発するために ARPA では入札を行い，MIT 出身者たちが創業した BBN（Bolt Beranek and Newman）社が最終的に IMP 開発の契約を勝ち取り，1 年以内にシステムが開発された．IMP にはハネウェル社製の DDP-516 が採用され，これは軍用のミニコンピュータで頑丈な構造をもっていた．そして 1969 年 9 月，行列理論によりパケットのトラフィック解析を研究していたレナード・クラインロック（Leonard Kleinrock）が在籍するカリフォルニア大学ロサンゼルス校（UCLA）に最初の IMP が設置された．

　1969 年末までには，カリフォルニア大学ロサンゼルス校（UCLA），カリフォルニア大学サンタバーバラ校（UCSB），スタンフォード研究所（SRI），そしてユタ大学の 4 拠点間に ARPANET（Advanced Research Project Agency NETwork）の最初のパケット交換網が構築された．その後 ARPANET に接続する拠点は増加を続けるが，1974 年にヴィント・サーフ（Vinton Gray Cerf），ロバート・カーン（Robert Kahn）らによって提案された TCP/IP（Transmission Control Protocol/Internet Protocol）プロトコル（通信規約）によって，ARPANET を核として異種のネットワークも含めて世界中の大型・小型機を接続することが進められた．1980 年代には ARPANET 以外にも，USENET（UNIX ユーザのニュースグループ），CSNET（ARPA のプロジェクト以外の大学のコンピュータサイエンス学科のネットワーク），BITNET（IBM の技術と支援によるネットワーク），NSFNET（米国内 5 か所のスーパーコンピュータ・センターを基幹とした高速ネットワーク）などが存在したが，最終的には TCP/IP プロトコルによって接続され，インターネットに統合されていった．

(2)　インターネットと OS

　1990 年代には，パソコンのオペレーティングシステム（OS：Operating System）としてマイクロソフト社の Windows が主流となり，インテル社のマイクロプロセッサを搭載したパソコンで使われた．この 2 つの企業の組合せをウィンテル（Wintel）と呼ぶことがある．マイクロソフト社は GUI（Graphical User Interface）により初心者でも使えるような操作性の高いソフトを多数開発し，パソコンの普及に貢献した．ワープロ，表計算，データベース，プレゼンテーション用ソフトを含む Office と呼ばれる事務処理用統合ソフトや，インターネット・エクスプローラ（Internet Explorer）というウェブ閲覧ソフトなども販売しシェアを拡大したが，反トラスト法（米独占禁止法）の訴訟に巻き込まれることになった．

　UNIX はベル研究所のケン・トンプソン（Kenneth Lane Thompson）とデニス・リッチー（Dennis MacAlistair Ritchie）らによって開発されたマルチユーザ・マルチタスクの OS である．1970 年代にはミニコンピュータのような小型のシステムの OS として，80 年代からはワークステーションやスーパーコンピュータの OS として使用されるようになった．UNIX は TCP/IP を標準装備しており，ネットワーク環境でのコンピュータの使用が浸透していった．また NSFNET や BITNET，さらには CompuServe 等の商用ネットワークとの接続を経て，インターネットは拡大していった．これにより電子メール，ファイルの転送，遠隔地の計算機へのログイン等が可能になった．

　フィンランドのヘルシンキ大学の学生であったリーナス・トーバルズ（Linus Torvalds，図 3.21）

は，1991 年に自作の OS を Linux と名付けてインターネット上に無償で公開した．これを見た多くのパソコンユーザが自分のパソコンにダウンロードし，使い，改良して，世界中で広く利用されるようになった．インターネット上で広く協力を募り，集合知が成功した事例として知られている．Linux のソースコードは無償で公開されており，誰でも使用することができる．マイクロソフトの Windows に対抗する OS のひとつの勢力になっている．

(3)　ウェブの進化

1989 年，CERN（Conseil Europeen pour la Recherche Nucleaire：欧州合同原子核研究機構）のティム・バーナーズ・リー（Tim Berners-Lee）によりワールドワイドウェブ（WWW：World Wide Web）が提案された．WWW とは世界中にはりめぐらされた蜘蛛の巣という意味である．これは研究所内のネットワークを利用して，ハイパーテキストにより研究所内の各部門や研究者がどのような活動をしているかを簡単に検索できるシステムであった．ハイパーテキストは，文書の中の主要な語句にリンクを作り，これを通じてそれらの語句に関する別の文書を検索することができる（図 7.16 参照）．その文書の中にはまた別のリンクがあり，芋づる式に関連した情報を次々にたどることができる．ハイパーテキストのアイデアは古く，1945 年に MIT のバンネバー・ブッシュ（Vannevar Bush）が Memex という人間の思考過程をまねた仮想的な機械を提案している．この中でブッシュは，人間が記憶の糸をたぐる連想過程を，マイクロフィルムを検索する機械で実現するアイデアについて述べている．一般にはこの記述がハイパーテキストの始まりと言われている．現代ではこれが WWW で使いやすく実現されているのである．WWW は最初，研究所内のシステムとして開発されたが，次第に広がり地球全体を覆う情報網に発展していった．

1993 年にイリノイ大学にある NCSA（National Center for Supercomputing Applications）のマーク・アンドリーセン（Marc Lowell Andreessen）らにより Mosaic という画像も表示できる WWW のブラウザ（閲覧ソフト）が開発された．WWW は HTML（Hyper Text Markup Language）によって記述され，ホームページとして一般に知られ，ホームページのアドレスに相当する URL（Uniform Resource Locator）を指定することにより閲覧ソフト（ブラウザ）でその内容を即座に見ることができる．WWW はマルチメディアデータを含む情報の授受を行うインターネットの代表的な利用形態のひとつである．1994 年には，シリコングラフィックス社の創立者であるジム・ク

図 3.21　リーナス・トーバルズ

ラーク（James Clark）がマーク・アンドリーセンらと創設したネットスケープコミュニケーショ
ンズ社で Netscape Navigator という商用のブラウザが開発された．1995 年にはマイクロソフト社
がインターネット・エクスプローラ（IE：Internet Explorer）を開発した．接続環境も，1990 年代
はアナログ電話回線を使用したり，通信速度 64Kbps の ISDN（Integrated Services Digital Network）
を使用していたが，2000 年代に入るとブロードバンド化は進み，10Mbps 程度の ADSL
（Asymmetric Digital Subscriber Line）が普及し，現在光ファイバーを使う FTTH（Fiber to the
Home）の敷設が進められている．FTTH の通信速度は 100Mbps 以上で，動画などの閲覧にも支障
はない．

　従来は個々のコンピュータが独立に動作していたが，ネットワークで結合された多数のコンピュ
ータが情報の授受により協力しながら有機的に動作する環境が整った．閲覧ソフトが登場し，使い
やすい OS を搭載したパソコンが普及し，また高速回線で常時接続が実現するにつれて，インター
ネットに接続するコンピュータの数はねずみ算式に増加し，地球規模のネットワークに増殖してい
った．このため，インターネットは企業の業務を遂行する上でも，個人の生活にも大きな影響を与
えるようになった．ワークステーションの主要なメーカーであるサンマイクロシステムズ社では，
The network is the computer，すなわち「ネットワークがコンピュータである」という概念を打ち
出した．

　2000 年代に入るとウェブをプラットフォームとする新しい動きが始まった．アメリカ大手の出
版社の社主であるオライリー（Tim O'Reilly）はこの新しい潮流を Web2.0 と名付けて，同名の会議
（Web2.0 Summit）を毎年継続して開催している．Web2.0 の特徴として集合知の利用があげられ
る．性善説の立場に立ち，一般の人々の善意を信頼し，多くの人々の種々の知識を集約して，ひと
つの集合知としてまとめる．Wikipedia，Linux，Amazon のユーザレビュー，ブログのトラックバ
ック，料理サイト "クックパッド" などは集合知の好例である．Web2.0 の特徴として，ソフトウ
ェアやコンテンツをインターネットの "あちら側"，すなわちユーザのパソコンではなくサービス
提供者のサーバ側に置く傾向であると指摘する意見もある．

　Web2.0 のアプリケーションソフトは，Ajax（Asynchronous Javascript + XML）という Javascript
を基本にした言語で記述されている．公開されている **API**（Application Programming Interface，
アプリケーション・プログラミング・インタフェース）[3]を使用して，2 つのアプリケーションを組
み合わせて新たなアプリケーションを作るマッシュアップ（Mashup）技術がある．マッシュアッ
プの例として，地図のインタフェースと不動産情報を組み合わせるウェブサイトや，地図上に歴史
的事件を表示するサイトなどがある．Web1.0 は，ウェブページの構造がデータとアプリケーショ
ンのロジック，そして表示（プレゼンテーション）の 3 つの要素が絡み合っていたが，Web2.0 で
は 3 つの要素が 3 つの階層に明確に分離されていく過程との見方もある．

　Web2.0 時代の典型的な特徴を持つ企業はグーグル（Google）社であると言われている．グーグ
ルはページランクと呼ばれる，より多くのリンクが貼られたサイトから順位を付ける検索技術を基
礎として，スタンフォード大学の学生であったラリー・ペイジ（Lawrence Edward Page）とセルゲ

3　API とは，アプリケーションプログラムの機能をユーザのプログラムから参照し利用するための呼び出し
　手続きのことである．各社がいろいろな機能のための API を公開している．たとえば，アマゾンでは商品の
　データベースを参照利用する API を公開し，グーグルは検索機能や地図の API を公開している．API を公開
　することにより，宣伝効果が期待でき，また顧客獲得や販売促進につながるメリットがある．

イ・ブリン（Sergey Mikhailovich Brin）によって起業された. 現代では何を行うにもインターネット検索をして調べることから始めるため, 検索の上位に入らない企業はビジネスを行う上で存在しないに等しい状況に陥る. グーグルでは, アドワーズ（検索連動型広告）やアドセンス（文脈連動型広告）という検索した単語や, メールやブログなどの意味内容などに関連した広告をユーザに表示する技術を使い, 広告収入で莫大な利益を得た. ユーザにはメールや地図, ブラウザなどの機能を無償で公開している. 携帯電話や電子書籍などの事業にも参入し, スマートグリッド（コラム参照）関連の次世代電力事業にも進出する予定である.

◆ スマートグリッド

　スマートグリッド（smart grid）とは, オバマ米国大統領のグリーン・ニューディール政策（環境に配慮して経済発展を促す）で打ち出された, 次世代電力供給網を意味します. 発電所から利用者まで計測機器を備え, 情報通信技術によって利用状況を管理し, 電力供給と負荷の最適化を図ります. 地球環境保護の観点から, 世界的に利用者が太陽光発電, 風力発電などCO_2を発生しない自然エネルギーを導入するようになってきました. しかし自然エネルギーは昼夜, 天候などにも左右され, 発電量は不安定です. 自然エネルギーによって発電された電力をリチウムイオン電池などに蓄電して平準化させ, 従来の電力インフラと合わせて省エネになるよう, 電力を賢く利用する技術をスマートグリッドと呼びます. 将来的には環境保護のため電気自動車が各家庭に普及すると予想され, 大容量のリチウムイオン電池を積載している自動車が, 家庭の蓄電設備として有望視されています. グーグル社は, 将来の持続可能な低炭素社会へ向けて, 自社がもつ高度な情報技術を駆使して, 新しい世代の電力インフラ事業をも手掛けようとしています.

(4) クラウドコンピューティング

　クラウドコンピューティング（cloud computing）とは, インターネットによって接続されたユーザの目から見えない複雑なコンピュータネットワークとその機能を"雲"の図に喩えたものである. ユーザは, 従来コンピュータのハードウェア, ソフトウェアを購入してデータを作成し, それらをインターネットの"こちら側", すなわち自分のパソコンに置いて自分で所有, 管理した. 21世紀に入ると, 企業がビジネスを行う際に, 自前でハードウェアやソフトウェアを所有せずに, アプリケーション・サービス・プロバイダ（ASP）が提供する情報サービスを利用する傾向が強くなってきた. すなわち, インターネットの"あちら側"に置くようになってきた. この場合, サービス提供業者に利用料金を支払って, ハードウェア, ソフトウェアなどのサービスやリソースを, インターネットを通じてオンデマンドで利用する. 企業が内部に情報部門をもっていたものを, 外部にアウトソーシングすることと同等で, これはITの"所有"から, "利用"に移行することを意味する.

　クラウドサービスの形態には, 大別してアプリケーションソフトなどを提供する **SaaS**（Software as a Service）, プラットフォームを提供する **PaaS**（Platform as a Service）, ハードウェアや仮想マシン, ネットワークなどを含めた情報基盤を提供する **IaaS**（Infrastructure as a Service）の3種類がある. HaaS（Hardware as a Service）という用語も使われたが, ハードウェアだけではなく仮想化ソフトなどのミドルウェアも含めて提供することが普通なので, HaaS に代わって IaaSという語が使われるようになった. これらの情報サービスは, 必要なときにインターネットの向こ

う側から供給され，利用量に応じて課金されるので，将来は電気や水道と同じような生活基盤になると言われている．

　クラウドコンピューティングでは，ハードウェアやソフトウェアの購入・管理が不要になるため大幅なコストの削減ができるという利点がある．利用する人数やデータの規模，負荷などが変化してもクラウド業者の側で対応してくれる．この規模や負荷の変化に対する柔軟性をスケーラビリティ（scalability）という．ソフトウェアなどの新しいバージョンへの更新も業者が対応する．そのためユーザは，ハードウェアやソフトウェアの運用・管理などの実態を意識することなく利用に専念できるメリットがある．IBM，NEC，NTT，アマゾン，グーグル，セールスフォース・ドットコム，マイクロソフト，ヤフー，富士通など大手企業がクラウドサービスを提供している．

　クラウドの柔軟なスケーラビリティは，システムの仮想化によって実現される．クラウドのサーバは多数のコンピュータをネットワークで協調動作させ，非常に高い性能を実現している．これをあたかもユーザが処理する仕事に必要な規模のサーバが存在するように動作させる技術が仮想化（virtualization）である．仮想化ソフトウェアは，アプリケーションソフトとハードウェアの間に入り，実際のハードウェアを隠蔽・管理し，最適に負荷を分散させ必要に応じてハードウェア資源をアプリケーションソフトに割り当てる．アプリケーションソフトからは，仮想的なサーバの上で動作しているように見える．クラウド業者は，ユーザごとに必要とされる性能の仮想化されたサーバを構成することによりクラウドサービスを提供している．

　クラウドコンピューティングは，多くの部分をクラウド業者に依存してしまうため，ユーザ企業の中で技術が育たない，クラウド提供業者の経営破綻がユーザ企業の経営に致命的な影響を与える，個々のユーザ独自の細かい修正への対応が難しいなどといった課題もある．セキュリティやプライバシーの観点もクラウド業者に依存することになる．

　クラウドサービスには巨大なデータセンターが必要である（図3.22）．各社グリーンIT（p.77コラム参照）を導入して，消費電力の削減に努めている．サーバやストレージなど一つひとつの機器の消費電力の改良，照明や空調などデータ処理以外での電力消費の検討，機器の冷却方法の最適化など，データセンター稼動により排出されるCO_2の削減に大きな努力が払われている．

図3.22　データセンター（写真提供：マイクロソフト㈱）

◆ **グリーン IT**

　グリーン・コンピューティングともいわれ，もともとアメリカから始まった思想で，環境保護に配慮して情報機器を活用する考え方とその実施方法のことです．IT によるグリーン化（Green by IT）と，IT 自身のグリーン化（Green of IT）があります．前者の例には，IT を活用し CO_2 を削減するスマートグリッドがあります．

　後者として，データセンターのサーバや周辺機器の電力消費量を削減し，また照明や空調などの情報処理以外での電力を減らして，電力利用効率（PUE：Power Usage Effectiveness）を可能な限り高めます．

　オフィスや家庭では，情報機器の省エネに努めると同時に，パソコン本体やインクカートリッジなど消耗品のリサイクルに努力します．具体的には，パソコンや周辺機器の電源をこまめに切り省エネに努める，数分間使用しない場合には電源を落とすよう設定をする，紙やインクなどの消耗品の節約や分別廃棄，リサイクルを実行します．3R（Reduce, Reuse, and Recycle：削減，再使用，リサイクル）運動の IT 版ということができるでしょう．

(5)　ネットワーク社会の未来

　モノを情報技術で管理するには，モノにアドレスを付ける必要がある．**RFID**（Radio Frequency IDentification）タグは IC タグ，または無線タグとも呼ばれ，モノにアドレスを付与するゴマ粒程度の大きさの IC チップである．チップ内の ROM には規格により 96 または 128 ビットの ID 番号が付けられており，電波によって非接触で近距離からこの ID 番号を読み出すことができる．128 ビットのアドレスは IPv6 と互換性があり，地球上の約 3.4×10^{38} 個のモノにアドレスを付けることができ，この数はほとんど無限とも言える．RFID は，JR 東日本の Suica と同じ原理でカードの情報を読み書きする．非接触で品物に付いた RFID のアドレスを読み出し，タグの付いた物の情報をサーバから検索することができる．日立製作所では"ミューチップ"という RFID を開発している．大きさ 0.4mm，128 ビットの ID で，電源を内蔵しないパッシブ型の RFID である（図 3.23）．しかし日用品と比較して RFID のコストが高いので，普及はしていない．

　RFID は単にモノに番号を付与するだけであるが，ユビキタスという概念を現実化する過程で，

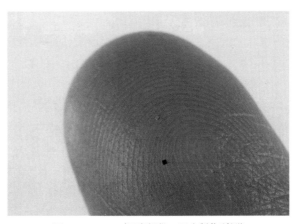

図 **3.23**　RFID（写真提供：日立製作所㈱）

◆ トロンと "モノのインターネット"

　組込みシステム（p.161 コラム参照）は，家電など身の周りの機器の中に，マイコンの CPU やハードウェアとソフトウェアによって，ある特定の機能を実現するために組込まれたシステムを指す用語です．具体例として，CD/DVD プレーヤーなどのオーディオ装置，カーナビ，TV，携帯電話（ガラケー），FAX，炊飯器，エアコン（空調），デジタルカメラなどの家電製品，電車や自動車，航空機，スペースシャトルや人工衛星など宇宙航空機器類の操作や制御の機能があげられます．

　モノのインターネットでは，これらの機器をインターネットで接続します．インターネットの "あちら側" のクラウドに対し，インターネットの "こちら側" の人々が生活するモノの世界にある機器類やシステムは，インターネットで統合された大きなシステムの先端部分の縁（「へり」または「ふち」）に相当し "エッジ" と呼ばれます．エッジのシステムの約 60%には，東大の坂村健により開発されたトロンの改良版の組込用 OS が搭載されています．OS の機能がその機器に特化され，きわめて速い応答速度を実現しています．30 年以上に及ぶ歴史と普及実績が評価され，トロンの改良版 OS の中核部分である μT-Kernel2.0 は，2018 年に電子情報分野の世界最大の学会である IEEE（Institute of Electrical and Electronic Engineers，アイ・トリプル・イーと読む）によって組込機器用 OS の標準として採用されました．

現在 "モノのインターネット（IoT：the Internet of Things）" または M2M（Machine to Machine）と呼ばれる方向に社会が動いている．ドイツではこれを第 4 次産業革命と捉え，インダストリー4.0 と呼んでいる．日本の内閣府では，IoT によりサイバー空間とフィジカル空間（モノの世界）を高度に融合させたシステムで，経済発展と社会的課題の解決を両立する人間中心の情報社会（Society）へ向けてのビジョンを Society5.0 と呼んでいる．

　インターネットは人と人を結びつけたが，IPv6 と互換性のある 128 ビットのアドレスを使えば，身の回りのほとんどのモノに IP アドレスを付けることができる．身の回りの機器や装置に IP アドレスを付与し，無線で通信を行えば，モノ同士がインターネットで結ばれるようになる．IoT 化が進むと，家庭内のエネルギー消費の効率化，家族の健康管理，高齢者の見守りなども可能となる．自動車がインターネットにつながり，渋滞を避けて，目的地へ自動運転することもできるであろう．建設機器の小松製作所では，IoT を推進し，目標データを入力することにより，建設機械が自動的に動いて目的の地形に整地を行う技術を開発した．また世界の機械の稼働状況のデータを取得し，需要予測を行っている．米国 GE 社では製造した航空機の顧客運航データを多数分析し，燃料の消費を抑える航路の最適化を助言している．モノがインターネットに接続されると，社会に遍在するモノやシステムからビッグデータとしてデータ収集し，製品の販売後も保守やサービスのビジネスチャンスにつなげる．IoT を産業基盤とするため，標準化が進められている．また統計学を基礎に，ビッグデータを解析し，予測やマーケティングに活用するデータサイエンスの分野が重要となる．

　坂村健はトロンフォーラムを組織して，ユビキタス ID（uID）の普及にも努めている．ユビキタス ID は，インターネットの IPv6（p.204 参照）と同じ 128 ビットで表現される汎用識別子で，バーコード，QR コード，EU で普及している EPC（Electronic Product Code），RFID などの各種コード（モノに付けられた ID）を包含できるような仕組みを作っている．

　IoT がうまく動作するためには，人工知能（AI：Artificial Intelligence）が不可欠である．

　人工知能開発のブーム（流行）は過去に 3 回起きている．自然現象や自然の創造物に心を観よう

とする思想，無生物にも心を持たせようとする着想は，神話の時代からあった．20 世紀に入り電子計算機が開発されると，第 2 次大戦中ドイツ軍の暗号解読機を開発したチューリングは，いつの日か機械が人間と同じような知能を持つことを考えた．1950 年にチューリング・テストという方法で，対話する相手が人間か機械かを判定することを提案した．姿を見せず，キーボードとディスプレイだけでいろいろな分野の話題の会話をして，相手を判定する．知識の分野を限定すると，現代では人間か機械（AI）かの判定は難しくなってきている．

1956 年ダートマス会議において，マービン・ミンスキー（Marvin Lee Minsky）とジョン・マッカーシー（John McCarthy）らは，計算機械でも人間の知能をシミュレートできると考え，AI（Artificial Intelligence）と呼ぶことに決めた．この後 60 年代にかけて推論による AI の実装が，第 1 次ブームとなった．しかし知能と呼ぶにはほど遠く，このブームは下火となった．1980 年代には，専門家の知識や熟練者の技能を機械に移植するエキスパート・システムが第 2 次のブームを呼び起こした．これは専門家にインタビューして，その知識や技能を if と then で記述する，即ち「この場合には，この処理をする」というプロダクション・ルールに書き換えるものであった．しかし 90 年代にはこの熱も冷めた．

21 世紀に入ると，人工知能の第 3 次ブームが到来した．多層化した構造のニューラルネットを使い深層学習（deep learning）という方法により，画像認識などでは人間に近い判断力を持つようになってきている．これは NVIDIA 社の GPU（Graphics Processing Unit）など AI 用ハードウェアの性能向上に伴い，計算や学習の高速処理が可能になったことが大きな理由である．インターネットに接続された機器やセンサから得られるビッグデータを使って，人工知能が自動的に機械学習を行い，賢くなってゆく．このまま人工知能の知的な能力が加速度的に向上すると，いつかは人間の能力を超えると予想される．カーツワイルは，その時点をシンギュラリティ（技術的特異点）と呼び，2045 年頃と予測している．株式会社野村総合研究所では 2015 年 12 月に，オックスフォード大学との共同研究により，日本国内の 601 種の職業を精査し，このうちの 49% が 2030 年頃には，人工知能に置き換わると予測している．単純労働や，人の心を配慮しない機械的に処理できる仕事が消える一方で，新たな仕事が創造されるであろう．人工知能を搭載したロボットの開発が推進され，近い将来ロボットは日常生活の場に見られるようになり，日本の少子高齢化を救う手段として期待されている．

従来，人間の生活する物理的実世界とコンピュータネットワーク上のデジタル仮想空間は，人間が端末を操作することにより結ばれて，アクセスすることができた．IoT 化は，人間の操作を介さず機械同士が自動的に接続されることを意味する．このような環境では，便利さとは裏腹に，セキュリティやプライバシーの保護がますます重要となる．

現在，GAFA または GAFAM（Google，Apple，Facebook（現メタ），Amazon，Microsoft）と呼ばれる米国の巨大グローバル企業が，独自のプラットフォーム（サービス基盤）を武器に世界を席巻している．これらの企業は，利用者から積極的に個人情報を収集してマーケティングに活用し，IT による省力化・自動化の設備投資を行って経営効率を極限まで高め，利益は低課税国を経由して節税を行い，株式時価総額を高めている．多数の従来型企業との格差の拡大をどう解消するか，個人情報をどのように保護するか，公平な法人税の徴収の仕組みをどのようにしたら良いかなどが国際的な議論となっている．

◆ 人工知能（AI）の進歩と未来

パンデミックや戦争，気候変動，物価高騰，食糧不足にエネルギー危機など私たちが生活する地球は諸々の課題を抱えています．人工知能はこれらの問題を解決してくれるのでしょうか．

アメリカの大手情報企業 IBM の研究部門は，コンピュータ科学の難題に挑戦を続けてきました．1997 年にはチェスの世界チャンピオン，カスパロフ氏にディープ・ブルー[4]という人工知能で挑戦し，勝利を収めました．人間とは異なる人工知能の強みは，疲れや焦りを感じないところです．21世紀に入り，IBM はワトソン[5]というクイズに解答する人工知能を開発しました．パソコン約 6000台分の並列処理，自然言語を解析し質問の意味を理解する能力，ウィキペディアや新聞，辞書など2億ページ分のデータからの高速の情報検索，多数の過去問と答えから自動的に学習する機械学習，複数解答候補の確信度計算など，多くの機能によりシステムは構成されています．2011 年 2月 16 日，テレビのクイズ番組「ジョパディ（危機一髪）」で，過去のチャンピオン，ケン・ジェニングス（Kenneth Jennings），ブラッド・ラター（Bradford Rutter）両氏と対戦し，優勝の栄冠に輝きました．ワトソンの医療診断や金融などへの活用が，既に始まっています．

情報処理学会 50 周年記念事業として 2010 年に始まったコンピュータ将棋プロジェクトは，プロ棋士に対し互角以上の戦績を残し，2015 年 10 月にプロジェクトの終了宣言を行いました．将棋の藤井聡太 5 冠は，AI ソフトと対戦することで実力を高めました．囲碁は将棋よりも複雑で，人工知能が人間を凌駕するのは長い年月がかかると見られていましたが，2016 年 3 月に Google のAlphaGo が韓国のプロ棋士イ・セドル 9 段を 4 勝 1 敗で下しています．深層学習（deep learning）という機械学習の方法を使い，過去の棋士同士の膨大な数の対局を学習することにより強くなりました．

カーツワイルの言うシンギュラリティの時代に，私たちはどのように AI と協業し，共生するのか考えておく必要があります．

私たちの住む地球というシステムは諸々の問題を抱えている．21 世紀初頭を振り返るだけでも，アメリカ同時多発テロ，リーマンショック，東日本大震災，新型コロナのパンデミック，ロシアのウクライナ侵攻など世界を揺るがす大事件が続発している．先進国では少子高齢化が進むものの，地球全体の人口は急速に増加している．人口の急激な増加（人口爆発）による化石燃料の消費などの人間活動は，CO_2 など大気中の温室効果ガス濃度を高め，結果として気候変動による自然災害も増える．グローバル化と都市部の人口集中によってコロナ禍のようなパンデミックも蔓延しやすくなる．また水や食料，領土の奪い合いで，戦争や紛争は常に世界のどこかで起きている．仕事上のストレスに加えて，パンデミックや戦争など暗いニュースに囲まれて心を病む人も増えている．資本主義の欲望の結果起きる金融危機やバブル崩壊による不景気，石油やレアメタルなど資源の枯渇，物価の高騰，雇用問題，飢餓や貧困，情報格差（digital divide）など，身の周りに存在するリスクはあげればきりがない．4 つのプレートが重なる日本で多発する地震，自給率の低いエネルギーや食料に対し，日本は国家として備えが必要である．地球のように大きなシステムでは永い時間がかかるが，入力と出力に制限があるシステムにおいて幾何級数的な（等比級数的な）成長を続ければ，必ずいつか成長には限界が訪れる．これからは資源やエネルギーの消費を最適化して，子孫の世代へ向けて持続可能な社会を形成していかなければならない．賢い電力供給技術であるスマ

---

4 IBM の社色．
5 IBM の創業者の名前．

ートグリッドには，情報通信技術が不可欠であることをコラムの中で述べた．新型コロナパンデミックの感染リスクを避けるため，情報技術を活用して職場ではリモートワーク，教育の場ではオンライン講義が導入された．人やモノの移動とは異なり，情報は少ないエネルギーで遠隔地へ伝送することができ，CO_2の発生は少なくて済むという利点がある．

　そのため社会の諸々の分野に情報通信技術を活用することが期待されている．地球上に遍在するIoTにより地球環境をモニタリングして，適切な対策を施すことも可能になる．情報通信技術によって多くの人々の意見や知識を集約して，現実の世界の問題を解決していくことも可能となる．本章のはじめに情報通信技術によって，精神世界，物理的現実世界，サイバー世界の３つの世界の融合が促進されるであろうことを述べた．これからの社会において，情報通信技術は問題解決のため益々重要な地位を占めていくであろう．

◆ リスクとレジリエンス「半導体は産業の米」

　国の重要な機関や企業，病院などの情報システムに対するサイバー攻撃は常に起きています．最近ではランサムウェアというマルウェアを使い，システムを乗っ取り，身代金を要求する事件が相次いでいます．また銀行などの複雑化した情報インフラのシステムに障害が起き，社会の機能が止まることもあります．情報戦ではSNSにフェイクニュースを流し，人心を操る工作活動も行われます．信頼のおけないアプリやハードウェアには情報漏洩の危険があります．停電により社会活動が止まることもあります．社会インフラは，常にリスクと直面しています．

　社会の重要なシステムは，最悪の事態が起きた場合を想定して，冗長性を高めてシステムが生き残るよう設計しておく必要があります．タンデム社のノンストップコンピュータは，同時に２つのシステムを稼働させ，万が一片方が故障した場合でも，他方のシステムを稼働させながら，故障を修理できる極めて信頼性の高い機種です．高コストではあっても，宇宙航空や防衛，医療関係のシステムにはこの種の超高信頼度システムが不可欠です．

　従来から食料や水と同様，"半導体は産業の米"と言われてきました．半導体の供給が止まると，情報通信機器，自動車，家電のみならず製造・流通など殆ど全ての産業に悪影響が及びます．グローバル化にともない国際分業により部品調達をしてきましたが，国の安全保障，経済安全保障の観点から，半導体関連の部品や材料は国内で自給自足ができるように見直しが検討されています．世界最大のファウンドリー（半導体製造企業）である台湾のTSMCを九州に誘致して，ソニーやデンソーなど日本企業の資本も加え，半導体製造の国内拠点を建設しています．また2022年には，IBMから配線幅2nmの最先端技術を導入して，ロジック半導体チップを生産するRAPIDUSという企業を日本国内に創設しました．1980年代に強かった日本の半導体産業を，このようにして取り戻す努力を続けています．

　諸々のリスクに柔軟に対処して，生き延びてゆくリスク耐性を，レジリエンスと言います．

演習問題

1. 電子計算機は，いつ頃，誰によって，どのようにして開発されたか説明しなさい．またそれがどのような目的に利用されたか述べなさい．
2. 日本で最初の電子計算機 FUJIC は，いつ，誰によって，どのような目的のために，どのように開発されたか説明しなさい．
3. スーパーコンピュータとはどのようなものか，また商用のスーパーコンピュータの誕生と発展，利

用分野などについて説明しなさい.

4. インテルで最初のマイクロプロセッサが, どのような経緯で開発されたか調べなさい. また, その中で日本人の技術者の果たした役割を述べなさい.

5. パソコンの起源について述べなさい.

6. ムーアの法則について説明しなさい.

7. 下記の人物から一人を選び, その思想と業績について調べなさい.

　　　　アラン・チューリング　　ジョン・ビンセント・アタナソフ　　ジョン・フォン・ノイマン
　　　　アラン・ケイ　　マーク・ワイザー　　シーモア・クレイ　　ティム・バーナーズ・リー
　　　　リーナス・トールバルズ　　ビル・ゲイツ　　岡崎文次　　嶋正利　　坂村健　　舛岡富士雄

8. 下記の企業から一社を選び, その起業, 企業理念, 沿革, 情報技術の進歩に果たした役割などを調べなさい.

　　　　IBM　　アップル　　コントロール・データ・コーポレーション（CDC）　　クレイ・リサーチ
　　　　レミントン・ランド　　ハネウェル　　バローズ　　ユニシス　　ゼロックス
　　　　マイクロソフト　　ヤフー　　グーグル　　アマゾン　　メタ（旧フェイスブック）

9. インターネットの起源である ARPANET はどのようにして構築されたか説明しなさい. またインターネットは, ARPANET からどのように発展し形成されたか調べなさい.

10. ウェブブラウザ（閲覧ソフト）は, 誰によって, どのようにして開発されたか説明しなさい.

11. Web2.0 とはどのような潮流か, その特徴を 5 つ以上あげて説明しなさい.

12. クラウドコンピューティングとはどのようなものか説明しなさい.

13. IoT（モノのインターネット）とはどのような概念か説明しなさい. また, モノの世界で普及しているトロンという OS の成立と普及過程について調べなさい.

文献ガイド

[1]　ハーマン・H. ゴールドスタイン（末包良太, 米口肇, 犬伏茂之訳）：復刊計算機の歴史, 共立出版, 2016.

[2]　大駒誠一：コンピュータ開発史, 共立出版, 2005.

[3]　星野力：誰がどうやってコンピュータを創ったのか？, 共立出版, 1995.

[4]　星野力：甦るチューリング　コンピュータ科学に残された夢, NTT 出版, 2002.

[5]　J. シャーキン（名谷一郎訳）：コンピュータを創った天才たち, 草思社, 1989.

[6]　スコット・マッカートニー（日暮雅通訳）：エニアック, パーソナルメディア, 2001.

[7]　A.R. マッキントッシュ：コンピュータの真の発明者アタナソフ, サイエンス, pp.30-40, 1988.

[8]　クラーク・R・モレンホフ（最相力, 松本泰男共訳）：ENIAC 神話の崩れた日, 工業調査会, 1994.

[9]　遠藤諭：計算機屋かく戦えり, アスキー出版局, 1996.

[10]　チャールズ・マーレイ（小林達監訳）：スーパーコンピュータを創った男　世界最速のマシンに賭けたシーモア・クレイの生涯, 廣済堂出版, 1998.

[11]　嶋正利：次世代マイクロプロセッサ, 日本経済新聞社, 1995.

[12]　アラン C. ケイ（浜野保樹監修, 鶴岡雄二訳）：アラン・ケイ, アスキー出版局, 1992.

[13]　マイケル・ヒルツィック（エ・ビスコム・テック・ラボ監訳, 鴨澤眞夫）：未来をつくった人々　ゼロックス・パロアルト研究所とコンピュータエイジの黎明, 毎日コミュニケーションズ, 2001.

[14]　リーナス・トーバルズ, デイビッド・ダイヤモンド（風見潤訳, 中島洋監修）：それがぼくには楽しかったから, 小学館プロダクション, 2001.

[15]　相田洋：新・電子立国 1　ソフトウェア帝国の誕生, NHK 出版, 1996.

[16]　レイ・カーツワイル（田中三彦, 田中茂彦訳）：スピリチュアル・マシーン　コンピュータに魂が

宿るとき, 翔泳社, 2001 (原書 1999).

[17] 喜多村直:ロボットは心を持つか—サイバー意識論序説—, 共立出版, 2000.

[18] Katie Hafner, Matthew Lyon (加地永都子, 道田豪訳):インターネットの起源, アスキー, 2000.

[19] Neil Randall (村井純監訳):インターネットヒストリー オープンソース革命の起源, オライリー・ジャパン, 1999 年 6 月.

[20] 梅田望夫:ウェブ進化論, ちくま新書 582, 筑摩書房, 2006.

[21] ニコラス・G・カー (村上彩訳):クラウド化する世界, 翔泳社, 2008.

[22] 日経 BP 出版局編:クラウド大全, 日経 BP 社, 2009.

[23] 坂村健:ユビキタス・コンピュータ革命—次世代社会の世界標準, 角川書店, 2002.

[24] 坂村健:IoT とは何か 技術革新から社会革新へ, 角川新書, 2016.

[25] 猪平進, 斎藤雄志, 高津信三, 出口博章, 渡辺展男, 綿貫理明:ユビキタス時代の情報管理概論—情報・分析・意思決定・システム・問題解決—, 共立出版, 第 13 章・第 14 章, 2003.

[26] レイ・カーツワイル (井上健監訳, 小野木明恵, 野中香方子, 福田実共訳):ポストヒューマン誕生 コンピュータが人類の知性を超えるとき, NHK 出版, 2007.

[27] 神嶌敏弘編, 麻生英樹, 安田宗樹, 前田新一, 岡野原大輔, 岡谷貴之, 久保陽太郎, ボレガラ・ダヌシカ共著:深層学習, 近代科学社, 2015.

[28] スコット・ギャロウェイ (渡会圭子訳):the four GAFA 四騎士が創り変えた世界, 東洋経済新報社, 2018.

[29] 牧本次生:一国の盛衰は半導体にあり, 工業調査会, 2006.

[30] ドネラ・H・メドウズ, デニス・L・メドウズ, ジャーガン・ラーンダズ, ウィリアム・W・ベアランズ 3 世 (大来佐武郎監訳):成長の限界 ローマクラブ "人類の危機" レポート, ダイヤモンド社 1972.

第4章

情報の表現

コンピュータの世界では，すべての情報を0と1の2つの数字だけを使って表現している．すなわち，コンピュータの内部では，0と1とを「電気が流れていない／電気が流れている」の2つの電気信号に対応させ，0と1を表す信号をいくつか集めてひとつの情報を表現している．そして，0と1だけからなる電気信号を伝達したり，記憶したり，加工したりしている．これにより，電気的なスピードでの計算を実現しているのである．

それでは，数値や文字，画像，音声などのいろいろな情報を，0と1だけを用いてどのように表現しているのであろうか？　この疑問について学ぶことが本章の目的である．それでは，0と1の世界を探訪しよう．

4.1　情報とメディア

情報（information）という用語は現代社会において最もよく使われる用語のひとつである．しかし，日本でこの用語が使用され始めたのはそれほど古いことではない．大正時代の辞典には「情報」という用語は見出せない．昭和に入ってようやく「情報」という用語が一般に登場するようになった．1935年の『大辞典』では，「情報」の意味を「事情の報せ」と記述してある．実はその当時，「情報」という用語は主に軍事用語として使われており，戦いがどのような状況になっているのかを報せるモノをいったのである．そのモノとは，「敵が1万人規模で川を渡ってきた」というような状況そのものを指す意味的なモノと，「のろし」や「機密文書」など状況を知らせる手段を指す形的なモノとがある．現代でも「情報」はその2つの意味をもっている．

それでは，状況をどのような形で報せたのであろうか．人間は視覚，聴覚，嗅覚，味覚，触覚のいわゆる五感を使っていろいろな状況や事実を感じ取るが，それを他人に直接に伝達することはできない．そこで，感じ取ったことをある種の伝達できる形に表現し直して，それを他人に伝達するのが一般的である．具体的には，ある事実を伝えるのに会話や手紙，絵や写真，ビデオなどを用いて他人に伝達する．その際に，伝達の媒体となるのが音声や文字，数や画像などである．初期のコンピュータでは，主に数と文字とを扱ってきたが，現代では，音声や画像，動画などの情報も扱うようになってきた．このように，いろいろな媒体（メディア：media）を通して人間に情報を与えるコンピュータをマルチメディア・コンピュータという．現在，このマルチメディア（multimedia）化が急速に進んでいる．将来は，匂いや味を出すようなコンピュータが出現するかもしれない．

情報に似た用語にデータ（data）がある．情報とデータはよく同じ意味で用いられるが，厳密に

いうと若干異なる．コンピュータが扱う対象としている数や文字列などのことをデータといい，人間にとってそのデータが何らかの意味をもつとき，それを情報という．すなわち，「2」という単なる数字はデータであり，これが「身長が 2 メートル」ということを意味するとき情報となる．

◆「情報」という言葉の出現

　新聞を見てもいたるところに現れるように，今や「情報」という言葉は，時代の花形になっています．しかし，第 2 次世界大戦を経験している世代にとっては，「情報」という言葉にはどちらかというと暗い印象をもっているかもしれません．なぜなら，「情報」という言葉から「諜報」，「スパイ」，「戦争」などの言葉を連想するからです．実際，「情報」という言葉は軍事用語でした．それでは，いつごろから「情報」という言葉が出現したのでしょうか．これについての論争が 1990 年にありました．それまでは，森鴎外が最初に使用したという説が有力でした．すなわち，森林太郎（森鴎外）が，明治 20 年前後にドイツのクラウゼヴィッツの著した「戦争論」を翻訳するときに，ドイツ語の単語 "Nachricht" を「情報」という造語を作ってその訳にあてたのが最初であるという説です．この翻訳本は 1903 年（明治 36 年）に出版されました．ところが，その後の調査により，1876 年（明治 9 年）に陸軍少佐であった酒井忠恕がフランス語で書かれた軍事訓練書『佛國歩兵陣中要務實地演習軌典』に出てきたフランス語の単語 "renseignement" の訳として「情報」という言葉を使っていたことが新たにわかりました．これにより，現在は 1876 年説が有力になっています．この日本製の「情報」は漢字の本家である中国に逆輸入され，中国でも使用されています．ちなみに，英語の "information" は，「何かに形を与える，何かの考えを形作る」というラテン語の "informare" に由来しているそうです．

4.2　0 と 1 の世界

　私たちは日常，数を表すのに 10 進数（decimal numbers）を用いている．これは，たまたま人の手指の数が 10 本であることに由来しているのであろう．ものを数えるときに，指折り数えて 10 本の指を使いきったところで，ひとつのまとまりができたと考える．そこで 10 進表記法が考え出された．人の指の数が 8 本であったら 8 進表記法を用いていただろうし，12 本であったら 12 進表記法を用いていただろう．コンピュータの世界では，0 と 1 の数字だけを用いる 2 進数（binary numbers）の世界である．それでは，2 進数の世界で用いられる 2 進表記法と，それを人間にとって扱いやすくした 16 進表記法について学んでいこう．

(1)　2 進表記法
　コンピュータのなかでは，どんな種類のデータも 0 と 1 の 2 種類の数字だけを用いて表現している．コンピュータが主に，電気や磁気を使ってデータを記憶したり加工したりしているからである．電気が流れているか流れていないか，あるいは磁性が N 極か S 極かということを 0 と 1 に対応させているのである．したがって，数字や文字，音声，画像などどんな種類のデータも

0011 0101 1110 1111

のように，0と1をいくつか並べた形で表現している．これを2進表記法（binary numbers sys-tem）という．これを10進表記法と区別するために

(0011 0101 1110 1111)$_2$

というような表記法を用いる．カッコの後の2が2進表記を表している．

このように，データを2進表現したときの2進数の1桁をビット（bit：binary digit）と呼ぶ．これはデータの大きさを表す最小単位である．上記のデータは16桁の2進数なので，16ビットの大きさのデータである．後述するように，アルファベットや数字などの英数文字1文字は8ビットの大きさで表現される．そこで，8ビットを基本的なデータの大きさとし，それを1バイト（B：Byte）とする．すなわち

1バイト＝8ビット

である．上述のデータは16ビットの大きさのデータ，すなわち，2バイトの大きさのデータである．これは英数文字に換算すると2文字分の大きさのデータであるということをいっている．

大きなサイズのデータを扱う場合は，下記のような補助単位が用いられる．

1キロバイト（KB）	＝約1000バイト[1]
1メガバイト（MB）	＝約100万バイト
1ギガバイト（GB）	＝約10億バイト
1テラバイト（TB）	＝約1兆バイト
1ペタバイト（PB）	＝約1000兆バイト
1エクサバイト（EB）	＝約100京バイト
1ゼタバイト（ZB）	＝約10万京バイト

たとえば，1KBのデータとは英字で約1000文字分の大きさ，1MBのデータとは英字で約100万文字分の大きさのデータである．

(2) 16進表記法

2進表記法のように0と1をずらずらと並べたものは，人間にとってきわめて扱いにくい．読むのにも書くのにも大きな労力を必要としてしまう．そこで，16進数が考え出された．すなわち，2進数4桁をひとつの数字に対応させて表現する方法である．この表現方法が16進表記法（hexa-decimal numbers system）である．2進数4桁の数は(0000)$_2$から(1111)$_2$までの16種類あるため，16進表記法では数字が16種類必要となる．しかし，私たちが日常使用している10進表記法では，0から9までの10種類の数字しか持ち合わせていない．そこで，残りの10から15までの6種類の数字として，AからFまでのアルファベットの文字を用いることにした．すなわち，10進数の

---

1 正確には1キロバイト＝1024バイトであるが，本書では，1024＝2^{10}＝約10^3＝約1000であることを考慮して，1キロバイト＝約1000バイトと表現した．

10 は 16 進数の A に，10 進数の 11 は 16 進数の B に対応させていく．2 進数と 16 進数と 10 進数との対応を表 4.1 に示す．

たとえば，2 進数 $(0011\ 0101\ 1110\ 1111)_2$ は，2 進数 4 桁を 16 進数 1 桁に対応させていくと

$$0011 \quad 0101 \quad 1110 \quad 1111$$
$$\downarrow \qquad \downarrow \qquad \downarrow \qquad \downarrow$$
$$3 \qquad 5 \qquad E \qquad F$$

となるので，16 進数 $(35EF)_{16}$ と表現される．16 進表記のデータは 16 進数 2 桁で 1B の大きさのデータになる．したがって，$(35EF)_{16}$ は 2B の大きさのデータである．

表 4.1 2 進数，16 進数，10 進数の対応

2 進数	16 進数	10 進数
0 0 0 0	0	0
0 0 0 1	1	1
0 0 1 0	2	2
0 0 1 1	3	3
0 1 0 0	4	4
0 1 0 1	5	5
0 1 1 0	6	6
0 1 1 1	7	7
1 0 0 0	8	8
1 0 0 1	9	9
1 0 1 0	A	10
1 0 1 1	B	11
1 1 0 0	C	12
1 1 0 1	D	13
1 1 1 0	E	14
1 1 1 1	F	15

(3) 数の変換

10 進表記法では，10 個のまとまりができたところで桁上げを行う．10 個のまとまりがさらに 10 個できたところ，すなわち 100 個のまとまりができたところで，さらに上位の桁上げを行う．したがって，$(123)_{10}$ は 100 が 1 個と 10 が 2 個と 1 が 3 個集まった数ということになる．すなわち，

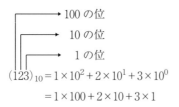

$$(123)_{10} = 1 \times 10^2 + 2 \times 10^1 + 3 \times 10^0$$
$$= 1 \times 100 + 2 \times 10 + 3 \times 1$$

ということである．

同様に考えると，2 進数では，2 個のまとまりができたところで桁上げを行う．また，2 個のまとまりのまとまりが 2 個できたところ，すなわち，4 個のまとまりができたところでさらに桁上げを行う．したがって $(1011)_2$ は，8 が 1 個と 4 が 0 個と 2 が 1 個と 1 が 1 個集まった数を表現している．$(1011)_2$ を 10 進表記で表現すると

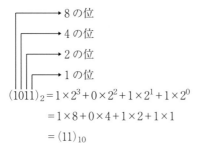

$$(1011)_2 = 1 \times 2^3 + 0 \times 2^2 + 1 \times 2^1 + 1 \times 2^0$$
$$= 1 \times 8 + 0 \times 4 + 1 \times 2 + 1 \times 1$$
$$= (11)_{10}$$

となる．逆に，$(46)_{10}$を2進表記すると

$$(46)_{10} = 1 \times 32 + 0 \times 16 + 1 \times 8 + 1 \times 4 + 1 \times 2 + 0 \times 1$$
$$= 1 \times 2^5 + 0 \times 2^4 + 1 \times 2^3 + 1 \times 2^2 + 1 \times 2^1 + 0 \times 2^0$$
$$= (101110)_2$$

となる．これを16進数で表記するには，下の桁から4桁ずつ区切り，各2進数4桁を16進数と対応させると

0010　1110
↓　　　↓
2　　　E

となり，したがって

$$(46)_{10} = (101110)_2$$
$$= (2E)_{16}$$

となる．

　小数点のある数（小数点数）も同様に考えればよい．たとえば，$(46.75)_{10}$を2進表記すると

$$(46.75)_{10} = 1 \times 32 + 0 \times 16 + 1 \times 8 + 1 \times 4 + 1 \times 2 + 0 \times 1 + 1 \times 0.5 + 1 \times 0.25$$
$$= 1 \times 2^5 + 0 \times 2^4 + 1 \times 2^3 + 1 \times 2^2 + 1 \times 2^1 + 0 \times 2^0 + 1 \times 2^{-1} + 1 \times 2^{-2}$$
$$= (101110.11)_2$$

となる．これを16進表記するには，小数点の位置から前と後に4桁ずつ区切り，各2進数4桁を16進数1桁で対応させると

0010　1110.　1100
↓　　　↓　　　↓
2　　　E.　　C

したがって

$$(46.75)_{10} = (101110.11)_2$$
$$= (2E.C)_{16}$$

となる．

4.3 数値データの表現

　コンピュータの当初の目的は計算であった．したがって，扱うデータは主に数値データであった．現在でも計算は主要目的のひとつである．それでは，数値データをコンピュータのなかではど

のように表現しているのだろうか．いまからこの疑問について学んでいくことにする．

　数値データと一口に言っても，整数，分数，小数，有理数，無理数，実数，複素数など数多くの種類がある．コンピュータでは通常，整数と実数の 2 種類の数値データだけを扱う．ただし，実数といっても有限の桁数の小数点数を用いて近似的に表現する．他の種類の数値は，整数や実数で近似したり，組み合わせたりして表現する．整数の表現方法には，固定小数点形式，2 進化 10 進ゾーン形式，2 進化 10 進パック形式の 3 種類の表現方法がある．一方，実数の表現には浮動小数点形式が用いられる．それでは，具体的にこれらの表現方法について見ていくことにしよう．

4.3.1　整数の表現

(1)　固定小数点形式

　整数を表現するための代表的な方法が，固定小数点形式（fixed point number format）である．固定小数点形式では，正の 10 進表記の整数は，単に 2 進表記して表す．たとえばデータ長が 4 ビットの固定小数点形式の場合，$(+5)_{10}$ は

$$(+5)_{10} \quad \rightarrow \quad (0101)_2$$

のように変換し，$(0101)_2$ で表現する．

　一方，負の 10 進表記の整数は，その絶対値を 2 進表記した数の 2 の補数（2's complement）で表現する．2 の補数というのは，足し算するとすべての桁が 0 になる 2 進数のことである．この際，最上位桁からの桁上がりの数は無視する．たとえば，$(0101)_2$ の 2 の補数は $(1011)_2$ である．なぜなら，この 2 つの 2 進数を足すと

$$
\begin{array}{r}
(0101)_2 \\
+\quad (1011)_2 \\
\hline
(10000)_2
\end{array}
$$

となり，あふれ桁を除いて $(0000)_2$ になるからである．

　2 の補数の簡単な求め方として「反転してプラス 1」という覚え方がある．これは

①　各ビットをすべて反転する（0 ならば 1 に，1 ならば 0 にする）
②　それに 1 を加える

という手順で 2 の補数が求まるということをいっている．具体的に $(0101)_2$ の 2 の補数をこの手順を用いて求めてみると

$$
\begin{array}{ll}
(0101)_2 & \\
(1010)_2 & 反転 \\
+\quad\quad 1 & プラス 1 \\
\hline
(1011)_2 & 2 の補数
\end{array}
$$

となる．実際，各ビットをすべて反転させた 2 進数を元の 2 進数に加えると，すべての桁が 1 となるので，それに 1 を加えるとすべての桁が 0 となる．

具体的に負の 10 進数を固定小数点形式で表現して
みよう．例として，$(-5)_{10}$をデータ長が 4 ビットの
固定小数点形式で表現してみよう．$(-5)_{10}$の絶対値
は$(+5)_{10}$であり，その 2 進表記は$(0101)_2$となる．
この 2 進数$(0101)_2$の 2 の補数は$(1011)_2$であるの
で，$(-5)_{10}$は$(1011)_2$で表現する．すなわち

$$
\begin{array}{rcl}
(+5)_{10} & \rightarrow & (0101)_2 \\
+ \quad (-5)_{10} & \rightarrow & (1011)_2 \\
\hline
(\pm 0)_{10} & \rightarrow & (0000)_2
\end{array}
$$

となるように，$(-5)_{10}$を$(1011)_2$で表現するのであ
る．そうすると，この 2 つの数を足し算すると 0 にな
り，計算に便利になる．

表 4.2 に，データ長が 4 ビットの場合の固定小数点
形式を用いた表現を示す．このように，4 ビットの固
定小数点形式では，-8 から $+7$ までの 16 種類（2^4種
類）の整数しか表現できない．一般に，n ビットの固
定小数点形式では，-2^{n-1}から$+2^{n-1}-1$までの整数
を表現できる．したがって，16 ビットの固定小数点
形式では，-32768 から $+32767$ までの整数を表現す

表 4.2　固定小数点形式による整数の表現

10 進数	固定小数点形式
$+7$	0 1 1 1
$+6$	0 1 1 0
$+5$	0 1 0 1
$+4$	0 1 0 0
$+3$	0 0 1 1
$+2$	0 0 1 0
$+1$	0 0 0 1
0	0 0 0 0
-1	1 1 1 1
-2	1 1 1 0
-3	1 1 0 1
-4	1 1 0 0
-5	1 0 1 1
-6	1 0 1 0
-7	1 0 0 1
-8	1 0 0 0

ることができる．この範囲を超える整数は扱うことができない．計算の結果，扱える整数の範囲を
超えた場合，オーバーフロー（overflow）が起こったという．この場合は，よりデータ長の長い固
定小数点形式を用いる必要がある．

コンピュータの内部では，なぜこのようなわかりにくい表現の仕方をするのだろうか．負の整数
を 2 の補数を用いて表現することの最大の利点は，2 つの整数の足し算を行う際，2 つの整数の符
号が同符号か異符号かなどを考慮せず，単に 2 進数の足し算を行うだけでその結果を得ることがで
きることである．たとえば，10 進数で

$$(-5)_{10} + (+3)_{10}$$

の足し算を考えよう．整数を日ごろ用いているような符号を用いた表現で表すと，中学生の頃に学
習したように，足し算をするのに 2 つの整数が同符号か異符号かなどを考慮して，絶対値の足し算
をしたり引き算をしたりしなければならない．これは人間にとってばかりでなく，コンピュータに
とっても面倒な計算方法である．

ところが，固定小数点形式を用いると簡単に計算できるのである．たとえば，上記の計算式は固
定小数点形式を用いると

$$(1011)_2 + (0011)_2$$

と書ける．そして，正の整数か負の整数かなどを考えずに，この 2 進数の足し算を素直に行えばよ
い．その結果は$(1110)_2$となる．これは 10 進数の$(-2)_{10}$を表している．

　要するに，固定小数点形式を用いることにより，コンピュータ内部での足し算を高速に計算できるようになるのである．また，引き算も 2 の補数を用いると高速化できる．足し算と引き算は，掛け算や割り算など他の演算の基本となっているので，この表記法により，整数演算全般の高速化が実現できるのである．

(2)　ゾーン形式とパック形式

　整数を表現する他の形式に，2 進化 10 進数（**BCD**：Binary Coded Decimal）を用いた表現方法がある．これは 10 進数 1 桁を 2 進数 4 桁で対応させて表現する方法である．すなわち，10 進数の 1 を 2 進数の 0001 に対応させ，10 進数の 2 を 2 進数の 0010 に対応させていく．そして，あたかも 10 進数で表記するように，対応する 2 進数 4 桁を並べて表記する．たとえば，$(123)_{10}$を 2 進化 10 進数で表現すると（0001 0010 0011）$_2$となる．この形式にはゾーン形式（zoned decimal format）とパック形式（packed decimal format）の 2 種類の表現方法がある．

①　ゾーン形式

　ゾーン形式を図 4.1 に示す．ここでゾーン部としては，後述する文字コードが ASCII コードの場合 $(0011)_2$で，EBCDIC コードの場合 $(1111)_2$を用いる．また，符号部は，正数か 0 の場合 $(1100)_2$，負数の場合 $(1101)_2$で表現する．たとえば ASCII コードの場合，10 進数 $(-123)_{10}$をゾーン形式で表現すると

$$(0011\ 0001\ 0011\ 0010\ 1101\ 0011)_2 = (3132D3)_{16}$$

となる．ゾーン形式では 10 進数 n 桁の整数を表現するのに n バイトの大きさを必要とする．したがって，2 バイトのゾーン形式のデータでは，-99 から $+99$ までの 10 進数 2 桁の範囲の整数しか表現できない．

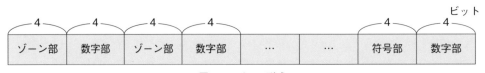

図 **4.1**　ゾーン形式

②　パック形式

　一方，パック形式を図 4.2 に示す．このように，パック形式は，ゾーン形式におけるゾーン部を取り除いて詰めた（パックした）形式になっている．具体的には，$(-123)_{10}$は

$$(0001\ 0010\ 0011\ 1101)_2 = (123D)_{16}$$

と表現される．パック形式では，10 進数 n 桁の整数を表現するのに約 $n/2$ バイト必要となる．したがって，2 バイトのパック形式のデータでは，-999 から $+999$ までの 10 進数 3 桁の範囲の整数を表現できる．

図 **4.2**　パック形式

　ゾーン形式やパック形式は，固定小数点形式に比べ，扱える整数の範囲ははるかに狭くなり，しかも演算速度も低速となる．ただし，文字コードと似ているため，数字を表す文字コードに変換するのには便利である．たとえば，整数 123 のゾーン形式による表現は，文字コードが ASCII コードの場合，$(3132C3)_{16}$ であり，後述するように，文字列 123 の表現は，文字コードが ASCII コードの場合，$(313233)_{16}$ である．このように，符号部の 4 ビットが異なっているだけである．普通，数は数字の列（文字データ）としてコンピュータに入力され，それを数値データに変換してから計算を行い，その結果を再び数字の列としてコンピュータから出力する．したがって，文字列データと数値データの変換を行う必要がある．この際に，数値データとしてゾーン形式やパック形式を用いるとその変換が高速に行える．ただし，計算速度は遅くなる．

4.3.2　実数の表現形式

　実数は浮動小数点形式（floating point format）を用いて表現する．これは小数点数と指数を使った表現方法である．すなわち，実数を

$$\pm a \times c^b$$

の形式で近似的に表現する．ここで，a を仮数（mantissa），b を指数（exponent），c を基数（radix）という．a をある特定の範囲に限定すると，a は一意に決定できる．これを正規化（regularization）という．数の大きさによって小数点の位置が動くので，浮動小数点形式と呼ぶ．ここでは，代表的な浮動小数点形式を説明する．

(1) IBM 方式

　データ長が 4 バイトの IBM 方式の浮動小数点形式では，基数 c は 16 であり，仮数部の符号と指数部と仮数部は図 4.3 のように配置される．ここで，先頭 1 ビットが仮数部の符号であり，次の 7 ビットが指数部である．そして，残りの 24 ビットが仮数部である．仮数部の符号は，正数が 0，負数が 1 である．指数部は固定小数点形式を用いて表現し，負の整数も扱えるようになっている．また，正規化するために仮数 a の範囲は，

$$(0.1)_{16} \leqq a < (1.0)_{16}$$

とする．

　具体的な例として，$-(46.625)_{10}$ を浮動小数点数で表現することを考えよう．

$$\begin{aligned} -(46.625)_{10} &= -(101110.101)_2 \\ &= -(2E.A)_{16} \\ &= -(0.2EA)_{16} \times 16^2 \end{aligned}$$

と表現できる．ここで指数部は，指数に対し 64 だけかさ上げ（バイアス）する規則となっているので，

$$(2 + 64)_{10} = (66)_{10} = (100\,0010)_2$$

となる．したがって，4バイトの浮動小数点形式で表現すると，以下のようになる：

$$(1 \ \underline{100\ 0010} \ \underline{0010\ 1110\ 1010\ 0000\ 0000\ 0000})_2 = (C2\ 2E\ A0\ 00)_{16}$$

仮数部の符合　指数部　　　　　仮数部

図4.3　IBM方式の浮動小数点形式

(2)　IEEE方式

データ長が4バイトのIEEE方式の浮動小数点形式では，基数cは2であり，指数部の符号と指数部と仮数部は図4.4のように配置される．ここで，先頭1ビットが仮数部符号であり，次の8ビットが指数部，残りの23ビットが仮数部である．仮数部符号はIBM方式と同じで，0が正数，1が負数を表現する．指数部は，指数bに127を加えた数とする．すなわち，指数bが3の場合，指数部は130となる．また，正規化のために，仮数aの整数部分が1であるような2進小数の小数部分を仮数部とする．すなわち，仮数aが$(1010.01)_2$の場合，$(1.01001)_2 \times 2^3$と表現し，仮数部を$(01001)_2$とする．

前述の例の$-(46.625)_{10}$をIEEE方式の浮動小数点形式で表現してみよう．すると，

$$
\begin{aligned}
-(46.625)_{10} &= -(101110.101)_2 \\
&= -(1.01110101)_2 \times 2^5
\end{aligned}
$$

となる．したがって，仮数部符号は1，指数bは5であるので，それに127を加えて，指数部の8ビットは

$$(5)_{10} + (127)_{10} = (132)_{10} = (10000100)_2$$

となる．仮数aは$(1.01110101)_2$であるので，仮数部の23ビットは小数部を抜き出し，

$$(011 \quad 1010 \quad 1000 \quad 0000 \quad 0000 \quad 0000)_2$$

となる．これらをつなぎ合わせて，結局，$-(46.625)_{10}$は

$$
\begin{aligned}
&(1100 \quad 0010 \quad 0011 \quad 1010 \quad 1000 \quad 0000 \quad 0000 \quad 0000)_2 \\
&= (C2\ 3A\ 80\ 00)_{16}
\end{aligned}
$$

と表現される．

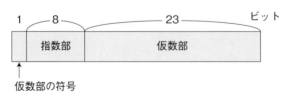

図4.4　IEEE方式の浮動小数点形式

浮動小数点形式の利点は，絶対値の非常に大きな実数から小さな実数まで広い範囲の実数を表現できることである．たとえばデータ長が4バイトのIBM方式の浮動小数点形式の場合，その絶対値が約16^{-64}から約16^{+63}までの実数を表現できる．その一方，仮数部を2進数の有限の桁数で表

現するため，丸め誤差（rounding error）という誤差が生じる場合がある．たとえば，10 進数の
0.1 は有限桁数の 2 進数では表現できないので，浮動小数点形式で表現すると近似的な値になる．
その誤差の一つひとつは小さなものであるが，それが積もり積もって問題となる場合もあるので注
意を要する．

4.4 文字データの表現

　コンピュータはアメリカで発明されたため，ディスプレイに表示される文字は，当初，英数文字
が主体であった．しかし，コンピュータが世界中に普及するに従って，漢字やアラビア文字など，
その地域固有の文字を表現していかざるを得なくなった．では，多種多様な文字はどのように表現
されているのだろうか．これについて学んでいこう．

4.4.1　英数文字の表現

　英語で用いられる文字の種類は，英字（大文字と小文字）や数字，特殊記号（！や＋など）など
を併せても 100 種類に満たない．そこで，7 ビットのビット列で英数文字 1 文字を表現することに
した．7 ビットのビット列で 128 種類（2^7 種類）の文字を表現することができるからである．実際
は，8 ビット（1 バイト）を 1 文字として扱った．余分な 1 ビットは通信時のエラーチェック用の
パリティビット（parity bit）として用いられた．1 バイトのコードで 1 文字を表現するコード体系
を 1 バイトコードと呼ぶ．
　どの文字をどういうビット列で表現するかは，文字コード表で規定している．文字コード表は何
種類か存在し，統一されていない．代表的な文字コード表として，ASCII コード（アスキーコー
ド：American Standard Code for Information Interchange）と EBCDIC コード（イビシディックコ
ード：Extended Binary Coded Decimal Interchange Code）がある．
　ASCII コードは，アメリカ規格協会（ANSI：American National Standard Institute）が 1963 年に
制定したコードで，パーソナルコンピュータの世界での標準的な文字コードになっている．ASCII
コード表を表 4.3 に示す．ここで，0 列目と 1 列目の NUL や SOH などは，通信のための制御文
字を表している．日本では ASCII コードに半角カタカナを追加した JIS8 単位コード（JIS X 0201）
を 1969 年に制定している．一方，EBCDIC コードは IBM 社が 1964 年に制定したコードで，汎用
コンピュータの世界で標準的なコードとして知られている．
　具体的な例を用いて説明しよう．たとえば，ASCII コードでは，「I △ love △ you.」という空白
文字（△）を含めて 11 文字の英字の文字列は

　　　$(49\ 20\ 6C\ 6F\ 76\ 65\ 20\ 79\ 6F\ 75\ 2E)_{16}$

という 11 バイトのビット列で表現する．ここで，$(20)_{16}$ は空白文字を表現している．1 文字が 1 バ
イトなので，容量が 700MB の CD-R には，約 7 億文字の英数字を記憶できる．

表 **4.3** ASCII コード表

b7	b6	b5	b4	b3	b2	b1	b0	列 / 行	0	1	2	3	4	5	6	7
									0	0	0	0	1	1	1	1
									0	0	1	1	0	0	1	1
									0	1	0	1	0	1	0	1
0	0	0	0	0	NUL	(TC$_7$)DLE	△	0	@	P		p
0	0	0	1	1	(TC$_1$)SOH	DC$_1$	!	1	A	Q	a	q
0	0	1	0	2	(TC$_2$)STX	DC$_2$	"	2	B	R	b	r
0	0	1	1	3	(TC$_3$)ETX	DC$_3$	#	3	C	S	c	s
0	1	0	0	4	(TC$_4$)EOT	DC$_4$	$	4	D	T	d	t
0	1	0	1	5	(TC$_5$)ENQ	(TC$_8$)NAK	%	5	E	U	e	u
0	1	1	0	6	(TC$_6$)ACK	(TC$_9$)SYN	&	6	F	V	f	v
0	1	1	1	7	BEL	(TC$_{10}$)ETB	'	7	G	W	g	w
1	0	0	0	8	FE$_0$(BS)	CAN	(	8	H	X	h	x
1	0	0	1	9	FE$_1$(HT)	EM	)	9	I	Y	i	y
1	0	1	0	A	FE$_2$(LF)	SUB	*	:	J	Z	j	z
1	0	1	1	B	FE$_3$(VT)	ESC	+	;	K	[	k	{
1	1	0	0	C	FE$_4$(FF)	IS$_4$(FS)	,	<	L	\	l	|
1	1	0	1	D	FE$_5$(CR)	IS$_3$(GS)	—	=	M	]	m	}
1	1	1	0	E	SO	IS$_2$(RS)	.	>	N	^	n	‾
1	1	1	1	F	SI	IS$_1$(US)	/	?	O	_	o	DEL

4.4.2 日本語などの文字表現

　日本語では，ひらがなやカタカナ，漢字など非常に多くの種類の文字を必要とする．そこで，1 文字を 16 ビット（2 バイト）のビット列で表現することにした．16 ビットのビット列では 65,536 種類（2^{16}種類）の文字を表現できるからである．このように，2 バイトのコードで 1 文字を表現するコード体系を 2 バイトコードという．

　どの文字をどのコードで表現するかは，漢字コード表で定めている．日本で広く普及している漢字コードは，シフト JIS コードである．そのほかにシフト JIS コードの元になった JIS 漢字コード（JIS X 0208）という漢字コードもある．表 4.4 に一部を示す．たとえば，「安易」という 2 文字の文字列は

　　　シフト JIS コード　　　$(88\ C0\ 88\ D5)_{16}$
　　　JIS 漢字コード　　　　$(30\ 42\ 30\ 57)_{16}$

のように，文字コード表に対応して異なった表現となる．

　そのほかにも，UNIX 系のコンピュータで日本語を扱うために使用される **EUC**（Extended UNIX

表 4.4 漢字コード表の一部

	区点	JIS	シフトJIS	字		区点	JIS	シフトJIS	字		区点	JIS	シフトJIS	字		区点	JIS	シフトJIS	字
ア	1601	3021	889F	亜		1619	3033	88B1	鰺		1637	3045	88C3	暗		1655	3057	88D5	易
	1602	3022	88A0	啞		1620	3034	88B2	梓		1638	3046	88C4	案		1656	3058	88D6	椅
	1603	3023	88A1	娃		1621	3035	88B3	圧		1639	3047	88C5	闇		1657	3059	88D7	為
	1604	3024	88A2	阿		1622	3036	88B4	斡		1640	3048	88C6	鞍		1658	305A	88D8	畏
	1605	3025	88A3	哀		1623	3037	88B5	扱		1641	3049	88C7	杏		1659	305B	88D9	異
	1606	3026	88A4	愛		1624	3038	88B6	宛	イ	1642	304A	88C8	以		1660	305C	88DA	移
	1607	3027	88A5	挨		1625	3039	88B7	姐		1643	304B	88C9	伊		1661	305D	88DB	維
	1608	3028	88A6	姶		1626	303A	88B8	虻		1644	304C	88CA	位		1662	305E	88DC	緯
	1609	3029	88A7	逢		1627	303B	88B9	飴		1645	304D	88CB	依		1663	305F	88DD	胃
	1610	302A	88A8	葵		1628	303C	88BA	絢		1646	304E	88CC	偉		1664	3060	88DE	萎
	1611	302B	88A9	茜		1629	303D	88BB	綾		1647	304F	88CD	囲		1665	3061	88DF	衣
	1612	302C	88AA	穐		1630	303E	88BC	鮎		1648	3050	88CE	夷		1666	3062	88F0	謂
	1613	302D	88AB	悪		1631	303F	88BD	或		1649	3051	88CF	委		1667	3063	88E1	違
	1614	302E	88AC	握		1632	3040	88BE	粟		1650	3052	88D0	威		1668	3064	88E2	遺
	1615	302F	88AD	渥		1633	3041	88BF	袷		1651	3053	88D1	尉		1669	3065	88E3	医
	1616	3030	88AE	旭		1634	3042	88C0	安		1652	3054	88D2	惟		1670	3066	88E4	井
	1617	3031	88AF	葦		1635	3043	88C1	庵		1653	3055	88D3	意		1671	3067	88E5	亥
	1618	3032	88B0	芦		1636	3044	88C2	按		1654	3056	88D4	慰		1672	3068	88E6	域

Code）や，文字コードを世界的に標準化するために多言語に対応できるように制定されたユニコード（Unicode）なども使用されている．特に，ユニコードは Web 上のテキストとして用いられ，世界中の多種類の言語の文字を表現できるようになった．代表的なユニコードの規格である UTF-8 という可変長のユニコードでは，言語によって 1 文字がデータ長 1 バイトから 4 バイトまでのコードに割り当てられている．英語のアルファベットは 1 バイトコード，ラテン語やギリシャ語，アラビア語の文字は 2 バイトコード，日本語や中国語の漢字は 3 バイトコードに割り当てられている．具体的には，平仮名の「あ」は「U+3042」というコード表記で，$(E3\ 81\ 82)_{16}$ という 3 バイトコードで表現される．ちなみに，「あ」は，シフト JIS コードでは $(82\ A0)_{16}$ という 2 バイトコードである．愛の意味を表す中国語の「爱」という漢字は U+7231 という 3 バイトコード，アラビア語の「حب」は U+062D と U+0628 の 2 バイトコード 2 文字で表現される．その一方，メールなどでは，文字データの送信側と受信側の文字コードが異なっていたり，通信用のコードが原因となったりして，誤った文字や読めない文字が表示される文字化けという現象が起こることがあるので，注意を要する．

　さて，文字コードだけからなるデータをテキストデータというが，そのデータサイズについて考えよう．たとえば，新聞 1 ページが 15 段からなり，1 段 80 行，1 行 10 文字から構成されているとすると，新聞 1 ページのテキストデータのデータサイズは

$$15（段）\times 80（行/段）\times 10（文字/行）\times 2（B/文字）＝24（KB）$$

となる．したがって，容量が 700MB の CD-R には，約 29,000 ページ分の新聞記事を記憶することができる．これは，1 日分の新聞が 20 ページであるとすると，約 4 年分の新聞記事に相当する．

◆ シフト JIS コードの誕生の経緯

　JIS 規格の最初の漢字コードは，1978 年に制定された JIS 漢字コードでした．ところが，JIS8 単位コードや ASCII コードなどの 1 バイトの文字コードを考慮していなかったためにある問題が発生しました．すなわち，それまでの 1 バイトの文字コードと重なりが発生してしまったのです．たとえば，$(3035)_{16}$ は，ASCII コードでは数字の「05」を表現していますが，JIS 漢字コードでは漢字の「圧」を表現しています．したがって，1 バイトコードと 2 バイトコードが混在しているテキストでは，どのコード表を使用しているかがわからないと文字の区別がつかないという問題が起きてしまいました．そのために，ASCII コードと JIS 漢字コードが切り替わる際，コード切り替え用の特別のコードを挿入するという面倒なことを行う必要が生じてしまいました．マイクロソフト社などを中心とした民間企業のグループでは，この問題を避けるために，2 バイトコードの漢字コード全体を，1 バイトコードと重なりが生じないように平行にシフトさせようというアイデアを出し，1982 年にシフト JIS コードを独自に作成しました．そして，このシフト JIS コードが日本において標準的な漢字コードとして広く普及するようになりました．このコードが JIS 規格として正式に認定されたのは，15 年も経った 1997 年のことです．お役所はなかなか自分のミスを認めないようですね．

4.5 画像データの表現

　画像データは，静止画像と動画像の 2 つに大別できる．一般に画像データは，データサイズが大きいという性質がある．そこで圧縮技術を活用して，データサイズを小さくする工夫がなされ，さまざまなデータ形式が存在する．本節では，画像データの表現の仕方について学ぼう．

4.5.1 静止画像

　静止画像のデータは，点の集まりで構成される．この点のことを，画素（ピクセル：pixel），ドット（dot）などという．ディスプレイに表示する色は，光の 3 原色である赤（R：Red），緑（G：Green），青（B：Blue）の 3 色の組合せで表現する．これを加法混色（additive mixture）という．その概念図を図 4.4 に示す．この表示方法を，光の 3 原色の英語の頭文字をとって，**RGB** 表示と呼ぶ．一方，紙媒体への印刷には，絵の具の 3 原色であるシアン（C：Cyan，青緑），マゼンタ（M：Magenta，赤紫），黄（Y：Yellow）の 3 原色を混ぜ合わせる減法混色（subtractive mixture）が用いられる．その概念図を図 4.5 に示す．この場合，3 原色すべてを混ぜると黒（K：blacK）になるが，黒はよく使用されるので，黒インクだけは別にもつようにしている．この表示方法を

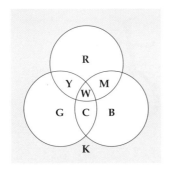

図 4.4 RGB 表示

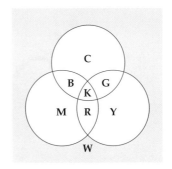

図 4.5 CMYK 表示

CMYK 表示と呼ぶ.

さて，RGB 表示において，各原色の光の強度を 256 階調（16 進数で $(00)_{16}$ から $(FF)_{16}$）で表すとすると，1 原色につき 8 ビットのデータサイズを必要とするので，1 ピクセルの色を表現するのに 24 ビット（3 バイト）のデータサイズが必要になる．たとえば，黄色は赤色と緑色とを混ぜ合わせてできるので

$$R \quad G \quad B$$
$$(FF\ FF\ 00)_{16}$$

と表現する．この表現方法では，データサイズが 24 ビットなので 2^{24} 色＝約 1677 万色を記述することができる．これをフルカラーという．一方，1 ピクセルの色を 16 ビットで表現する方法もある．これをハイカラーという．ハイカラーでは，赤に 5 ビット，緑に 6 ビット，青に 5 ビットを割り当てる．したがって，黄色は

$$(FF\ E0)_{16}$$

で表現される．この表現方法では，データサイズが 16 ビットなので 2^{16} 色＝65,536 色を表現できる.

ディスプレイ 1 画面分の画像のデータサイズについて考えてみよう．1 画面のサイズを 1920 × 1200 ピクセルとすると，フルカラー画像のデータサイズは

$$1920 \times 1200 (ピクセル) \times 3 (バイト／ピクセル) = 約 6.9 (MB)$$

となる．したがって，容量が 700MB の CD-R には，約 100 画面分しか記憶することができない．このように，数値データや文字データと異なり，画像データはデータサイズがきわめて大きい.

画像データを保存するためのファイル形式は各種存在するが，大きく分ければ，ビットマップ形式（Bitmap Format）とベクトル形式（Vector Format）に分けられる．ビットマップ形式は，上述したように，画像を点の集合としてとらえているのに対し，ベクトル形式は，中心が (0,0) の半径 10 の円というように，図形の種類，線の位置，長さ，太さ，角度などを情報として使用している．これにより，ベクトル形式は拡大しても，図 4.6 のようなギザギザの線が出ないという利点がある．ビットマップを利用した代表的なファイル形式が BMP 形式である．データサイズは大きいが画質が美しいという特徴がある．ビットマップ形式では，データサイズを小さくするための工夫

図 4.6 ビットマップ形式（左）とベクトル形式（右）

もさまざまされている．色数を最大 256 色に限定しファイルサイズを小さくしたのが **GIF**
（Graphics Interchange Format：ジフ）形式である．GIF 形式は透過色を使用できることも特徴のひ
とつであり，ロゴやイラストなど，色数の少ない画像に用いられている．さらに，データサイズが
小さいため，GIF アニメのように，アニメーションにも用いられる．

一方，画像データはファイルサイズが大きいので，データ圧縮（data compression）技術が活用
されている．データ圧縮には，データを復元したときに完全に元に戻る可逆圧縮（lossless com-
pression）と，完全には元には戻らない非可逆圧縮（lossy compression）がある．**JPEG**（Joint
Photographic Experts Group：ジェイペグ）形式は，非可逆圧縮の画像ファイルであり，色数の多
い写真などの画像に用いられてる．一方，**PNG**（Portable Network Graphics：ピング）形式は，可
逆圧縮の画像ファイル形式である．PNG 形式は，色数の少ない画像では圧縮率に優れているが，
フルカラーの場合は JPEG 形式よりデータサイズが大きくなる．ともに，インターネット上で広く
利用されている．一方，ベクトル形式の画像ファイル形式には，**WMF**（Windows Metafile）形式
などがある．

4.5.2 動画像

動画像は，フレーム（frame）と呼ばれる一定の大きさの静止画像を連続して表示することによ
って表現する．したがって，静止画像に比べてデータサイズはさらに大きくなる．たとえば，300
×200 ピクセルのフルカラーのフレームを 30（フレーム/秒）の速さで見せる 5 分間の動画像のデー
タサイズは

$$300 \times 200（ピクセル/フレーム）\times 3（バイト/ピクセル）\times 30（フレーム/秒）\times 300（秒）$$
$$=約 1.6（GB）$$

となる．これは，容量が 700MB の CD-R には保存できないほど大きなデータサイズである．この
ため，動画像データを保存するためにはデータの圧縮技術が用いられる．また，動画像データは音
声データと共に再生する場合が多い．その動画像と音声とを同時に保存するためのファイル形式と
して，**AVI**（Audio Video Interleaved）形式，**MPEG**（Moving Picture Experts Group：エムペグ）
形式，**QT**（QuickTime）形式，**FLV**（Flash Video）形式や **WMV**（Window Media Video）形式な
どが使用されている．また，最近のビデオカメラでは，ハイビジョンの動画記録形式として
AVCHD（Advanced Video Codec High Definition）形式が採用されている．

4.6　音声データの表現

　アナログの音声波形をデジタル化して音声データを表現する．そのデジタル化の手法として
PCM（Pulse Code Modulation）がある．その手順は以下のとおりである．

① 標本化（sampling）：アナログの音波からパルス信号に合わせて一定間隔ごとに標本を採取
する．

② 量子化（quantization）：その採取した信号のレベルを整数値に対応させる．

③ デジタル化：量子化した各標本点を直線でつなげる．

　PCM の原理を図 4.7 に示す．その際，標本化周波数は 1 秒間の標本を採取するためのパルス数
を表し，量子化ビット数は整数を表現するビット数である．電話のように話し声がわかる程度に再
生できればよいのであれば，標本化周波数は 8kHz，量子化ビット数は 8 ビット程度でよい．音楽
のように音色をきっちり聞き分けたい場合は，標本化周波数は 44kHz，量子化ビット数は 16 ビッ
ト程度必要である．後者の場合の 5 分間の音楽データのデータサイズは

$$44,000（標本/秒）× 2（B/標本）× 300（秒）= 約 26（MB）$$

となる．容量が 700MB の CD-R には 27 曲の音楽データを保存できる．

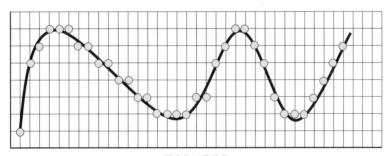

標本化と量子化

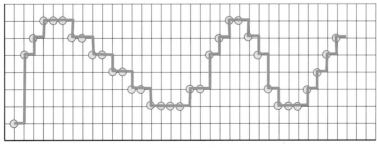

デジタル化

図 4.7　PCM の原理

主な音声ファイル形式として，**WAV**（Wave）形式，**MP3**（MPEG Audio Layer-3）形式，**WMA**（Windows Media Audio）形式などがある．また，楽譜データを記録するための形式として**MIDI**（Musical Instrument Digital Interface）形式も用いられている．

演習問題

1. 情報とデータの違いを述べなさい．
2. $(ABCD)_{16}$ は何ビットのデータか答えなさい．
3. 40,000,000 ビットは何 MB か答えなさい．
4. 10 進数 $(1234)_{10}$ を 2 進数と 16 進数で表しなさい．
5. 16 進数 $(1234)_{16}$ を 2 進数と 10 進数で表しなさい．
6. $(1010\ 1111)_2$ と $(0001\ 0111)_2$ との加算結果を求め，16 進数で表しなさい．
7. $(1234)_{16}$ と $(ABCD)_{16}$ との加算結果を求め，16 進数で表しなさい．
8. 10 進数の整数 $(+1234)_{10}$ を 2 バイトの固定小数点形式で表しなさい．
9. 16 進数 $(1234)_{16}$ の 2 の補数を求め，16 進数で表しなさい．
10. 10 進数の整数 $(-1234)_{16}$ を 2 バイトの固定小数点形式で表しなさい．
11. 2 バイトの固定小数点形式の表現できる整数の範囲を示しなさい．
12. 10 進数 $(56789)_{10}$ を BCD で表しなさい．
13. 10 進数 $(+56789)_{10}$ を 5 バイトのゾーン形式で表しなさい．
14. 10 進数 $(-56789)_{10}$ を 5 バイトのパック形式で表しなさい．
15. 文字列 1234 を ASCII コードで表しなさい．
16. 文字列 ABCD を ASCII コードで表しなさい．
17. 漢字 1,000 文字分のデータは何バイトか答えなさい．
18. 600 ドット×600 ドットの RGB ビットマップによるフルカラー静止画像データサイズを求めなさい．
19. 非可逆圧縮の画像形式の例をひとつあげなさい．
20. 動画像ファイル形式の例をひとつあげなさい．
21. PCM の手順を言いなさい．
22. 音声ファイル形式の例をひとつあげなさい．

文献ガイド

［1］ 江村潤郎編著：図解コンピュータ百科事典，オーム社，1986.
［2］ 情報処理学会編：情報処理ハンドブック，オーム社，1989.
［3］ 日経パソコン用語辞典 2010 年度版，日経パソコン，2010.
［4］ 矢野啓介：プログラマのための文字コード技術入門，技術評論社，2010.
［5］ 小林竜生：インターネット時代の文字コード，共立出版，2002.
［6］ 東陽一，井上裕夫：実例でわかるデジタルイメージング，日本印刷技術協会，2007.
［7］ 小野定康，鈴木純司：わかりやすい JPEG/MPEG2 の技術，オーム社，2001.
［8］ 小野厚夫：明治期における情報と状報，情報処理学会第 42 回全国大会予稿集，3B-2，情報処理学会，1991.

第5章

ハードウェアの仕組み

 ## 5.1 パソコンの解剖

　私たちのまわりはコンピュータであふれている．学校や職場，家庭など，いたるところでコンピュータを目にするし，利用されている．そのコンピュータとはどのような機械なのか，コンピュータのなかはどのようになっているのかなどを学習するのが本章の目的である．すなわち，コンピュータの構成と機能，動作などについて，主にパーソナルコンピュータ（personal computer：パソコン）を例に取りながら学習する．

5.1.1 コンピュータという機械

　コンピュータと電卓はどこが違うのであろうか．電子回路を使って高速に正確に計算を行うという点では両者とも同じである．異なる点は，電卓は手動により一度に一回の計算しかできないのに対し，コンピュータは自動的に一連の計算ができるという点である．電卓では人間がそのつど計算順序を考え，それに従って電卓を手動で操作している．計算手順は人間の頭の中にある．それに対し，コンピュータではその計算手順をあらかじめコンピュータに覚え込ませておく．そして，コンピュータのプログラムを起動させると，その手順に従って一連の計算を自動的に行ってくれるのである．しかも，計算結果に応じて計算手順を変えることもできる．

　では，このような計算手順をどういう形でコンピュータに与えるのであろうか．それは，プログラム（program）という形でコンピュータに与える．プログラムは命令の集まりであり，命令の実行順序も記述されている．そして，コンピュータはプログラムから次々と命令を取り出して実行していく．したがって，一連の命令を連続して高速に正確に実行することができる．ある処理を，コンピュータを使って行いたい場合には，その処理の手順をプログラムに記述しておけばよい．すなわち，コンピュータはプログラム付きの電卓と考えてもよい．

　コンピュータの特徴のひとつは，プログラムを変えるだけでいろいろな目的に用いることができることである．ここが，普通の機械と異なる点である．たとえば，会計計算のプログラムを動かせば会計計算の専用機のように見えるし，文書作成用のプログラムを動かせばワープロ専用機のように見える．ゲーム用のプログラムを動かせばゲーム専用機に変身する．このように，プログラムを変えるだけで広い目的に利用できることから，コンピュータには汎用性があるという．

5.1.2　コンピュータのハードウェア

　コンピュータはハードウェア（hardware）とソフトウェア（software）に大別される．ハードウェアは機械そのものであり，データを入力したり，計算を行ったり，結果を出力したりする物理的な装置そのものをいう．ハードウェアは機械であるから，実際に目で見ることができ，手で触ることができる．一方，ソフトウェアは処理手順を示すプログラムのことをいい，目には見えない論理的なものである．広義には，プログラム以外に，プログラムが用いるデータ（data），処理手順（アルゴリズム：algorithm），コンピュータの利用方法，仕様書，マニュアルなどもソフトウェアと呼ぶことがある．

　コンピュータはその用途から以下のように分類される．

(1)　マイクロコンピュータ（マイコン）：冷蔵庫や炊飯器，エアコンなどの家電品の中に組み込まれているコンピュータである．センサからの信号に基づいて家電品を制御する．最近の組込み型コンピュータは通信機能を備えているものが多く，それを内蔵している家電品をデジタル家電と呼ぶことがある．自動車の自動制御にもマイコンが用いられている．

(2)　パーソナルコンピュータ（パソコン，PC）：個人用のコンピュータである．家庭や学校，職場などで私たちが一番良く目にするコンピュータである．

(3)　ワークステーション（WS）：パソコンより高性能なコンピュータであり，CG（コンピュータグラフィクス）や CAD（Computer-Aided Design：コンピュータを用いた設計）などに用いられる．パソコンも高性能化されているので，パソコンとの厳密な区別はつけにくくなってきた．

(4)　サーバ：複数のワークステーションやパソコン，周辺機器などでネットワークが構成されているとき，ネットワーク上からのサービス要求に対してそのサービスを提供する役割をもたせた WS や PC のことをいう．

(5)　メインフレーム（汎用機）：銀行オンラインシステムなどで用いられる大型のコンピュータのことをいう．図 6.8 のように 1 部屋を専有するくらいの大きさである．メインフレームには数多くの端末が接続されており，ほとんど同時刻に発生する数多くの処理要求をさばく能力が必要である．

(6)　スーパーコンピュータ（スパコン）：高速な処理を目的としたコンピュータのことで，気象予測や自動車の車体設計など，大規模数値計算などの用途に用いられる（図 3.17）．

　そのほか，家庭用のゲーム機もコンピュータそのものであり，ソフトを変えることによりいろいろなゲームを楽しめる．3D のグラフィック処理を高速に行う専用チップ GPU を登載しているものが多い．また，携帯電話やスマートフォンもさまざまなアプリ（アプリケーションプログラム）を実行できるので，これも通話機能つきコンピュータといってよい．

　それでは，コンピュータのハードウェアはどのような構成をしているのであろうか．一般に，コンピュータは図 5.1 に示すような 5 つの装置から構成されている．

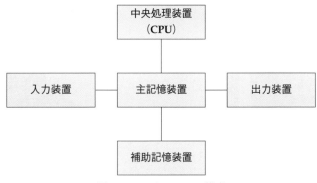

図 **5.1**　ハードウェアの構成

(1) **CPU**（Central Processing Unit：中央処理装置）：コンピュータの頭脳というべき装置である．プログラムに従ってデータを加工したり，コンピュータ全体を制御したりする．演算装置と制御装置から構成されている．

(2) メインメモリ（main memory：主記憶装置）：コンピュータが動かすプログラムやデータを一時的に記憶するための装置である．電源を落とすと記憶した内容は消えてしまう．この性質を揮発性という．

(3) 入力装置：プログラムやデータを入力するための装置である．

(4) 出力装置：プログラムや結果を出力するための装置である．

(5) 補助記憶装置：プログラムやデータを保存するための装置である．電源を落としても記憶した内容は失われない．この性質を不揮発性という．

次に，私たちの身近にあるパソコンを例に，これらの装置がどこにあるのかを見ていこう．

5.1.3　パソコンを外から見ると

パソコンはその形状から以下のように分類できる．

(1) デスクトップ型：机の上に載せて使う据え置き型のパソコンである（図5.2）．パソコン本体が独立しているため，発熱量の多い高性能な CPU を登載でき，拡張性も高い．パソコンを立てたタイプをタワー型，本体とディスプレイが一体になったタイプを一体型という．

(2) ノート型：折りたたんで持ち運ぶことのできるタイプのパソコンである（図5.3）．A4 サイズや B5 サイズなどがある．特に重量を軽くし，長時間駆動できるバッテリーを搭載したものをモバイル型と呼ぶこともあるが，明確な区別はできない．手のひらサイズ程度のものを **PDA**（Personal Digital Assistant）とも呼ぶ．

(3) タブレット型（スレート型）：ディスプレイがタッチパネルになっているタイプのパソコンである（図5.4）．キーボードやマウスの代わりに，指でディスプレイ上を直接触れることにより操作する．文字の入力はソフトウェアキーボードを用いる．パソコンということをあまり意識せず，情報端末装置として使用する場合は，タブレット端末と呼ぶことが多い．

図 5.2　デスクトップ型パソコン
（写真提供：富士通㈱）

図 5.3　ノート型パソコン
（写真提供：ソニー㈱）

図 5.4　タブレット型パソコン
（写真提供：アップルジャパン㈱）

　また，オペレーティングシステム（OS：Operating System）の違いにより，Windows 機，mac OS 機，UNIX 機などに分類することもできる．ここでは，デスクトップ型のパソコンを例にとって見ていくことにしよう．

　デスクトップ型パソコンの仕様（スペック：specification）の例を表 5.1 に示す．仕様というのは，その製品の機能や性能などを明示したものである．この仕様が何を物語っているのかを理解できるようになることが本章の目的のひとつである．

　デスクトップ型パソコンの外観を図 5.5 に示す．まず目に飛び込んでくるのがテレビのような装置である．これをディスプレイ（表示装置）といい，代表的な出力装置のひとつである．ディスプレイ上には，いろいろな情報が，文字やグラフィクスなど人間に認識できる形で表示される．私たちはディスプレイを見ながら，コンピュータを操作したり，計算結果を確認したりする．

　ディスプレイの下や横には四角い箱のような装置が置かれている．これをパソコン本体という．本体のなかには，CPU やメインメモリ，ハードディスクドライブ（HDD）など大切な装置がたくさん入っている．本体の後ろを覗くと，本体から多くのケーブルが出ているのが確認できる．それらはキーボードやマウスなどの入力装置，ディスプレイやプリンタなどの出力装置につながっている．キーボードは文字を入力するための入力装置であり，マウスはディスプレイ上に表示されているマウスポインタと呼ばれる矢印を操作するための入力装置である．これらのマウスやキーボードを使ってコンピュータにデータを入力したり，仕事の指示をしたりする．また，LAN ケーブルを介して LAN やインターネットと接続されている．

　では，パソコン本体の中はどうなっているのか調べてみよう．

表 5.1　パソコンの仕様例

ハードウェア	**CPU**	インテル **Core** i7，動作周波数 2.90GHz，8 コア 16 スレッド
	メインメモリ	16GB（4GB × 4）DDR4 転送速度 21.3（GB/s）
	キャッシュメモリ	16MB
	GPU	インテル **UHD Graphics** 630
	チップセット	インテル **B**560
	ビデオメモリ	8GB
	ストレージ	**SSD**：1TB
		HDD：4TB，シリアル **ATA**，5400 回転/分
	光学式ドライブ	**BDXL** 対応 **Blu-ray Disc/DVD/CD** ドライブ（スーパーマルチドライブ）
	ディスプレイ	27 型ワイド液晶（597 × 336mm），解像度 3840 × 2160 ドット，1677 万色，画素ピッチ 0.155mm，広視野角 **TFT** カラー **LCD**
	キーボード	ワイヤレス・キーボード 104 キー
	マウス	青色 **LED** ワイヤレスマウス（1200 **CPI**，無線方式）
	カメラ	92 万画素 **Web** カメラ内臓
	通信機能	**LAN**：1000BASE-T/100BASE-TX/10BASE-T 準拠 無線 **LAN**：Wi-Fi6（2.4Gbps）対応 （IEEE802.11ax/ac/n/a/g/b 準拠），Bluetooth 5.1
	インターフェース	USB 3.2 × 4 HDMI 出力端子× 1，HDMI 入力端子× 2 ダイレクトメモリスロット：SD/SDHC/SDXC メモリカード RJ-45 × 1 オーディオ端子（マイク端子，ヘッドホン端子，ラインイン端子，ラインアウト端子）
ソフト	**OS**	Windows 11 Home 64 ビット版
	Office	Microsoft Office Home & Business 2021

ディスプレイ　本体　キーボード

図 5.5　パソコンの外観

5.1.4　パソコン本体の中

　パソコン本体のケースを開けると，そのなかに 1 枚の大きな基板（ボード）を確認することができる．これをマザーボード（mother board）という（図 5.6）．その基板の上にはチップ（chip）と呼ばれるたくさんの足（端子）のついた石が並んでいる．この石は集積回路（IC：Integrated Circuit）と呼ばれ，その内部にはたくさんの論理素子（logic element）や記憶素子（storage element）を含んでいる．論理素子は計算をするための，記憶素子はデータを記憶するための基本的な電子回路である．1 個のチップのなかに論理素子や記憶素子がたくさん入るほど，すなわち集積度が増すほど，コンピュータは小さくなり速くなる．最近の集積回路は 1 個のチップのなかに数万素子以上入るので，大規模集積回路（LSI：Large Scale Integrated circuit）とか，超大規模集積回路（VLSI：Very Large Scale Integrated circuit）と呼ばれている．

　基盤上のひときわ大きなソケットには CPU（図 5.6）を装着する．CPU はプログラムに記述された処理手順に従って命令を実行する集積回路である．プログラムの命令に従って，データの演算やコンピュータ全体の制御を行うので，コンピュータの頭脳といわれる．CPU の速さは，CPU の使用している時計の時を刻む速度で表現される．これをクロック周波数（clock frequency）という．時計が速く時を刻めば，CPU も速く仕事をするということである．クロック周波数が 2GHz（ギガヘルツ）というのは，1 秒間に 2×10^9 回（20 億回）時を刻める時計をもっているということである．1 刻みは 0.5ns（ナノ秒）である．光は 1 秒間に 300,000km 進むと言われているので，光が 15cm 進むだけの時間を刻んでいることになる．そう言われてもどのくらい速く時を刻んでいるかは想像しがたい．また，CPU は，処理を行う主要回路であるコアの数によって，シングルコア CPU，デュアルコア CPU，クアッドコア CPU，オクタコア CPU などに分類できる．マザーボードと CPU の写真を図 5.6 に示す．

　基板右下にあるメモリソケットには，メインメモリ（main memory）を構成するメモリボードを取りつける．メインメモリは，これから処理をしようとするデータやプログラムを一時的に記憶するための比較的高速な記憶回路である．通常は，自由に読み書きできる記憶回路である RAM（Random Access Memory）を並べて，メインメモリを形成する．最近のパソコンのメインメモリの記憶容量は 64GB 以上のものもある．4.2 節で述べたように 1GB（ギガバイト）は約 10 億バイトであるので，英字では約 160 億文字分，漢字では約 80 億文字分記憶できる能力がある．これは20 ページの新聞記事の約 80 年分にあたる．これを手のひらに乗るくらいの大きさの RAM モジュールに記憶できるのだから驚きだ．RAM モジュールの写真を図 5.7 に示す．

　本体のなかには，補助記憶装置のひとつであるハードディスクドライブ（HDD：Hard Disk Drive）が入っている．補助記憶装置は大量のプログラムやデータを保存する装置である．ハードディスクドライブは磁気的にデータを記憶できる硬質の円盤（ハードディスク）を 1 枚から数枚並べたもので，ひとつのハードディスクドライブに 2TB（テラバイト：1 兆バイト）以上を記憶するものもある．これは，漢字約 1 兆文字分にあたり，新聞約 1 万年分にあたる．最近では，パソコンの起動やデータの読み書きを速くするためや衝撃に強くするために，フラッシュメモリ（p.141 参照）を使用した SSD（Solid State Drive）を併用しているパソコンも一般的になってきている．

　また，CD（Compact Disc）ドライブや DVD（Digital Versatile Disc）ドライブなどの光学式ド

図 **5.6** マザーボード（写真提供：㈱ユニティ）と CPU

図 **5.7** メインメモリを構成する RAM モジュール（写真提供：バッファロー㈱）

ライブも標準装備されている．記憶媒体である **CD-ROM** や **CD-R**，**CD-RW** は，光ディスクの一種であり，700MB 程度のデータを記憶できる．市販のプログラムやデータは大容量のものが多いので，CD-ROM などを用いて配布するのが一般的である．一方，**DVD** は 4.7GB や 9.4GB のデータを記憶でき，主に動画保存用として開発された．さらに，第 3 世代の光ディスクのひとつであるブルーレイディスク（BD：Blu-ray Disc）も登場した．これは 1 層構造で 25GB，2 層構造で50GB と大容量な記憶媒体である．近年では，3 層 100GB や 4 層 128GB の BD も商品化されている．フルハイビジョン動画で約 10 時間 30 分の録画が可能である．これらの媒体に記憶されたデータの読み書きをする装置が光学式ドライブである．ひとつのドライブで CD，DVD，BD を扱える．図 5.8 にハードディスクドライブと SSD，図 5.9 に光学式ドライブの写真を示す．これらのドライブは，ドライブ用の専用ケーブルを介してマザーボード上のコネクタに接続される．IDE コネクタや SATA コネクタなどの規格がある．現在は SATA（Serial Advanced Technology Attachment）が主流であり，シリアル ATA とも呼ばれている．

　マザーボード上では CPU やメインメモリを中心として大量のデータが高速に往来する．データの通り道をバス（bus）という．CPU バスやシステムバス，メモリバスなどがある．これらのバスの制御を行い，データの交通整理をし，効率よくデータの入出力を行うチップの集まりをチップセットという．このチップセットがパソコンの性能に大きな影響を与える．

　このほかに，本体の中にはマルチメディアに対応してグラフィックボードやサウンドボードなどの基盤が入っていることが多い．最近のソフトウェアは，画像を立体的に表示させるための 3 次元グラフィクスや音声などを用いたものが多くなってきている．これらのグラフィック処理や音声処理では膨大な計算量を必要とするため，プログラムで計算するときわめて処理が遅くなってしまう．そこで，高速化のためにこれらの計算を，論理回路などを用いたハードウェアで行う方法を用いる．そのための特殊な集積回路を搭載した基盤がグラフィックボードやサウンドボードである．これらの拡張ボードを差し込むためのスロットがマザーボード上にある．PCI スロット，AGP スロット，PCI Express スロットなどの規格がある．また，3 次元のグラフィクス処理を高速に行う

図 **5.8**　ハードディスクドライブ（左）と SSD（右）（写真提供：(株)アイ・オー・データ機器，SAMSUNG）

図 **5.9**　光学式ドライブ（写真提供：㈱アイ・オー・データ機器）

専用の半導体チップを **GPU**（Graphics Processing Unit）と呼び，それを CPU に内蔵しているパソコンもある．

　さらに，パソコン本体の後方などには，インターネットに接続するための LAN インタフェースや，入出力装置と接続するための各種インタフェース（interface）がある．ディスプレイやキーボード，マウス，プリンタなどもここから接続する．キーボード，マウス，プリンタなど多くの機器は **USB** インタフェースを用いて接続することが多い．最近は，無線 **LAN** や，マウスやキーボードなどと近距離で無線通信を行うブルートゥース（Bluetooth）など，無線のインタフェースも出現してきた．また，**SD** カードやメモリスティックなど小型記憶媒体を読み書きするためのダイレクトメモリスロットも用意されている．次節以降でこれらのハードウェアについて詳しく見ていこう．

◆ Disk か Disc か？　Blu-ray か Blue-ray か？

　ハードディスクは Hard Disk と書くのに，コンパクトディスクは Compact Disc と本書では記述していますが，その最後のスペル k と c の違いに理由があるのでしょうか．おもしろいことに違いがあるそうです．一般に，ハードディスクやフロッピーディスクのように磁性体のディスクは Disk と書き，CD-ROM や DVD のように光学式の円盤は Disc と書くそうです．いったい誰が決めたのでしょうね？

　また，ブルーレイはどうして Blue-ray と書かないのでしょうか？それは，英語圏では Blue-ray は「青い光」という一般名詞になっていて，Blue-ray Disc が商標として登録できなかったからです．そこで，苦慮のあげく Blu-ray と e を取り払って商標登録したそうです．アップル社のタブレット型パソコン iPad も，富士通がアメリカですでに商標登録をしており，アップル社が富士通から iPad という名称を買い取ったそうです．名前をつけるのも大変ですね．

装置の概要

本節ではコンピュータを構成している 5 つの装置の概要を見ていく.

5.2.1 CPU

(1) 機能

通常のコンピュータ（ノイマン型計算機，プログラム内蔵型計算機）では，プログラムをあらかじめメインメモリに記憶させておく．そして，CPU（Central Processing Unit：中央処理装置）がメインメモリに記憶されているプログラムのなかから命令を一つひとつ取り込んで，その命令を実行していく．これが CPU の主要な機能である．パソコンの CPU の代表的なものとして，インテル社の Intel Core i7 や AMD 社の Phenom II などがある．次に，CPU の構成と動作について詳しく見ていくことにしよう.

(2) 構成

CPU は図 5.10 に示すように，制御装置と演算装置とから構成される．制御装置は，プログラムカウンタ，命令レジスタ，デコーダなどから構成され，命令の取り込みや解読，データの取り込みや書き出しなどを制御する．一方，演算装置は算術論理演算器や汎用レジスタなどから構成され，データの演算を実行する．各構成要素の機能は以下のとおりである.

① プログラムカウンタ（program counter）：次に実行する命令のメインメモリ上のアドレスを記憶する.
② 命令レジスタ（instruction register）：メインメモリから取り込まれた命令を記憶する.

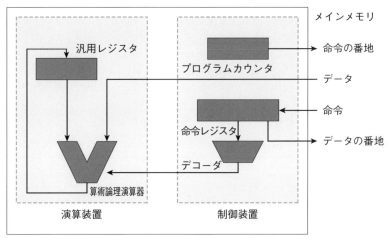

図 5.10 CPU の構成

命令部	アドレス部

図 5.11　機械命令の構成

③　デコーダ（decorder）：命令を解読する．

④　算術論理演算器（arithmetic and logic unit）：算術演算や論理演算を行う．

⑤　汎用レジスタ（general purpose resister）：演算するためのデータや演算結果を一時的に記憶する．

これらの論理回路は内部バスで結ばれており，そこを通してデータのやり取りを行う．

(3)　機械命令

CPU はメインメモリに記憶されている命令を取り出して，その命令の演算を行う．この命令のことを機械命令（machine instruction）という．機械命令は，図 5.11 に示すように，命令部とアドレス部から構成されている．命令部には加算や減算などの命令の種類が記述されている．一方，アドレス部にはデータの所在場所が記述されている．データの所在場所として，データの所在するメインメモリのアドレス（番地）が記述される．機械命令の例を表 5.2 に示す．命令の種類は命令コードによって表現される．これは「11」というような数字で表現される．そして，機械命令の集まりがプログラムとなる．たとえば，表 5.3 に示すプログラムは，ロード，加算（3 回），ストア，停止の 6 つの命令からなっている．このプログラムを表 5.4 に示すメインメモリのデータに対し実行すると，メインメモリの 14 番地の内容が 0 から 900 に変化する．このような一連の機械命令を実行するのが CPU の役割である．

(4)　動作

次に，CPU の動作について簡単に説明する．CPU ではひとつの機械命令の処理を以下の 3 ステップの手順で行う（図 5.12 参照）．

1)　命令フェッチ

①　命令の取り込み

プログラムカウンタが次に実行する機械命令のメインメモリ上のアドレスを指しているので，そこから機械命令を取り込み，それを命令レジスタに記憶する．

②　命令の解読

次に，デコーダが命令レジスタの命令部の内容を解読し，算術論理演算器に解読結果を知らせる．

③　プログラムカウンタの更新

プログラムカウンタを次の機械命令の存在するアドレス（番地）に更新する．

2)　データフェッチ

④　データのアドレス計算

データの存在するメインメモリ上のアドレス（番地）を計算する．その際，機械命令によっては，インデクスレジスタやベースレジスタなどを用いて，やや複雑なアドレス修飾を行う場合がある．

表 5.2 機械命令の例

種類	ニモニック	コード	機　能
ロード	LD	01	n 番地のデータを汎用レジスタにロードする（載せる）
ストア	ST	02	汎用レジスタの内容を n 番地にストアする（書き込む）
加算	ADD	11	汎用レジスタのデータと n 番地のデータを加算し，その結果を汎用レジスタに記憶する
減算	SUB	12	汎用レジスタのデータから n 番地のデータを減算し，その結果を汎用レジスタに記憶する
停止	HLT	20	プログラムを終了する

表 5.3　プログラムの例

0110	10 番地のデータをロードせよ
1111	11 番地のデータと加算せよ
1112	12 番地のデータと加算せよ
1113	13 番地のデータと加算せよ
0214	汎用レジスタのデータを 14 番地にストアせよ
2000	プログラムを終了せよ

表 5.4　プログラムの実行前と実行後の主記憶装置の内容

番地	プログラム実行前	プログラム実行後
10	0400	0400
11	0300	0300
12	0100	0100
13	0100	0100
14	0000	0900

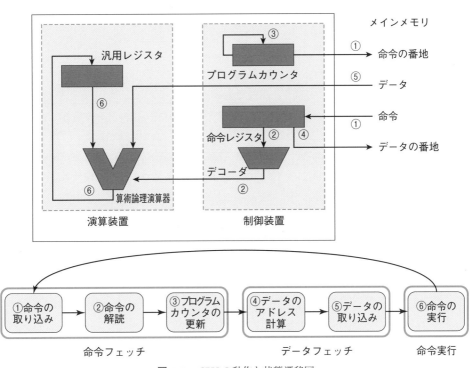

図 5.12　CPU の動作と状態遷移図

⑤　データの取り込み

命令レジスタのアドレス部がデータのメインメモリ上のアドレス（番地）を指しているので，そこからデータを取り込み，算術論理演算器に送る.

3)　命令実行

⑥　命令の実行

汎用レジスタに記憶しているデータと，メインメモリから取り込まれたデータとの演算を，算術論理演算器を用いて行い，その演算結果を汎用レジスタに記憶する. この際，演算の種類はデコーダの解読結果に基づく.

以上の動作を繰り返すことにより，1命令ずつ命令が実行される. すなわち，プログラムが1命令ずつ進んでいくわけである. 前述したように，命令は命令部とアドレス部に分かれており，命令部には命令の種類が，アドレス部にはデータの所在場所を示す情報が書かれている. 命令の種類には，前述したロードやストアなどのデータ転送命令，加算や減算などの算術演算命令のほかに，論理演算命令や比較命令，分岐命令などがある. 比較命令や分岐命令によって，計算結果に応じてプログラムの実行順序を変えることができ，汎用性のあるプログラムを作成することができる.

データの所在場所を示すのにメインメモリ上のアドレスをいう場合と汎用レジスタの番号をいう場合とがある. よく用いるデータは汎用レジスタに一時的に記憶させておいたほうが高速に演算できる.

(5)　性能

CPU の性能は，**MIPS** 値によって比較されることがある. MIPS は，Million Instructions Per Second の略であり，1秒間に何百万回の命令を実行することができるかを測る尺度である. したがって，MIPS 値の大きい CPU のほうが高速であるといえる. たとえば，1命令が100ns（ナノ秒：10億分の1秒，表5.5参照）かかる CPU は，1秒間に1000万回の命令を実行できるので，10MIPS の CPU ということになる. ただし，命令の実行時間は命令の種類によってさまざまであるし，プログラム上で出現する命令の頻度分布は，科学技術計算か事務計算かなどプログラムの種類や特性によっても異なる. したがって，CPU の性能は MIPS 値を計測した環境や条件などを考慮に入れる必要がある.

そこで，CPU のカタログなどでは，2GHz（ギガヘルツ）などのように，クロック周波数（動作周波数）を CPU の性能を測る目安として示している場合が多い. クロック周波数は，CPU 内部でもっている時計の1秒あたりの時の刻み数である. たとえば，2GHz は1秒間に 2×10 億回，すなわち20億回刻める時計を持っているということである. したがって，ひとつの機械命令を1ク

表5.5　時間に関する補助記号

補助記号	読み方	大きさ
m	ミリ	10^3分の1（千分の1）
μ	マイクロ	10^6分の1（100万分の1）
n	ナノ	10^9分の1（10億分の1）
p	ピコ	10^{12}分の1（1兆分の1）

ロックで実行できるのなら，2GHz の CPU は 2000MIPS ということになる．しかし，すべての機械命令が 1 クロックで実行できるわけではなく，命令の種類ごとに実行クロック数が異なるので，このクロック周波数もあくまで性能の目安として考えたほうがよい．1 命令の実行に必要なクロックサイクル数を **CPI**（Cycles Per Instruction）という単位で表現する．すると，たとえば，クロック周波数が 2GHz で機械命令の平均実行クロックサイクル数が 4 CPI の CPU の MIPS 値は，

$$2 \times 10^9 (命令/秒)/4(\text{CPI}) = 2000/4 (\text{M 命令}/秒) = 500 \text{ MIPS}$$

となる．

　また，科学技術計算のプログラムを主に実行する CPU では，**FLOPS**（Floating Point Operations Per Second）という性能尺度が用いられる．これは，実数を表現する浮動小数点形式のデータの演算命令を 1 秒間に何回実行できるかを測る尺度である．1TFLOPS は，1 秒間に 1 兆回の浮動小数点形式の演算を行うことのできる能力のあることを示している．

⑹ 高速化の方法

　CPU は速ければ速いほどよい．しかし，1 命令の実行時間を短くするのにも限界がある．そこで，他のいろいろな工夫をすることにより CPU の高速化が図られている．そのうちの代表的な手法について説明する．

1）キャッシュメモリ

　プログラムやデータをメインメモリから CPU へ取り出してくるのは，演算時間に比べ時間がかかる．そこで，図 5.13 のように，メインメモリの内容の一部を記憶するための比較的高速なメモリを用意し，それを CPU の内部やメインメモリとの間に配置する方法が考え出された．それがキャッシュメモリ（cashe memory）である．以前は CPU の内部にあるものを内部キャッシュ，CPU の外部にあるものを外部キャッシュとして区別していたが，最近の CPU では，キャッシュメモリは CPU 内部に存在し，その中で，1 次キャッシュや 2 次キャッシュ，3 次キャッシュと階層化させている．キャッシュメモリにたまたま所望のプログラムやデータが記憶されている場合は，メインメモリまでそれらを取りにいかずに済むので，高速な処理を行うことができる．

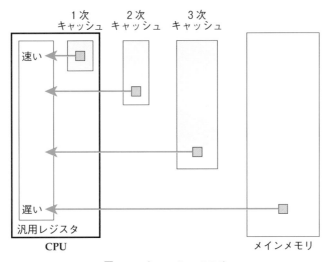

図 **5.13**　キャッシュメモリ

キャッシュメモリの動作は以下のとおりである.

　要求のあったデータを,そのデータを含むブロック単位でメインメモリからキャッシュメモリへもってきておく.そして,もし何回かのアクセスにおいて必要とするデータがキャッシュメモリ内にあれば(ヒットという),キャッシュからデータを取り出すことにより,速いアクセスが可能となる.もし要求されたデータがキャッシュ内になければ(ミスという),メインメモリから新たにそのデータを含むブロックをもってくる.そのときは速くはならない.

　ここで,

　　　t_c：キャッシュメモリのアクセス時間
　　　t_m：メインメモリのアクセス時間
　　　h：ヒット率

とすると,実効アクセス時間 T は

　　　$T = ht_c + (1-h)t_m$

となる.ヒット率が1に近ければ T はキャッシュメモリのアクセス時間とほぼ同じになる.ヒット率は,キャッシュメモリの容量,プログラムの性質等で変わるが,データの局所性という性質があるため一般的に高い値をとる.データの局所性には次の2つがある.

① 時間的局所性：一度アクセスされたデータは近い時間内に再びアクセスされる確率が高い.
② 空間的局所性：あるアドレスのデータがアクセスされるとその近傍のデータがアクセスされる確率が高い.

　これらの性質を利用して,キャッシュメモリ内のデータの置き換えアルゴリズムとして,LRU (Least Recently Used) アルゴリズムが使用される.時間的に最も使用されていないデータを追い出すというアルゴリズムである.

　記憶素子として,キャッシュメモリには高速な SRAM が,メインメモリには低速な DRAM が使用される.

2) パイプライン処理

　CPU を高速化するために,1命令をいくつかの処理に分け,細分化された処理をひとつずつずらしながら重なり合うように処理を進めていく方式が考え出された.これをパイプライン処理 (pipeline processing) という.こうすることにより,見かけ上の1命令の実行時間を短くすることができる.たとえば,図5.14(a)のような1命令に100ns かかる逐次処理を,図5.14(b)のような5段のパイプライン処理にすると,見かけ上20ns の命令に見せることができる.パイプライン処理をうまく働かせるために,細分化した処理がほぼ同じ時間かかるようにすることが大切である.命令の種類によって実行時間がまちまちであることは,パイプライン処理を遂行する上では好ましくない.

3) マルチコア

　主要な演算回路部分であるコアを CPU の中に複数個組み込むことにより,演算を並列に行い高速化を図る.複数のコアをもつ CPU をマルチコア CPU と呼ぶ.6コア12スレッドの CPU とは,6つのコアをもち同時に12の並列処理が可能な CPU のことをいう.

図 5.14(a) 逐次処理

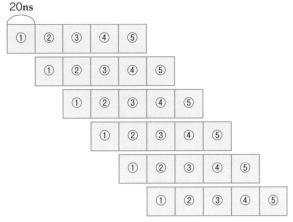

図 5.14(b) パイプライン処理

5.2.2 メインメモリ

(1) 機能

　メインメモリ（main memory）は，プログラムやデータを一時的に記憶するための装置である．ただし，電源を落とすと記憶していた内容が消えてしまうという性質をもっている．このような性質をもった記憶装置を揮発性メモリ（volatile memory）という．前述したように，コンピュータが処理を行うためには，処理の手順を記述したプログラムと処理されるべきデータが必要である．そのプログラムやデータを一時的に記憶しておく場所がメインメモリである．CPU はメインメモリから 1 命令ずつ機械命令を取り込んで，その機械命令に従ってデータを処理していく．そして，処理されたデータはメインメモリに書き込まれる．したがって，CPU の演算スピードがいくら高速になっても，メインメモリから命令やデータを取り込んだり，メインメモリにデータを書き込んだりするスピードが遅くては，コンピュータ全体としてのスピードは向上しない．そういう意味で，メインメモリの性能や容量はきわめて大切である．

　メインメモリには，図 5.15 に示すように，ある大きさごと（2 バイト単位や 4 バイト単位ごと）にアドレス（番地）がつけられている．そして，たとえば 8 番地の命令とか 105 番地のデータとかいうように，そのアドレスを用いて機械命令やデータを参照する．メインメモリと CPU とは，アドレスバス，データバス，制御信号とで結ばれている．アドレスバスは，対象とするデータのアドレスの情報を伝達する信号線である．制御信号はリード／ライト信号とも呼ばれ，CPU がデータ

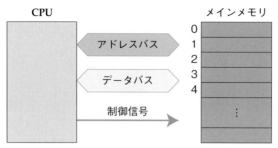

図 5.15　メインメモリと CPU のインタフェース

を読み込むのか，メインメモリにデータを書き込むのかを示す信号である．データバスを通してデータが CPU とメインメモリとの間を往来する．

(2) アクセス時間と記憶容量

メインメモリの性能の尺度のひとつはアクセス時間（access time）である．アクセス時間とは，CPU からのデータ転送要求があってからそのデータを CPU に転送完了するまでの時間のことをいう．現在，メインメモリのアクセス時間は，数ナノ秒（ns）程度である．また，一度に何ビットのデータを転送できるかを表すデータバス幅も重要な尺度のひとつである．現在は，32 ビットや 64 ビット幅が主流である．動作周波数が 1 ギガヘルツ（GHz）で 64 ビット幅のメモリは毎秒 8GB のデータ転送速度となる．

記憶容量も大切な指標である．記憶容量の大きいほうがプログラムやデータをたくさんメインメモリ上に記憶しておくことができるので，結果として高速なコンピュータを実現することができる．記憶容量が小さいと，必要となったプログラムやデータをアクセス速度が比較的低速な補助記憶装置まで取りに行かなければならず，時間がかかり，結果として低速なコンピュータのように見えてしまう．パソコンのメインメモリでも最近は 4GB から 16GB といった大容量のものが使われている．

(3) 記憶媒体

メインメモリには，読み出し専用のメモリである ROM（Read Only Memory）と，読み書き可能なメモリである RAM（Random Access Memory）の 2 種類の半導体メモリが用いられる．

前者の ROM には，コンピュータの電源を ON にしたときに最初に動く特別なプログラムである IPL（Initial Program Loader）や BIOS（Basic Input/Output System）などが書き込まれている．なぜなら，それらのプログラムは消去したり変更したりできないようにしておかなければならないからである．そのために，電源を落としてもその内容は記憶されたままで残される ROM に書き込んでおくのである．この特性をもつメモリを不揮発性メモリ（non volatile memory）という．

一方，後者の RAM は一時的にプログラムやデータを記憶するメモリであり，電源を落とすとその内容が消えてしまう特性がある．これを揮発性メモリ（volatile memory）という．RAM には，高速であるが高価で小容量向きの SRAM（Static RAM）と，低速であるが安価で大容量向きの DRAM（Dynamic RAM）とに分類できる．SRAM はキャッシュメモリに使用され，DRAM はメインメモリに使用される．最近の DRAM は，DDR SDRAM（Double Data Rate Synchronous DRAM）

が普及しており，データ転送速度 34GB/秒，記憶容量 8GB のメモリチップも出現している．

　通常のパソコンには，メインメモリ以外にビデオメモリも搭載している．これは，ディスプレイ上に高速にデータを表示することを目的とした表示データ専用のメモリであり，VRAM（Video RAM）ともいう．

5.2.3　入力装置

　入力装置（input device）はコンピュータにプログラムやデータなどを入力するための装置である．入力情報の種類に対応して，いろいろな入力装置がある．次に代表的な入力装置について説明する．

（1）　キーボード

　キーボード（keyboard）は，キーと呼ばれるボタンを押すことにより，キーの上に表示されている文字を入力する装置である．キーには，数字キー，英字キーのほかに，Enter や Delete などの特殊キー，Fl，F2 などのファンクションキーがある．ボード上のキーの数により，105 キーボード，109 キーボードなどと呼ばれている．多くのキーボードでは，英字キーの配列はタイプライターのキー配列をそのまま用いている．これを QWERTY 式配列と呼ぶ．最上段のキー配列が“QWERTY”の順番になっているからである．現在は，図 5.16 のような人間工学を採り入れたさまざまな形状のキーボードが発売されている．

（2）　マウス

　マウス（mouse）は，ディスプレイ上のマウスポインタを操作するための入力装置である（図5.17）．その形状がネズミに似ていることからマウスと呼ばれる．1962 年にアメリカのダグラス・エンゲルバート（Douglas C. Engelbart）が発明した．最初に製作されたマウスは木製であった．底面にボールがあり，それを動かすことにより，ディスプレイ上のマウスポインタを移動させる．また，上部にはボタンがついており，それを押したり離したりして操作する．

図 5.16　人間工学を採り入れた形状のキーボード（写真提供：㈱エジクン技研）

図 5.17　マウス（写真提供：エレコム㈱）

　現在は，センサとして赤色 LED（発光ダイオード，Light Emitting Diode）を用いた光学式マウスが主流であるが，机の上のような模様のない素材やガラス面の上での動作が悪いという欠点がある．それを解消するために，レーザー式や青色 LED 式，赤外線 LED 式，暗視野顕鏡式など，さまざまなセンサ方式のマウスが開発され，模様のない素材やガラス面の上でもマウスを動作させることが可能となった．マウスの性能尺度のひとつにセンサの解像度があり，その単位として CPI（Counts Per Inch）や DPI（Dots Per Inch）が用いられる．たとえば，1000CPI は，1 インチあたり 1000 個の移動点を数えられることを表している．したがって，この数値が大きいほど，マウスのセンサの解像度が高い．マウスの基本的な操作として，クリック，ダブルクリック，ドラッグ＆ドロップなどがある．画面をスクロールするために，ホイールを備えているマウスも普及している．マウスのように，ディスプレイ上のマウスポインタやアイコンなどを操作するデバイスのことをポインティングデバイス（pointing device）という．他のポインティングデバイスには，トラックボールやタッチパッド，ペンタブレット，ジョイスティックなどがある．

（3）　コードリーダ

　バーコード（bar code reader）（図 5.18 (a)）は，線の太さや間隔の組合せでデータをコード化したものである．日本の規格である JAN コードでは，数字 13 桁の規格と数字 8 桁の規格がある．最近では，情報量を多くするために **QR** コード（図 5.18 (b)）のような 2 次元コードも使用されるようになった．QR コードは，日本の自動車部品メーカーのデンソーが 1994 年に発明した．数字ならば約 7000 桁，ASCII コードならば約 4000 文字，シフト JIS コードならば約 2000 文字を記憶できる．これらのコードを読み取る装置がコードリーダである（図 5.19）．スーパーマーケットやコンビニエンスストアなどで広く使われており，これにより，窓口でのサービス時間の短縮を実現したばかりでなく，**POS**（Point of Sales：販売時点管理システム）も実現可能にした．

図 **5.18** (a)　バーコード

図 **5.18** (b)　QR コード（写真提供：㈱デンソーウェーブ）

図 **5.19**　コードリーダ（写真
　　提供：センテック㈱）

図 **5.20**　ヘッドセット（写真提供：エレコム㈱）

(4) イメージスキャナ

イメージスキャナ（image scanner）は，写真や絵などの画像情報をコンピュータに取り込むための入力装置である．画像の端から1ラインずつ画像を読み取っていく．文書などもイメージスキャナを用いて画像データとしてコンピュータに取り込み，それを文字認識プログラム（OCRソフトウェア）を用いてテキストファイルに変換することもできる．最近は，プリンタにイメージスキャナの機能を搭載しているものが多い．

(5) カメラ

コンピュータがマルチメディアデータを扱うようになり，文書の中に写真なども挿入することが行われるようになった．光学カメラで撮った銀塩写真をイメージスキャナで読み込んで電気信号に変換することもできるが，デジタルカメラ（digital camera）はレンズを通して入ってきた光を，CCD（Charge Coupled Device）によって直接電気信号に変換する．現在，約1200万画素の製品が市場に出ている．取り込まれた画像データはメモリカードなどに記憶され，メモリスロットやUSBインタフェースを用いてパソコンに入力される．

一方，Webカメラ（Web camera）は，パソコンに装備されたカメラであり，リアルタイムに撮影した画像を扱えるのでライブカメラともいう．インターネットテレビ電話やビデオチャットなどで使用される．

(6) ヘッドセット

パソコンからの音声を聞くためのヘッドフォンやイヤフォンと，音声を入力するためのマイクロフォン（microphone）が1つになったマイク搭載のイヤフォンやヘッドフォンのことである（図5.20）．オンライン講義やテレワーク等で使用する機会が多くなった．

(7) ペンタブレット

ペンタブレット（graphics tablet）は，板状のタブレット上を専用ペンで描くことにより，手書き文字や図形等を入力する装置である．

(8) タッチスクリーン

指や専用のペンで画面上を直接触れることにより操作できるディスプレイのことである．タップ，ドラッグ，スワイプ，ピンチ等の操作ができる．

5.2.4 出力装置

コンピュータのなかで加工されたデータを，人間にとってわかりやすい形で出力する装置が，出力装置である．そのなかでも代表的な装置が，ディスプレイとプリンタである．この2つの装置について説明する．

(1) ディスプレイ

ディスプレイ（display）は，テレビのようなモニタ画面に文字や画像を表示する装置である．走

査線を利用した **CRT** ディスプレイ（CRT：Cathode Ray Tube）と液晶を利用した液晶ディスプレイ（LCD：Liquid Crystal Display）に分類できるが，現在は，液晶ディスプレイが一般的になっている（図 5.21）．そして，次世代のディスプレイとして，薄さや消費電力，応答速度の点で有機**EL** ディスプレイが期待されている．

　CRT ディスプレイは，RGB それぞれの電子銃から電子ビームを発射し，それを蛍光体にぶつけて表示を行う．一方，液晶ディスプレイは，液晶に電圧を加えると光の通り方が変わる光変調作用を利用したディスプレイである．低消費電力で薄型化が可能である．ただし，自らは発光しないので暗いところや斜めの角度からはやや見づらいという欠点がある．背面や横から光を照らすことにより，これらの欠点を補っている．薄型トランジスタを用いた TFT カラー液晶方式が主流である．

　液晶ディスプレイの仕様として，画面サイズ（24 型），最大解像度（1920×1200 ドット），画素ピッチ（0.282mm），最大輝度（270cd/m^2），コントラスト比（800：1），視野角（170°）などがある（図 5.22 参照）．画面サイズは，画面の対角線の長さで表現している．24 型というのは，対角線の長さが 24 インチのディスプレイということである．同じ 24 インチでも画面の縦と横の長さの比率（アスペクト比）によって異なるサイズの画面となる．アスペクト比が 4：3 のものや，16：9 などのものがある．後者は横長なのでワイド画面と呼ぶことがある．解像度（resolution）は画面を構成しているドット数を表現している．解像度 1920×1200 ドットというのは，画面の横と縦のドット数（ピクセル数，画素数）が 1920×1200 であることを表している．4K ディスプレイというのは，横のピクセル数が約 4000 ピクセルであるディスプレイのことをいう．画素ピッチというのは，画素と画素の間隔のことをいう．これは画面サイズと解像度から決まる数値であり，画面の細かさの尺度のひとつとなる．輝度（luminance）は，光の輝きの強さを示している．これは画面の明るさにつながるが，明るすぎると目が疲れるという欠点もある．コントラスト比（contrast ratio）は，画面のメリハリを表現している．コントラスト比が 800：1 というのは，黒色の強さを 1

図 **5.21**　液晶ディスプレイ（写真提供：㈱アイ・オー・データ機器）

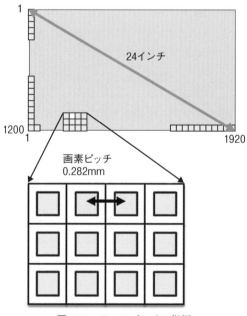

図 **5.22**　ディスプレイの指標

としたとき，白色の強さが 800 であることを示している．視野角（view angle）は，ディスプレイ
をどのくらいの角度まで見ることができるかを表現している．

　ディスプレイに表示するデータはビデオメモリ（VRAM：Video RAM）に記憶されていて，そ
こからディスプレイ専用のインタフェースを通って高速に送られてくる．したがって，VRAM の
記憶容量も大きいほうがよい．

（2）プリンタ

　プリンタ（printer）は，文字や画像を紙の上に印刷する装置である．大きく分けて，インクジェ
ット式プリンタとレーザー式プリンタに分類できる．インクジェット式プリンタ（ink jet printer）
は，インクをノズルから噴射させて，インクを普通紙の上に付着させる方式のプリンタである．一
方，レーザー式プリンタ（laser printer）は，レーザー光線を用いて帯電しているドラム状の感光
体に像を形成し，その像を，トナーを用いて普通紙の上に転写し，熱や圧力により定着させる方式
のプリンタである．主に，個人用途では比較的安価なインクジェット式プリンタが用いられ，業務
用では比較的高価なレーザー式プリンタが用いられている．現在は，イメージスキャナやコピー機
としても使用できる多機能プリンタ（図 5.23）も出現している．そのほかに，印字ヘッドから熱
を発生させることによりインクリボンのインクを普通紙の上に付着させる方式の熱転写式プリンタ
や，印字ヘッドから熱を発生させることにより感熱紙を黒色に変色させる方式の感熱式プリンタな
どもあるが，一般用途としてはほとんど使用されなくなった．しかし，レシート用の小型プリンタ
やチケット発券用の無人端末機など，業務用途では現在も広く使用されている．

　プリンタでは，画質と印刷速度が性能を測る重要な指標となる．画質は，dpi（dot per inch）と
いう単位で測る．これは，1 インチ当たりのドットの数を示す．たとえば，1200dpi × 1200dpi は，
縦横ともに 1 インチ当たり 1200 の点で画像を構成することを表現している．一方，印刷速度は
ppm（page per minute）という単位で測られる．これは 1 分当たり何ページ印刷できるかを測る
尺度である．

　初期のプリンタでは，文字の形を点の集合体として情報をもたせたビットマップフォントが使用
されていたが，文字を拡大するとギザギザの輪郭になるという欠点があった．それを解消したの
が，アウトラインフォントである．文字の輪郭の情報をベクトル形式で持っているため，図 5.24
のように拡大しても文字の輪郭が滑らかに描ける．そのためのフォントとして，PostScript フォン
トや TrueType フォントが用いられている．

　また，近年話題となっているのが 3D プリンタ（図 5.25）である．これは，3 次元の形状をした
物体を製作する装置である．部品の試作品などを製作できるので，製造，建築，医療，工芸など幅

図 5.23　プリンタ（写真提供：エプソン販売㈱）

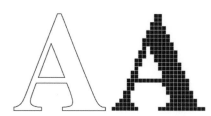

図 **5.24**　アウトラインフォント（左）とビット
マップフォント（右）（㈱沖データより）

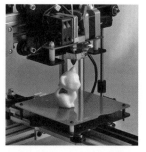

図 **5.25**　3D プリンタ（写真提
供：㈱ホットプロシード）

広い分野で使用され始めている.

(3)　ウェアラブルデバイス

　近年，注目されているのが体に身につけるタイプのウェアラブルデバイスである．眼鏡上や腕時計上に小さなディスプレイを備え，それを見ながら行動することができる．また，小型カメラを使って写真を撮ることもできる．音声入力技術を使って手を使わずデバイスを操作できる．ただし，実用化にあたってはプライバシー上の問題点が指摘されている.

5.2.5　補助記憶装置

　パソコンの主な補助記憶装置として，以下の装置があげられる.

(1)　ハードディスクドライブ

　ハードディスクドライブ（HDD：Hard Disk Drive）は，最も一般的な補助記憶装置であり，最大で数テラバイト（TB）の容量をもつ（図 5.26）．この中に，大量のプログラムやデータを記憶する．また，仮想記憶装置としても用いられる．ディスクの直径は，デスクトップ用パソコンが 3.5 インチ，ノート型パソコンが 2.5 インチ，携帯型マルチメディア機器用が 1 インチや 1.8 インチである．サーバ用のストレージはハードディスク装置を複数使用したディスクアレイが使用される．ディスクの回転速度は，4,200 から 15,000 回転／分（rpm：revolutions per minute）まであるが，現在は 7,200 回転/分（rpm）の回転速度が主流である.

図 **5.26**　ハードディスクドライブ（写真提供：アイ・オー・データ機器）

　ハードディスクドライブは，図5.27のように複数のディスクで構成されている（1枚のディスクのときもある）．プラッタと呼ばれるディスクの表と裏の両面にデータが書き込まれる．データは，円形のトラック（track）の上に書き込まれる．トラックはディスクの両面にあり，数枚のディスクが縦方向に並んでいる．そして，同じ直径のトラックの集合を，円筒のように見えるのでシリンダ（cylinder）という．

　ハードディスクドライブの容量は

　　　容量＝シリンダ数×シリンダ当たりのトラック数×トラック当たりの記憶容量

で求められる．

　次に，ハードディスクの動作について説明する．ハードディスクドライブの動作は，次の3ステップで行われる．

① シーク（位置決め）：磁気ヘッドを現在のトラックから目的のトラックへ移動させる動作
② サーチ（回転待ち）：磁気ヘッドのところに目的のデータが回転しながらやってくるのを待つ動作
③ データ転送：磁気ヘッドが目的のデータを転送する動作

　したがって，データのアクセス時間の計算は

　　　平均アクセス時間＝平均シーク時間＋平均サーチ時間＋データ転送時間

で求められる．ここで，平均サーチ時間は，ディスクが半回転する時間に相当する．たとえば，ディスクの回転速度が6,000回転/分（rpm）の場合，

　　　6,000（回転/分）＝100（回転/秒）

なので，1回転するのに10ms（ミリ秒）かかる．したがって，平均サーチ時間は，その半分の5msとなる．データ転送時間は，転送するデータサイズをデータ転送速度で割ったものである．データ転送速度は，ディスクの回転速度×トラック当たりの記憶容量で求められる．

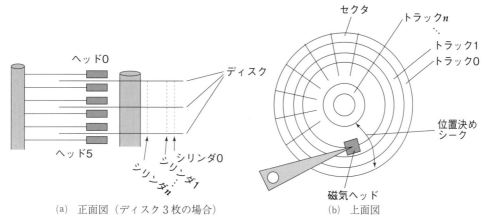

(a) 正面図（ディスク3枚の場合）　　　(b) 上面図

図 5.27　ハードディスクドライブの構造

表 **5.6**　ハードディスクの仕様表

回転速度	5,000rpm
記録容量/トラック	15,000B/トラック
平均シーク時間	20 ミリ秒

　たとえば，ハードディスク装置の仕様が表 5.6 の場合，4,000 バイトのデータを 1 ブロック転送するために必要な平均アクセス時間は何ミリ秒になるかについて，順を追って計算してみると，

① 1 回転する時間

　　1/(5000/60)（回転／秒）= 12（ミリ秒）

② 平均サーチ時間

　　12（ミリ秒）/2 = 6（ミリ秒）

③ データ転送速度

　　15,000（B）×（5,000/60（回転/秒））= 1,250,000（B/秒）

④ データ転送時間

　　4000（B）/1,250,000（B/秒）= 3.2（ミリ秒）

⑤ 平均アクセス時間

　　平均シーク時間 + 平均サーチ時間 + データ転送時間

　　　= 20（ミリ秒）+ 6（ミリ秒）+ 3.2（ミリ秒）

　　　= 29.2（ミリ秒）

となる．

　近年では，安価なハードディスクを複数使用して，並列動作により高速化を図ったり，データに冗長度をもたせることにより信頼性を高める **RAID**（Redundant Arrays of Inexpensive Disks，レイド）が使用されるようになってきた．現在，RAID 0 から RAID 6 までの 7 種類がある．このなかで，RAID 0，RAID 1，RAID 5 が比較的よく利用されている．ここでは，高速化を図る RAID 0 と信頼性向上を図る RAID 1 について解説する．

(a) **RAID 0**

RAID 0 では，図 5.28 に示すように，複数（この例では 4 台）のハードディスクを用意する．そして，RAID 0 では，複数のディスクでデータを並列に読み書きを行う．これにより，同時にデータを読み書きできるので，ディスク 1 台の場合より高速化が実現できる．データに縦縞が入ったようになるので，この操作をストライピングと呼ぶ．

(b) **RAID 1**

RAID 1 では，図 5.29 のように，複数のハードディスクに同じデータを書き込むようにする．これをミラーリングと呼ぶ．異なるディスクに同じデータが保存されるので，複数のディスクのうち 1 台に障害が発生しても，他のディスクで処理が続けられる．信頼性の高い高価なディスクを 1 台設置するより，信頼性はやや低いが安価なディスクを 2 台利用することにより，信頼性を上げると

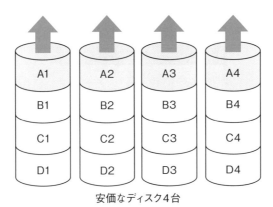

安価なディスク4台

図 5.28　RAID 0 の概念図

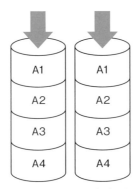

図 5.29　RAID 1 の概念図

いう考え方である.

　その他, RAID 0 と RAID 1 を組み合わせる RAID や, データの誤りを検出するパリティビットを他のディスクに書き込んで, データの信頼性を向上させる RAID もある.

(2)　**SSD**

　SSD (Solid State Drive) は, フラッシュメモリ (p.141 参照) を利用した超小型の半導体ディスクのことである (図 5.30). 高価であるが, HDD と比べるとシーク動作やサーチ動作 (p.125 参照) などの機械的な動作が不要であるのでランダムな読み出しが速くなり, 機械的な機構がないので, 故障しにくい特徴をもっている. さらに, 衝撃に強く, 軽量で, 無音で, 消費電力も小さいので, HDD と併用されるようになってきた. 併用すると, パソコンの起動時やデータの読み書きが高速になる. ただし, フラッシュメモリを使用しているので, データの書き込み回数の限界を超えたり, 経年劣化で壊れてしまうという問題点があることに注意しておく必要がある. 読み出し速度が最大 15GB/秒, 書き込み速度が最大 15GB/秒, 記憶容量 8TB の製品も出現している.

図 **5.30**　SSD（写真提供：SAMSUNG）

⑶　**CD** ドライブ

　コンパクトディスク（CD：Compact Disc）は，レーザー光線によってデータを読み取ることを特徴とする光ディスクの一種であり，**CD-ROM**，**CD-R**，**CD-RW** に分類できる．CD-ROM（Compact Disc-Read Only Memory）は読み出しだけが可能なコンパクトディスクであり，ソフトウェアの配布などに利用される．CD-R（Compact Disc-Recordable）は，1 度だけ記録可能な追記型のコンパクトディスクであり，音声や画像などの大容量データの保存に用いられる．CD-RW（Compact Disc-Rewritable）は，書き換え可能なコンパクトディスクであり，多様な用途に用いられる．直径は 12cm であり，記憶容量は 640MB から 800MB 程度である．これらの CD の読み書きを行うための装置が CD ドライブである．音楽用の CD の転送速度 150Kbps を 1 倍としてデータの転送速度を示している．たとえば，8 倍速というのは音楽用の CD ドライブの 8 倍の速さ，すなわち 1200Kbps の速度でデータを転送できることを表している．

⑷　**DVD** ドライブ

　DVD（Digital Versatile Disc）は，2 時間程度の映画を記録することを目的として開発された光ディスクである．12cm の直径で片面 1 層 4.7GB から両面 2 層 17.08GB までの容量がある．種類も，**DVD-ROM**，**DVD-R**，**DVD-RW**，**DVD-RAM**，DVD＋R，DVD＋RW などさまざまな規格が存在する．百科事典，ゲームなど各種のパソコン用ソフトも DVD 媒体で販売されるようになった．これらの媒体の読み書きを行う装置が DVD ドライブである．特に，これらの多様な DVD 媒体への読み書きができるドライブを，スーパーマルチドライブとかハイパーマルチドライブなどと称しているメーカーがある．DVD ドライブの仕様を確かめることが大切である．

⑸　**BD** ドライブ

　BD（Blu-ray Disc）は，青紫色レーザー光線を利用した次世代光ディスクのことである．直径は 12cm であり，記憶容量は 1 層で 25GB，2 層で 50GB である．BD-ROM，BD-R，BD-RE などの規格があり，大容量のデータ保存を可能としている．最近，3 層で 100GB，4 層で 125GB の記憶容量のある BDXL という規格が登場し，さらに大容量化が進んだ．

⑹　**小型記憶媒体**

　近年，小型の記憶媒体が数多く出現してきた．その代表的なものが USB メモリとメモリカードである．どちらもフラッシュメモリを利用した製品である．フラッシュメモリとは，電気的に一括消去でき書き換え可能な不揮発性メモリである．

　USB メモリは，フラッシュメモリに USB のインタフェースをつけて，接続すると自動的に認識してアクセスできる記憶媒体である（図 5.31）．最近は，自動的にデータを暗号化する USB メモリも出現している．

図 5.31 USB メモリ
（写真提供：バッファロー㈱）

図 5.32 SDXC メモリカード
（写真提供：㈱東芝）

図 5.33 メモリスティック
（写真提供：ソニー㈱）

　一方，メモリカードは，**SD** メモリカード，**MMC**（**Multimedia Card**），メモリスティック，スマートメディア，**xD** ピクチャカード，コンパクトフラッシュなど各社からさまざまな製品が出されたが，次第に SD メモリカードに集約されつつある．SD メモリカードの形状は，幅 24mm，長さ 32mm，厚さ 2.1mm であり，その記憶容量は最大 2GB までであった．これを，小型化したのが **microSD** カードであり，幅 11mm，長さ 15mm，厚さ 1mm である．記憶容量を 2GB 以上にしたものが **SDHC** メモリカードであり，動画撮影の用途に合わせてさらなる大容量化と高速化を目的として開発されたのが SDXC メモリカードである（図 5.32）．2010 年には，2TB の SDXC メモリカードも発表されたが，現在は発売されていない．その小型版が microSDHC カードや microSDXC カードである．メモリスティックも当初 128MB の記憶容量しかなかったが，その後改良され，現在は 32GB のメモリスティックが発売されている（図 5.33）．

⑺　**フロッピーディスクドライブ**

　フロッピーディスク（FD：Floppy Disk）は，薄いプラスチックの基板を使用した磁気記録媒体である（図 5.34）．フロッピーディスクの読み書きをするための装置がフロッピーディスクドライブ（FDD：Floppy Disk Drive）である．3.5 インチ型のフロッピーディスクの記憶容量は 1.44MB であった．ハードディスクと比べると，記憶容量が小さくアクセス速度も遅いが，安価で携帯するのに便利であるという利点があり，パソコンユーザに愛用された．しかし，携帯できる大容量の記憶媒体が次々と出現したため，現在ではほとんど使用されていない．ただし，図 5.35 のように，ソフトウェア上では「保存」の意味を表すアイコンとして，現在でも生き残っている．

図 5.34 フロッピーディスク

図 5.35 上書き保存のアイコン

◆ CD の記憶容量はベートーベンから決められた？

　CD の記憶容量は，ベートーベンの第 9 交響曲を録音できる容量として決まったという説があります．カラヤンが指揮した第 9 交響曲が 74 分であり，それを CD の最大収録時間にしたいと CD の開発メーカーであるソニーの副社長が主張して決まったという説です．何でも理由があるものですね．

5.2.6　インタフェース

　パソコンには各種のインタフェース（interface）により外部記憶装置などの周辺機器を接続する．ここではよく使われる代表的な 8 種類のインタフェースを説明する．これらのインタフェースは，パソコンの正面や背面，側面などに存在し，そのインタフェースに合うケーブルなどを使って周辺機器と接続したり，直接的にインタフェースに対応したデバイスを差し込んだりして使用する．

（1）　USB インタフェース

　USB（Universal Serial Bus）は，インテル社を中心に，コンパック，IBM，マイクロソフト，NEC などの企業が策定したシリアルインタフェースである．シリアルインタフェースというのは，1 ビットずつデータを送信するインタフェースのことである．USB インタフェースの特徴のひとつは，プラグ・アンド・プレイ（plug and play）を実現したことである．すなわち，接続すれば自動的に認識され，すぐに使えるという思想を実現したことである．また，ハブ（hub）を使って容易に接続を増やすことができる．USB で接続できる機器の個数は最大 127 個である．規格も，USB1.0，USB2.0，USB3.0 と改良され，データ転送速度も，USB1.0 のときの最大 12Mbps（ビット/秒）から，USB2.0 の最大 480Mbps，USB3.0 の最大 5Gbps，USB3.1 の最大 10Gbps と飛躍的に速くなった．そのため，当初はキーボードやマウスの接続に限られていたものが，プリンタやハードディスクなど各種の入出力装置へと用途が拡がっていった．USB 端子の形状は，タイプが A から C の 3 種類，大きさも普通，ミニ，マイクロと 3 種類ある．2015 年に登場したタイプ C は上下が対象であり，上下が反対で挿さらないということがない．図 5.36 に USB 端子と接続するための USB ケーブルを示す．

（2）　IEEE 1394 インタフェース

　IEEE 1394 インタフェースは，米国の電気電子学会（IEEE：the Institute of Electric and Electronic Engineers）が，アップル社のシリアルインタフェースを基に標準化した高速なインタフェースである．PC だけでなくビデオカメラなど民生機器や家電への接続，PC を使わない機器同士の接続もできる．IEEE 1394 のデータ転送速度は，100Mbps，200Mbps，400Mbps，800Mbps と進んでいき，現在は 3.2Gbps の規格も策定された．IEEE 1394 インタフェースを，アップル社は FireWire，ソニーは i-Link という商標で呼んでいる．ただし，最近はあまり使用されなくなってきた．図 5.37 に IEEE 1394 ケーブルを示す．

図 **5.36** USB ケーブル（写真提供：
エレコム㈱）

図 **5.37** IEEE 1394 ケーブル（写真提
供：エレコム㈱）

(3) LAN インタフェース

インターネットと接続するための **LAN**（Local Area Network）のインタフェースとして 1000BASE-T や 100BASE-TX や 10BASE-T などがある．これは，イーサネット（Ethernet）の規格名を表している．たとえば，1000BASE-T というのは，データ転送速度が 1000bps のベースバンド変調のツイストペアケーブル（twisted pair cable）ということを表現している．この規格に合ったケーブルで接続する必要がある．図 5.38 に LAN ケーブル（ツイストペアケーブル）を示す（図 7.6 も参照のこと）．この LAN ケーブルと接続するためのコネクタが RJ-45 コネクタである．

(4) 無線 LAN インタフェース

無線 **LAN** のインタフェースとして **IEEE 802.11** がある．1997 年に策定され，2.4GHz の周波数帯域を利用し，最大 2Mbps のデータ転送速度であった．それが，1999 年の IEEE 802.11b では最大 11Mbps に，2003 年に策定された IEEE 802.11g では最大 54Mbps とデータ転送速度が向上し，2009 年に策定された **IEEE 802.11n** では 2.4GHz か 5GHz の周波数帯域を利用し，最大 600Mbps のデータ転送速度までになった．さらに，2014 年には，5GHz の周波数帯域を利用し，理論上 6.9Gbps のデータ転送速度を可能とする高速無線 LAN 規格 IEEE 802.11ac が登場した．

(5) ブルートゥース

無線で機器を接続するインタフェースにブルートゥース（Bluetooth）がある．IEEE 802.15.1 の規格の通称であり，2.4GHz 帯を使用し，バージョン 3.0 では最大 24Mbps のデータ転送速度となっている．さらに，4.0 では大幅な省電力化を実現し，ボタン電池 1 個で数年間駆動できるようにした．利用者個人の周囲 10m から 100m の近傍にある情報機器と接続できる．特徴は低コスト，低消費電力で，モバイル機器に適しており，ダイナミックに接続構成を変えるような環境を実現できる．ノート PC，スマートフォン，家電製品，自動販売機，電子財布，カーナビなどへの応用が考えられる．

(6) ダイレクトメモリスロット

ダイレクトメモリスロットは，小型大容量記憶装置を差し込んで読み書きを実行するためのスロットである．SD メモリカードや SDHC メモリカード，SDXC メモリカード，メモリスティック，xD ピクチャカードを直接差し込んで使用する．さらに小型の microSDHC カードやメモリスティ

図 5.38　LAN ケーブル（ツイストペア
ケーブル）（写真提供：エレコム㈱）

図 5.39　DVI ケーブル

図 5.40　HDMI ケーブル

図 5.41　DisplayPort ケーブル

ック Pro Duo などは，大きさを合わせるために専用のアダプタに挿入してから差し込むようになっている．

⑺　外部出力インタフェース

外部の装置に出力するためのインタフェースである．VGA 端子は，アナログ RGB 信号を CRT ディスプレイに出力するためのインタフェースである．一方，**DVI**（Digital Visual Interface）コネクタは，液晶ディスプレイやデジタルプロジェクタに映像を出力するためのインタフェースである．その中で，DVI-I はアナログ／デジタル両方に対応し，DVI-D はデジタル専用のコネクタである．図 5.39 に DVI ケーブルを示す．近年は，**HDMI**（High-Definition Multimedia Interface）というマルチメディア向けのインタフェースも普及しつつある．さらに，液晶ディスプレイなどの映像出力インターフェースである **DisplayPort** も登場した．HDMI と DisplayPort が DVI の後継となるであろう．HDMI と DisplayPort は，デジタルコンテンツの著作権の保護技術である HDCP（High-bandwidth Digital Content Protection system）にも対応している．図 5.40 と図 5.41 に HDMI ケーブルと DisplayPort ケーブルを示す．

5.2.7　ハードウェアの全体構成

ここまでハードウェアの個々の構成要素を見てきたが，最後にまとめの意味で，ハードウェアの全体構成について説明する．ハードウェアの全体構成を図 5.42 に示す．ここで，両矢印は，コンピュータの中のデータの通り道である**バス**（bus）である．CPU とメインメモリの間はシステムバスで接続されている．システムバスは，アドレスバス，データバス，制御信号などで構成され，64

ビット CPU の場合，データバスのバス幅は 64 ビットである．CPU 内部には，キャッシュメモリ
があり，次に実行する命令やデータがその中にあれば，メインメモリまで取りに行かなくてよい．

　外部からのデータの交通整理の役割を果たすのが，チップの集合体であるチップセットであり，
このチップセットの性能が，コンピュータ全体の性能に大きな影響を与える．

　ディスプレイは大量のデータを高速に表示しなければならないので，ディスプレイ専用の高速な
バスを設けてある．従来は AGP バスが主流であったが，現在は PCI バスを高速にした **PCI
Express**（Peripheral Component Interconnect Express，PCI-E）バスが主流である．また，3D ゲー
ムなどの用途では，高負荷な 3 次元の計算をして，それを動画としてディスプレイに表示する必要
があるため，グラフィック専用のプロセッサである **GPU**（Graphics Processing Unit）やグラフィ
ックボードなどを使用する．GPU は，CPU 内に内蔵されていることもある．また，滑らかにディ
スプレイに表示するために，ディスプレイ専用のメモリである **VRAM**（ビデオメモリ）も使用す
る．

　ハードディスクも高速転送が求められるために専用のバスが用意される．従来は，IDE バスや
ATA バスが用いられたが，現在は，シリアル ATA である **SATA**（Serial Advanced Technology
Attachment）バスが主流である．

　キーボードやマウス，光学式ドライブ，プリンタなどの周辺装置からのデータは，USB ポート
からコンピュータの中に入り，**USB**（Universal Serial Bus）を通ってチップセットまでたどりつく．
また，インターネットからのデータは，LAN インタフェースからコンピュータ内部に入り，
PCI-Express バスを経由してチップセットに到着する．高速バスが開発されたので，PCI バスはあ
まり使用されなくなった．

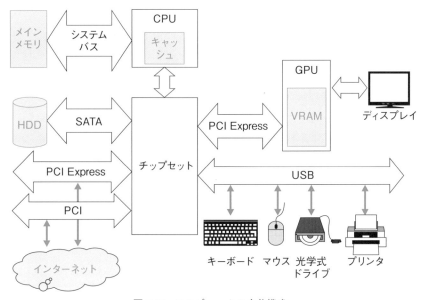

図 **5.42**　コンピュータの全体構成

5.3　計算のできる仕組み

　本節では，0 や 1 だけからなるデータをどのような手段を使って，加工しているかについて学ぶ．まず，基本的な論理ゲートについて学び，その後，半加算器，全加算器，4 ビット加算回路について学んでいく．

5.3.1　0 と 1 を加工するための道具

　第 4 章で述べたように，コンピュータの扱うデータはすべてデジタル化され，0 と 1 のビット列で表現される．この 0 や 1 からなるビット列を加工するための基本的な回路が論理ゲートである．代表的な論理ゲートに，AND ゲート，OR ゲート，NOT ゲートがある．基本的には，コンピュータはこれらの 3 つの論理ゲートの組合せですべてのデータの加工を行っている．この 3 種類の論理ゲートのほかに，NAND ゲート，NOR ゲート，EOR ゲートも用いられるが，これらのゲートは AND ゲート，OR ゲート，NOT ゲートの組合せで実現できる論理ゲートである．

　論理ゲートを記号として表現する場合，アメリカ軍の規格である MIL 規格（military standard：米軍規格）の記号がよく用いられる．また，ゲートへの入力信号に対する出力信号を表現する手段として真理値表（truth table）が用いられる．以下，代表的な論理ゲートの機能について学習する．

(1)　AND ゲート

　AND ゲートは，入力信号 x と y がともに 1 のときだけ出力信号 z に 1 を出力するゲートである．このゲートの意味を理解するのに，図 5.43 の回路図を考えるとわかりやすい．これはスイッチ x とスイッチ y を直列に並べた回路である．この回路では，スイッチ x と y をともに ON にしたときだけ電球 z が点灯する．その他の場合，電球 z は点灯しない．これを真理値表で表現すると表 5.7 のようになる．ここで，スイッチが ON の状態を 1，OFF の状態を 0 とし，電灯が点灯している状態を 1，点灯していない状態を 0 で表現している．これを論理式（logical expression）では

　　$z = x \cdot y$

のように表現する．これを x と y の論理積（conjunction）という．また，MIL 規格では図 5.44 のように表す．

(2)　OR ゲート

　OR ゲートは，入力信号 x と y の少なくともひとつが 1 であるときだけ，出力信号 z に 1 を出力するゲートである．これは図 5.45 のようなスイッチ x とスイッチ y を並列に並べた回路を考えるとわかりやすい．この回路では，スイッチ x か y のどちらかを ON にしたときに電球 z が点灯する．ともに OFF の場合だけ電球 z は点灯しない．これを真理値表で表現すると表 5.8 のようになる．論理式では

$$z = x + y$$

のように表現する．これを x と y の論理和（disjunction）という．また，MIL 規格の記号では図 5.46 のように表現する．

(3) NOT ゲート

NOT ゲートは，入力信号 x を反転した信号を出力信号 y として出力するゲートである．すなわち，入力が 1 なら出力が 0 に，入力が 0 なら出力が 1 になる．この真理値表は表 5.9 のようになる．論理式では

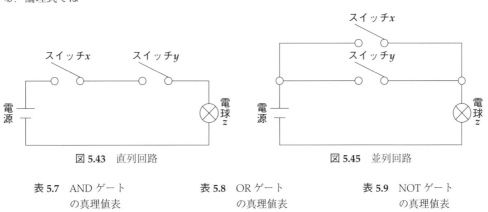

図 5.43　直列回路　　　　　　　　　　図 5.45　並列回路

表 5.7 AND ゲートの真理値表			表 5.8 OR ゲートの真理値表			表 5.9 NOT ゲートの真理値表	
x	y	z	x	y	z	x	y
0	0	0	0	0	0	0	1
0	1	0	0	1	1	1	0
1	0	0	1	0	1		
1	1	1	1	1	1		

図 5.44　AND ゲート

図 5.46　OR ゲート

図 5.47　NOT ゲート

表 5.10 NAND ゲートの真理値表			表 5.11 NOR ゲートの真理値表			表 5.12 EOR ゲートの真理値表		
x	y	z	x	y	z	x	y	z
0	0	1	0	0	1	0	0	0
0	1	1	0	1	0	0	1	1
1	0	1	1	0	0	1	0	1
1	1	0	1	1	0	1	1	0

図 5.48　NAND ゲート

図 5.49　NOR ゲート

図 5.50　EOR ゲート

$$y = \bar{x}$$

のように表現する．これを x の否定（negation）という．また，MIL 規格の記号では図 5.47 のように表す．

上記の 3 つの論理ゲートが基本であるが，そのほかに次の 3 種類の論理ゲートがよく用いられる．

⑷　NAND ゲート

NAND ゲートは，入力信号 x と y の少なくともひとつが 0 であるときだけ，出力信号 z に 1 を出力するゲートである．これを真理値表で表現すると表 5.10 のようになる．これは，x と y の論理積をとってそれを反転させたものであるから，論理式を用いて記述すると

$$z = \overline{x \cdot y}$$

のことである．MIL 規格の記号では図 5.48 のように表す．

⑸　NOR ゲート

NOR ゲートは，入力信号 x と y がともに 0 のときだけ出力信号 z に 1 を出力するゲートである．これを真理値表で表現すると表 5.11 のようになる．これは，x と y の論理和をとってそれを反転させたものであるから，論理式を用いて記述すると

$$z = \overline{x + y}$$

のことである．MIL 規格の記号では図 5.49 のように表す．

⑹　EOR ゲート

EOR ゲートは，入力信号 x と y のどちらかひとつが 1 であるときだけ，出力信号 z に 1 を出力するゲートである．これを真理値表で表現すると表 5.12 のようになる．論理式では

$$z = x \cdot \bar{y} + \bar{x} \cdot y$$

で表現される．これを x と y の排他的論理和（exclusive disjunction）という．MIL 規格の記号では図 5.50 のように表現する．

5.3.2　加算回路

コンピュータでは，いろいろな演算を上記の 3 種類のゲートの組合せで行う．これにより電気の流れるスピードで演算を行うことができる．例として，2 つの 4 ビットの 2 進数と $(x_3 x_2 x_1 x_0)_2$ と $(y_3 y_2 y_1 y_0)_2$ の足し算を行う 4 ビット加算器（4 bit adder）について考えよう．すなわち

$$
\begin{array}{cccccc}
 & (x_3 & x_2 & x_1 & x_0)_2 \\
+ & (y_3 & y_2 & y_1 & y_0)_2 \\
\hline
(z_4 & z_3 & z_2 & z_1 & z_0)_2
\end{array}
$$

の演算を考える．ここで，$(z_4z_3z_2z_1z_0)_2$が答えの2進数である．z_4は桁上がりのビットである．

たとえば，$(0011)_2$と$(0010)_2$との加算は

$$
\begin{array}{cccccc}
 & 0 & 0 & 1 & 0 & \\
 & & (0 & 0 & 1 & 1)_2 \\
+ & & (0 & 0 & 1 & 0)_2 \\
\hline
 & (0 & 0 & 1 & 0 & 1)_2
\end{array}
$$

と計算され，答えは$(00101)_2$となる．これは，10進数では$3+2=5$という演算に対応する．

この計算の過程は2つの部分からなる．ひとつは，1番下の桁の計算を行う部分である．すなわち

$$
\begin{array}{cc}
 & x_0 \\
+ & y_0 \\
\hline
C_1 & S_0
\end{array}
$$

のように，1番下の桁x_0とy_0の足し算を行い，その桁の結果S_0と上位の桁への桁上げC_1を計算する部分である．この計算を行う論理回路を半加算器（HA：Half Adder）という．

もうひとつの部分は，下位の桁からの桁上げも含めて計算を行う部分である．すなわち

$$
\begin{array}{cc}
 & C_n \\
 & x_n \\
+ & y_n \\
\hline
C_{n+1} & S_n
\end{array}
$$

のように，下位からの桁上げC_nとその桁x_nとy_nとの足し算を行い，その桁の結果S_nと上位の桁への桁上げC_{n+1}を求める部分である．この計算を行う論理回路を全加算器（FA：Full Adder）という．

以下，これらの論理回路がどのように実現されているかを具体的に見ていくことにしよう．

（1）半加算器

半加算器（HA：Half Adder）は，1番下の桁x_0とy_0の加算を行い，その桁の結果S_0と上位への桁への桁上げC_1を求める回路である．このブロック図を図5.51に示す．

この半加算器では

$$(x_0)_2 + (y_0)_2 = (C_1 S_0)_2$$

において，

$$(0)_2 + (0)_2 = (00)_2$$
$$(0)_2 + (1)_2 = (01)_2$$
$$(1)_2 + (0)_2 = (01)_2$$
$$(1)_2 + (1)_2 = (10)_2$$

となることが要求されているので，その回路の真理値表は表5.13のようになる．そうするためには

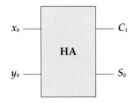

図 5.51　半加算器のブロック図

表 5.13　半加算器の真理値表

x_0	y_0	S_0	C_1
0	0	0	0
0	1	1	0
1	0	1	0
1	1	0	1

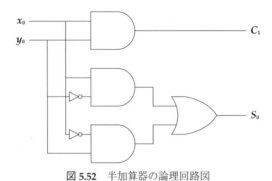

図 5.52　半加算器の論理回路図

$$S_0 = x_0 \cdot \overline{y_0} + \overline{x_0} \cdot y_0$$
$$C_1 = x_0 \cdot y_0$$

とすればよい．実際，こうすると真理値表どおりになることは容易に確かめられる．これを論理回路図で表現すると，図 5.52 のようになる．

(2)　全加算器

　全加算器（FA：Full Adder）は，下位からの桁上げ C_n とその桁 x_n と y_n との加算を行い，その桁の結果 S_n と上位の桁への桁上げ C_{n+1} を求める部分の回路である．このブロック図を図 5.53 に示す．この真理値表は表 5.14 のようになる．これは

表 5.14　全加算器の真理値表

x_n	y_n	C_n	S_n	C_{n+1}
0	0	0	0	0
0	0	1	1	0
0	1	0	1	0
0	1	1	0	1
1	0	0	1	0
1	0	1	0	1
1	1	0	0	1
1	1	1	1	1

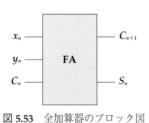

図 5.53　全加算器のブロック図

$$S_n = \overline{x_n} \cdot \overline{y_n} \cdot C_n + \overline{x_n} \cdot y_n \cdot \overline{C_n} + x_n \cdot \overline{y_n} \cdot \overline{C_n} + x_n \cdot y_n \cdot C_n$$

$$C_{n+1} = x_n \cdot y_n + x_n \cdot C_n + y_n \cdot C_n$$

という論理式で実現できる．したがって，この全加算器の論理回路図は図 5.54 のようになる．

(3) 4 ビット加算器

4 ビット加算器は，$(x_3 x_2 x_1 x_0)_2$ と $(y_3 y_2 y_1 y_0)_2$ との足し算の結果を $(S_4 S_3 S_2 S_1 S_0)_2$ として出力する論理回路である．そのブロック図を図 5.55 に示す．これは，ひとつの半加算器と 3 つの全加算器を図 5.56 のようにつなぐことにより実現できる．実際，この論理回路の入力を $(x_3 x_2 x_1 x_0)_2$ と $(y_3 y_2 y_1 y_0)_2$ として $(1101)_2$ と $(0101)_2$ を与えると，その答えとして $(10010)_2$ が得られることが容易に確かめられる．減算や乗算，除算などの他の演算も，このような論理ゲートの組合せだけで実現できる．

◆ 1 ＋ 1 ＝ 1?

多くの人は，1 ＋ 1 ＝ 2 だと思うでしょう．しかし，これは 10 進数の世界での話です．場合によっては，1 ＋ 1 ＝ 1 だったり，1 ＋ 1 ＝ 10 だったりもします．前者は論理代数（ブール代数）の世界です．1（真）と 1（真）の論理和は 1（真）になります．後者は 2 進数の加算です．2 進数の 1 と 2 進数の 1 との和は 2 進数の 10（10 進数の 2）になります．おもしろいですね．コンピュータは，この 1 と 0 を利用して動作しています．

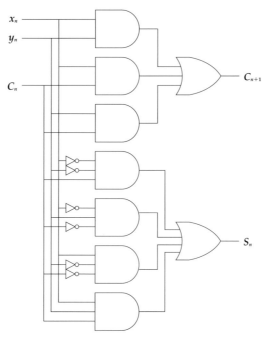

図 5.54 全加算器の論理回路図

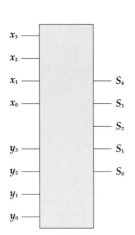

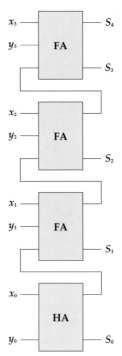

図 5.55　4 ビット加算器のブロック図　　　　図 5.56　4 ビット加算器の論理回路図

 5.4　記憶のできる仕組み

この節では，コンピュータのなかでどのように情報を記憶しているのかを調べてみよう．

5.4.1　記憶素子と記憶の原理

以下に説明するように，各種の物理的な現象や性質，特殊な電子回路を応用して記憶動作が行われる．

(1)　半導体記憶素子

コンピュータの記憶階層のなかで上位に位置するものは，半導体素子（semiconductor device）によって実装されている．半導体素子は機械的な部分がないのでアクセスが速い．図 5.57 に示すように，半導体記憶素子にはいろいろな種類があるが，大別すると **ROM**（Read Only Memory）と **RAM**（Random Access Memory）からなる．ROM は読み出し専用のメモリで，電源を切っても記憶内容は消えない不揮発性という性質をもつ．RAM は読み書き可能なメモリで，電源を切ると記憶内容は消えてしまう揮発性という性質をもつ．

ROM は，さらに以下のように分類できる．

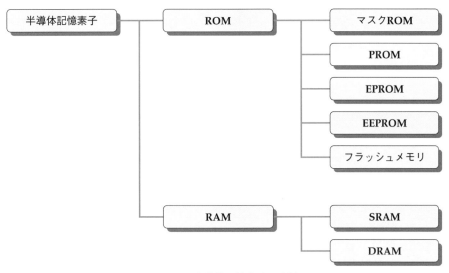

図 5.57 半導体記憶素子の分類

① マスク ROM：素子内の導線を接続したり切断したりすることで記憶するものである．記憶の内容は工場出荷時に設定するので，ユーザは書き込みできない．CPU の一部として使用されたり，ゲーム機のソフトウェアを供給する媒体として使用されたりする．

② PROM（Programmable ROM）：一回だけ書き込み可能（プログラマブル）で，消去は不可能な ROM である．フラッシュメモリの出現以降は用途が少なくなった．

③ EPROM（Erasable Programmable ROM）：電気的に書き込み可能で，紫外線によって消去可能な ROM である．パソコンの BIOS などを記憶する媒体として用いられる．

④ EEPROM（Electrically Erasable Programmable ROM）：電気的に書き込み／消去可能な ROM である．消去はバイト単位で行う．これが改良されてフラッシュメモリが出現した．

⑤ フラッシュメモリ：ブロック単位で一括消去可能な EEPROM である．実用上支障のない程度の短い時間で読み書きの両方が可能なメモリとして重宝され，USB メモリや SD カードなどの小型記憶媒体（p.128 を参照）や，補助記憶装置としての SSD（p.127 を参照）など広い用途で活用されている．

一方，RAM は，SRAM と DRAM に分類される．

1）SRAM

SRAM（Static RAM）は，フリップフロップ（flip flop）と呼ぶ回路に微小な電流を流すことにより記憶保持を行う．高速であるが高価なので，キャッシュメモリなどに用いられる．フリップフロップはシーソーを意味する語で，各種の型があるが原理的に 2 個の NOR ゲートから構成できる．RS フリップフロップのブロック図を図 5.59 に示す．ここで，

R：リセット信号
S：セット信号
Q：記憶しているデータ

である．入力信号の意味は以下のとおりである．

> $R=1$，$S=0$ のとき：$Q=0$ とし，"0" を記憶させる．これをリセットという．
>
> $R=0$，$S=1$ のとき：$Q=1$ とし，"1" を記憶させる．これをセットという．
>
> $R=0$，$S=0$ のとき：Q は記憶しているデータをそのまま記憶し続ける．
>
> $R=1$，$S=1$ という信号は与えない．

　記憶させる回路では，出力信号の記憶しているデータ Q を入力信号として戻すのが記憶させるポイントである．グルグル信号が回り続けながら記憶し続けるようにする．まさに回路である．このとき，記憶しているデータの入力信号を Q_0，出力信号を Q_1 とすると，RS フリップフロップの真理値表は表 5.15 のようにすればよい．この真理値表から

$$
\begin{aligned}
Q_1 &= \overline{R}\cdot\overline{S}\cdot Q_0 + \overline{R}\cdot S\cdot \overline{Q_0} + \overline{R}\cdot S\cdot Q_0 \\
&= \overline{R}\cdot\overline{S}\cdot Q_0 + \overline{R}\cdot S\cdot Q_0 + \overline{R}\cdot S\cdot \overline{Q_0} + \overline{R}\cdot S\cdot Q_0 \\
&= \overline{R}\cdot Q_0 \cdot (\overline{S}+S) + \overline{R}\cdot S\cdot (\overline{Q_0}+Q_0) \\
&= \overline{R}\cdot Q_0 + \overline{R}\cdot S \\
&= \overline{R}\cdot \overline{\overline{(Q_0+S)}} \\
&= \overline{\overline{R} + \overline{(Q_0+S)}}
\end{aligned}
$$

表 5.15　RS フリップフロップの真理値表

入力			出力
R	S	Q_0	Q_1
0	0	0	0（そのまま保持）
0	0	1	1（そのまま保持）
0	1	0	1（セット）
0	1	1	1（セット）
1	0	0	0（リセット）
1	0	1	0（リセット）

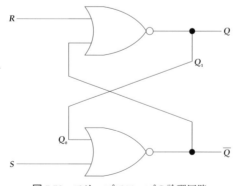

図 5.58　フリップフロップの論理回路

となる．これより，図5.58のように2個のNORゲートで1ビットのデータを記憶する回路が実現できる．片側のNORゲートの出力 Q が1のとき，他方の出力 $\overline{Q}$ は必ず0となり，Q が0のとき，$\overline{Q}$ は1となる．シーソーのように2つの出力は常に逆になる．

図5.59に示すように，

① $R=1$，$S=0$ とすると，$Q=0$ となり，そのままの状態でグルグル回り続け，データ $Q=0$ を保持する．すなわち，リセットされる．

② $R=0$，$S=0$ としても，$Q=0$ のままの状態でグルグル回り続け，データ $Q=0$ を保持する．

③ $R=0$，$S=1$ にすると，$Q=1$ となり，そのままの状態でグルグル回り続け，データ $Q=1$ を保持する．すなわち，リセットされる．

④ $R=0$，$S=0$ としても，$Q=1$ のままの状態でグルグル回り続け，データ $Q=1$ を保持する．

このように，フリップフロップでは②の状態へ移るときのように R が1から0になっても，または④の状態へ移るときのように S が1から0になっても，電源を切らなければ前の状態は保持される．すなわち，記憶がなされることを意味している．

2）DRAM

DRAM（Dynamic RAM）は，チップ内の微小なコンデンサ（condenser）に電荷を蓄えることにより記憶を行う．低速であるが安価なため，主にメインメモリに使用される．電荷は時間とともに減少するので，数十ミリ秒間に1回程度，再充電する必要がある．これをリフレッシュ（reflesh）という．記憶保持のために常にリフレッシュを行っているのでダイナミック（動的）の名称がつけられた．このリフレッシュ動作のためアクセス速度が遅くなる．

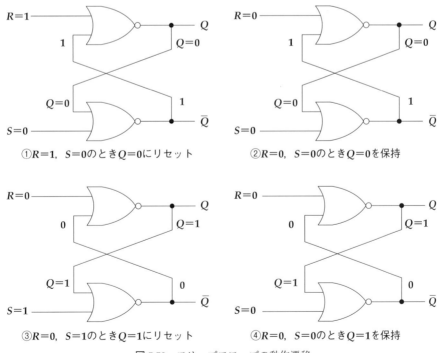

①$R=1$，$S=0$のとき$Q=0$にリセット　②$R=0$，$S=0$のとき$Q=0$を保持

③$R=0$，$S=1$のとき$Q=1$にリセット　④$R=0$，$S=0$のとき$Q=1$を保持

図5.59 フリップフロップの動作遷移

　なお，これらの回路はトランジスタを使用して実現できる．たとえば，5.3節で説明したNOTゲートはトランジスタ1個で，NANDゲートとNORゲートはトランジスタ2個で実現できる．また，SRAMはトランジスタ4個で，DRAMはトランジスタ1個とコンデンサ1個で実現できる．したがって，コンピュータのダウンサイズの推移は，1チップにトランジスタを何個入れることができるかの集積技術の進歩に対応する．1960年ごろトランジスタの集積技術が開発され，1チップに数個のトランジスタを集積できるようになった．その集積回路をIC（Integrated Circuit）と呼ぶ．1970年代に入ると数千個のトランジスタを集積したLSI（Large Scaled Integrated circuit）が，さらに，1980年代に入ると数万個以上のトランジスタを集積できるVLSI（Very LSI）が開発された．1990年代には，数百万個以上のトランジスタを集積できるようになった．このようにして，チップ化されたCPUやメモリなどが小さなプリント基盤の上に乗るようになり，それらがプリント配線により接続され，コンピュータの小型化が実現した．

(2)　磁気記録

　磁気記録方式には大別すると水平記録方式と垂直記録方式がある（図5.60）．現在のハードディスクドライブ（HDD：Hard Disk Drive）の製品はすべて水平記録方式で行われている．ハードディスクは，円形のアルミまたはガラスの基板に厚さ数十nm（ナノメートル＝10^{-9}m）の磁性体金属膜の層を作り，この上に厚さ100Å（オングストローム＝10^{-10}m）程度の炭素の保護膜をつけたものである．これをプラッタ（platter）と呼ぶ．このプラッタをディスクの面上数十nmで浮上するヘッド（head）で磁化させることにより記録が行われる．記録電流が記録ヘッドのコイルに流れると，電流の方向に応じてディスクの磁性膜が磁化され，データが記録される．記録されたデータの読み出しはディスクの磁化が反転しているところが信号のピークに対応し，このピークを検出することによって行う（図5.61）．

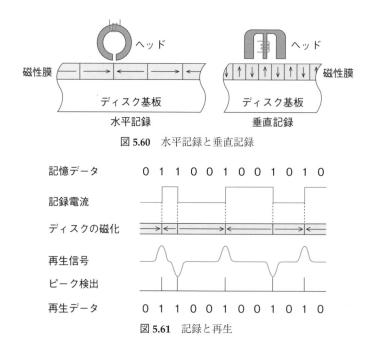

図5.60　水平記録と垂直記録

図5.61　記録と再生

1990年代に入りソフトウェアの肥大化やマルチメディアデータ処理のため大容量のハードディスクが要求されるようになった．同じ大きさのディスクで容量をより大きくするためには，面記録密度を高める必要がある．面記録密度は次式で求められる．

面記録密度＝線記録密度×トラック密度（ギガビット／平方インチ）

線記録密度はトラックの円周方向の単位長さ当たりの記録ビット数，トラック密度はディスクの半径方向の単位長さ当たりのトラック数である．長さの単位としては一般にインチ（1インチ＝2.54cm）が使われる．線記録密度が高いほどトラック当たりの容量が大きくなる．またトラック密度が高いほどディスク1枚当たりのトラック数が多くなり，シリンダ数も増える．内側のトラックと外側のトラックが等しい容量であれば，内側のトラックの線記録密度が高くなる．半径方向でいくつかのゾーンに分けて，ゾーン間で線記録密度に大きな差ができないように調整している．

プラッタの高密度化にともない，データを読み書きするためのヘッドも，薄膜ヘッドから，MRヘッド（Magneto Resistive Head：磁気抵抗ヘッド），GMRヘッド（Giant MR Head：巨大磁気抵抗ヘッド），TMRヘッド（Tunnel MR Head：トンネル磁気抵抗ヘッド）と進化を続けている．最近では，$400\mathrm{Gb/in^2}$の面記録密度をもつ製品も登場している．これは1インチ四方に4000億ビット（500億バイト）の情報を書き込めることを意味している．この情報量は，文書1ページを1000文字（2000バイト）とすると，約2500万ページ分に相当する．多くの製品は水平記録方式を採用しているが，2015年に垂直記録方式を採用した10TBのハードディスクが発表された．

(3) 光記録

CDやDVDは光記録の原理を利用している．光はその波長からレンズによって直径が$1\mu\mathrm{m}$（ミクロン＝10^{-6}メートル）程度のスポットに絞ることができる．この性質を利用して高密度の記録再生が行われる．ディスクの表面にピット（pit）と呼ばれる直径約$1\mu\mathrm{m}$の凹凸を作っておき，これにレンズで絞られたレーザー光を照射して反射の違いによって記録信号を検出する．光ディスク装置は，記録密度は高いが，ディスクの回転が遅いことや光ピックアップの位置決めに時間がかかるため，ハードディスクドライブに比べるとアクセススピードは遅い．

◆ できないことがよいこと？

普通は「できない」より「できる」ほうがよいと思いませんか？　RAMは読み書きの両方ができて，ROMは読むことしかできません．「RAMのほうがよいね．ROMはいらないね．」と思うかもしれません．でも，「読むだけしかできない」ことが大切である場面があるのです．「読むことしかできない」ということは「書き込めない」ことを意味します．書き換えられては困るプログラムやデータを記憶するのにROMは使用されます．何と一番大切なものを容れておく器として重宝されているのです．みなさんも「できない」ことを逆手に利用することを考えてみませんか．

5.4.2　コンピュータの記憶階層

　記憶装置は，高速にアクセスできることと，大容量であることが要求されている．しかし，高速アクセス可能な素子ほど単位容量当たりのコストが高く，大容量記憶には向かない．コンピュータのなかではこれらの相反する2つの要求を解消する手段として，図5.62に示すようにピラミッド状に記憶の階層化を行っている．これを記憶階層（memory hierarchy）という．図5.62のなかで，縦軸はアクセスのスピードを，横軸は記憶容量の大きさを示している．CPUに近い記憶階層の上にある装置ほど速く読み書きができるが記憶容量は小さい．一方，記憶階層の下にある装置ほどアクセスは遅いが記憶容量は大きい．隣接する階層の間では処理を効率的に行うために，アクセス時間が近いものを配置する．コンピュータでは，このように記憶素子や記憶装置の階層化を行うことによって，コストをおさえて高速処理が行えるように工夫している．

(1)　汎用レジスタ
　汎用レジスタは，CPUの中にある記憶場所であり，記憶階層のなかで一番上にある．汎用レジスタのアクセス時間は数ナノ秒程度で，容量は最大でも数百バイト程度である．

(2)　キャッシュメモリ
　キャッシュメモリは，汎用レジスタとメインメモリとの間のアクセス速度のギャップを埋めるための記憶階層である．最近のCPUでは，キャッシュメモリはCPU内部にあり，その中で階層化している．たとえば，あるCPUでは，1次キャッシュは命令用の32KBとデータ用の32KBを合わせた64KB，2次キャッシュは1MB，3次キャッシュは8MBで構成している．1次キャッシュでは5クロックサイクル程度，2次キャッシュでは15クロックサイクル程度，3次キャッシュでは30クロックサイクル程度でデータにアクセスできる．

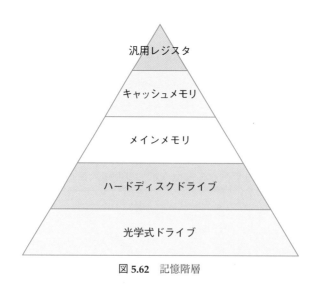

図5.62　記憶階層

(3) メインメモリ

メインメモリの容量は，現在のパソコンで数 GB 程度である．アクセス時間は数ナノ秒（ns）から数十ナノ秒（ns）である．CPU の性能が高くても，メインメモリの容量が小さいと，CPU の性能を活かすことができず，パソコン全体の性能も落ちてしまう．そのような場合，メモリカードを追加してメインメモリの容量を増やすことを考慮する必要がある．

(4) ハードディスクドライブ

補助記憶装置であるハードディスクドライブは，プログラムやデータを記憶しておき処理に必要な部分をブロック単位でメインメモリにもっていき，CPU で処理を行う．アクセス時間は数ミリ秒から数十ミリ秒，容量は数 TB である．

(5) 光学式ドライブ

光学式ドライブの扱える媒体として，CD，DVD，BD（Blu-ray Disc）がある．それぞれの媒体の記憶容量は，700MB 程度（CD），最大 17GB（DVD），最大 50GB（BD）である．

◆ **日本発の技術**

　コンピュータには日本の技術者が創り出したものが多数あります．世界最初の CPU であるインテル 4004 を開発した中心人物のひとりは嶋正利です．CD や DVD，BD は日本のメーカーが中心となって開発を競い合い，最終的には，DVD は東芝が，CD と BD はソニーが中心となって開発した規格が業界標準となりました．また，USB メモリなどで広く使用されているフラッシュメモリは舛岡富士雄が発明しています．さらに，情報提供の手段としてよく用いられる 2 次元コードの QR コードは日本のデンソー社の発明です．液晶ディスプレイのバックライトなどに使用されている青色 LED（発光ダイオード）は，赤﨑勇氏と天野浩氏と中村修二氏によって開発され，彼らは 2014 年にノーベル物理学賞を受賞しました．さらに，ノートパソコンのバッテリーとして使用されているリチウムイオン電池を開発した吉野彰氏も 2019 年にノーベル化学賞を受賞しました．このように，現在のコンピュータは日本発の技術によって支えられています．

演習問題

1. コンピュータと電卓の違いを説明しなさい．
2. コンピュータを構成する主要な 5 つの装置の名称と機能を述べなさい．
3. 身近にあるパソコンの本体がどういう装置とつながっているかについて調べなさい．
4. 身近にあるパソコンについて以下の仕様を調べなさい．
   (1) CPU の名称とクロック周波数
   (2) メインメモリとキャッシュメモリの記憶容量
   (3) ハードディスクの記憶容量
   (4) ディスプレイのサイズと解像度
   (5) 光学式ドライブが扱えるディスクの種類
   (6) USB インタフェースの数

5. 平均命令実行時間が 40 ナノ秒（ns）の CPU の MIPS 値を求めなさい.

6. RAM の種類と特徴を言いなさい.

7. 代表的なポインティングデバイスを 2 つあげなさい.

8. ディスプレイの性能を表現する指標について説明しなさい.

9. プリンタの性能を表現する指標について説明しなさい.

10. 1 トラック当たりの記憶容量が 40KB, 1 シリンダ当たりのトラック数が 20 トラック, 1 ドライブ当たりのシリンダ数が 1000 シリンダのハードディスクドライブの記憶容量を求めなさい.

11. RAID の種類について調べなさい.

12. 次の論理式を計算しなさい.

    (1) $x \cdot 1$

    (2) $x + 1$

    (3) $x \cdot 0$

    (4) $x + 0$

    (5) $x \cdot x$

    (6) $x + x$

    (7) $x = 1$, $y = 0$ のとき, $z = x \cdot y + x + y$ を計算しなさい.

13. 半加算器が真理値表どおりの出力信号を出すことを確かめなさい.

14. パソコンの記憶階層について説明し, 各階層の記憶装置の特徴を述べなさい.

15. キャッシュのアクセス時間を 10ns, メインメモリのアクセス時間を 50ns とした場合, ヒット率が 0.1, 0.3, 0.5, 0.7, 0.9 の場合の実効アクセス時間を計算し, グラフに書いてみなさい.

16. ハードディスクの直径 4cm のトラックの線記録密度が 100Kbpi とした場合, 1 トラックの記録容量を求めなさい. さらに, 7200rpm のハードディスクの平均シーク時間が 8ms とし, 32KB のデータを読み出す場合の平均アクセス時間を計算しなさい. ただし, トラック上に同じ線記録密度でデータが書かれていると仮定し, 1 インチ = 2.54cm とする.

文献ガイド

[1] 猪平進, 斎藤雄志, 高津信三, 出口博章, 渡辺展男, 綿貫理明：ユビキタス時代の情報管理概論―情報・分析・意思決定・システム・問題解決, 共立出版, 2003.

[2] 日経バイト編：最新パソコン技術大系 2003, 日経 BP 社, 2003.

[3] 情報処理学会編：情報処理ハンドブック, オーム社, 1989.

[4] 江村潤郎：図解コンピュータ百科事典, オーム社, 1986.

[5] 綿貫理明, 小林潔：走査型プローブ顕微鏡による超高密度記録技術の動向, 情報科学研究, 16, 専修大学情報科学研究所, pp.49-63, 1996.

[6] 魚田勝臣編著：グループワークによる情報リテラシ―情報の収集・分析から, 論理的思考, 課題解決, 情報の表現まで― 第 2 版, 共立出版, 2019.

[7] ソニー株式会社 Web ページ：Sony History　第 2 部　第 8 章「レコードに代わるものはこれだ」〈コンパクトディスク〉, https://www.sony.com/ja/SonyInfo/CorporateInfo/History/SonyHistory/2-08.html（2022.12.2）.

[8] 大曽根匡：コンピュータの歴史探訪, 情報科学研究, 30, 専修大学情報科学研究所, pp.79-99, 2010.

第6章

ソフトウェアの役割

　この章では，ソフトウェアについて広く学ぶ．コンピュータはハードウェアとソフトウェアがそろって初めて機能するものなので，ソフトウェアを学ぶことはきわめて重要である．

　ここでは，まずソフトウェアの定義とその役割，重要性について学ぶ．その後，ソフトウェアにはどのような種類があるかを学び，それぞれがもっている役割と特徴について学ぶ．そして，ソフトウェアの重要性を知った上で，その開発方法の基本的な事柄を学ぶ．

　最後に，情報システムを考える上で重要な概念であるファイルとデータベースについて学ぶ．

6.1　ソフトウェアとは

　ソフトウェアとは，コンピュータのハードウェアを効率よく使うための情報およびその扱い方を総称したもので，コンピュータのソフトウェアを指す場合と，もっと広く音楽・映画やテレビ番組などのコンテンツなども含めたものを指す場合がある．この章で対象とするのは，コンピュータのソフトウェアであり，狭義にはプログラムの集まりのことである．

6.1.1　ハードウェアとソフトウェアの関係

　ハードウェアとはコンピュータの機械そのもの，または機械を構成する部品を意味するのに対し，ソフトウェアとはコンピュータを動かすための情報を意味する．コンピュータはハードウェアとソフトウェアがそろって初めて機能する．SONY や任天堂などのゲーム機も，スマートフォン（smart phone）やタブレット端末も仕組みは同じである．ゲーム機の場合は，本体がハードウェアで，これらの機器で実行されるゲームがソフトウェアに対応する．

6.1.2　ソフトウェアの役割と重要性

　バリー・ベーム（Barry William Boehm）が 40 年以上前に予測したように（図 6.1 参照），情報システムにかかるコストの大半がソフトウェアに関連するものである[1]．つまり，情報システムのほとんどがソフトウェアで成り立っているといっても過言ではない．

　さらに情報システムだけでなく，私たちが日常生活でよく利用しているスマートフォンやカーナビゲーションシステム，デジタル家電と呼ばれる機器の中にも，GPS や各種センサを制御するための非常にたくさんのソフトウェアが入っている．これらのソフトウェアによって，機器は常時制

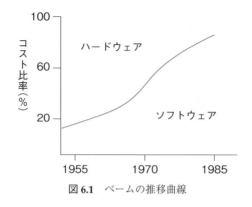

図 **6.1**　ベームの推移曲線

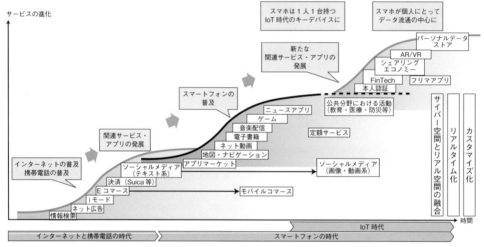

図 **6.2**　スマートフォン関連サービス・アプリ変遷の概念図（出典：総務省「スマートフォン経済の現在と将来に関する調査研究（平成 29 年）」）

御され，利用者からの指示を受けて機能するだけでなく，状況を把握して画面や音声などで知らせてくれたりもする．さらに近年，スマートフォンでは FinTech やシェアリング・エコノミー，AR/VR といったサービスも提供されはじめている（図 6.2 参照）．この利便性の向上に伴って，ソフトウェアのサイズも非常に大きくなってきている．

　また，ソフトウェアがスマートフォンなどのさまざまな機器や情報システムを利用する際に重要な役割を果たすようになるにつれて，その信頼性も非常に重要になってきている．なぜならばソフトウェアにはバグ（bug，間違い）がつきものであり，情報システムが止まってしまうと，利用者や関係者に多大な影響を及ぼすからである．特に，銀行の ATM や，航空機や鉄道などの管制システム等の巨大で重要な情報システムにトラブルがあった場合は，社会的な影響がきわめて大きくなる．

　情報化社会といわれる今日，スマートフォンや情報システムなしの生活は考えられず，今後，ソフトウェアの重要性はますます高まっていくといえる．したがって，理系の学生だけではなく，文系の学生にとってもソフトウェアについて学ぶことの意義はきわめて大きい．

6.2 ソフトウェアの種類

コンピュータを動かすためのソフトウェアには，いくつかの種類がある．ここではその仕事別に，**BIOS**（Basic Input/Output System），**OS**（Operating System），アプリケーションソフトウェア（「アプリ」や「App」などと略されることも多い）の3つに分けて説明する．BIOS，OS，アプリケーションソフトウェアという3種類のソフトウェア，およびハードウェアの関係を図6.3に示す．

また，本節の最後でソフトウェアの新しい提供形態についても少し触れる．

6.2.1 BIOS

図 **6.3** ソフトウェアの種類と位置付け

BIOS（Basic Input/Output System）とは，コンピュータを構成するメモリやハードディスクなどの装置に不具合がないかどうかチェックし，コンピュータに接続されたディスクドライブ，キーボード，ビデオカードなどの周辺機器を制御するプログラム群のことである．これらの機器に対する基本的な入出力手段をOSやアプリケーションソフトウェアに対して提供する「縁の下の力持ち」的な役割を担うソフトウェアである（図6.4）．

BIOSは，電源を切っても内容が消えないROM（Read Only Memory）に組み込まれており，コンピュータの電源を入れたときに最初に動くプログラムである．なお，BIOSがないとコンピュータを起動することはできない．

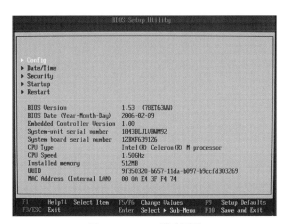

図 **6.4** BIOS の設定画面

6.2.2　OS

OS（Operating System）は，日本語では基本ソフトウェアという．OS はキーボード入力や画面出力といった機能や，ディスクやメモリの管理など，多くのアプリケーションソフトウェアで共通して利用される基本的な機能を提供し，コンピュータシステム全体を管理するソフトウェアである．

　OS の提供する機能を利用することによって，ソフトウェアの開発者は開発の手間を省くことができるだけでなく，アプリケーションソフトウェアの操作性を統一することができる．また OS は，CPU の違いや搭載しているメモリの量，接続されている外部記憶装置や入出力機器の違いなど，各利用者のハードウェアの仕様の違いを吸収してくれるため，ある OS 向けに開発されたソフトウェアは，基本的にはその OS が動作するどんなコンピュータでも利用することが可能である．

　OS の主な機能を以下に示す．

- **ジョブ管理**：CPU を効率よく利用するため，一連の仕事（ジョブ）の手順が効率よく行えるように管理する機能
- **タスク管理**：複数のプログラムを同時に実行（マルチタスク）するために，プログラムの実行単位であるタスク（ジョブを分解した OS 側から見た処理の単位）を管理する機能
- **データ管理**：プログラムやデータを保存したり，呼び出したりする機能
- **記憶管理**：主記憶装置を効果的に利用する機能
- **入出力管理**：入出力装置を適切に管理する機能
- **通信管理**：複数のコンピュータ間で通信を行うための機能
- **運用管理**：コンピュータシステムの運用状況を把握し，システムの稼動状況・障害対応・記憶情報の保護などを管理する機能
- **障害管理**：コンピュータシステムに障害が生じた場合に，他に影響を及ぼさないように障害を回復する機能

　さらに，OS は利用者が使いやすいインタフェースを提供するソフトウェアでもある．人間が直感的に理解しやすいのは，言うまでもなく言葉ではなく絵や図である．このような視覚に訴えてコンピュータを操作できるようにしたのが **GUI**（Graphical User Interface）である．GUI とは，ユーザに対する情報の表示にアイコンと呼ばれるグラフィックを多用し，大半の基本的な操作をマウスなどのポインティングデバイスによって行うことができるユーザインタフェースのことである．GUI の発想は古くからあるが，本格的に実現されたのはアップル社のパソコン「Macintosh」（図6.5）からである．

　Macintosh 登場以降，ほとんどのパソコンではディスプレイ上に異なる複数の窓（ウィンドウ）を表示するマルチウィンドウ（multi-window）機能をもっている．この機能は，ウィンドウごとに別々のソフトウェアを動かすことが可能であり，マルチタスクを実現している．ウィンドウの大きさや位置，枠の色などの変更や，ひとつの画面上に紙を重ねる感じでいくつものウィンドウを表示することが可能で，その上下関係（どれを一番上にもってくるか）も自由に変更できる．

　また最近の OS には音声入力機能が備っており，AI 技術を使用したアップル社の「siri」のよう

図 6.5 Macintosh

な仮想アシスタント（バーチャルアシスタント）機能も提供されるようになってきている.

現在のパソコンの代表的な OS には，マイクロソフト社の Windows や，アップル社の macOS，グーグル社の ChromeOS，Linux などがあり，スマートフォンやタブレット端末の代表的な OS にはグーグル社の Android やアップル社の iOS などがある．以下でその詳細について説明する.

(1) **Windows**（図 6.6 (a)）

Windows は，マイクロソフト社のパソコンおよびタブレット端末向け OS である．2021 年に Windows 11 がリリースされた.

(2) **macOS**（図 6.6 (b)）

macOS は，アップル社の OS で，2022 年に macOS 13 がリリースされた．他のアップル社の製品との連携が容易になっている.

(3) **ChromeOS**（図 6.6 (c)）

ChromeOS は，グーグル社が開発した OS で，Android アプリを実行することができるようになっている.

(4) **Linux**（図 6.6 (d)）

1991 年にヘルシンキ大学の学生であったリーナス・トーバルズ（Linus Benedict Torvalds）が UNIX[1]をもとにして開発したフリーソフトの OS である．ソースコードはインターネット上に公開されており（オープンソース），誰でも無料で入手・利用できる．利用して問題点が発見されると，インターネット上の専門家が即座に対処するため，操作が軽快で安定性が高い OS として注目を集めている.

---

1 アメリカ AT&T 社のベル研究所で開発されたマルチユーザ対応の OS で，完全なマルチタスク機能を搭載し，ネットワーク機能や安定性に優れ，セキュリティ強度が高いことで知られている.

(a)　Windows

(b)　macOS

(c)　ChromeOS

(d)　Linux

(e)　Android

(f)　iOS

図 6.6　代表的な OS

(5)　**Android**（図 6.6(e)）

Android はグーグル社が開発・提供しているスマートフォンやタブレット端末用の OS で，無償で利用可能である．

(6)　**iOS**（図 6.6(f)）

iOS はアップル社が開発・提供しているスマートフォンやタブレット端末用の OS で，マルチタッチや加速度センサなどの機能をもつ．

6.2.3 さまざまなアプリケーションソフトウェア（アプリ）

コンピュータを活用するためにはソフトウェアが必要である．ここでは，コンピュータを有効に活用するための代表的なソフトウェア（アプリ）について概観する．

(1) メール

メールソフトとは，電子メールの作成や送受信，受信したメールの保存・管理を行うソフトウェアのことである．受信したメールを発信元などの情報に基づいて自動的に複数の受信箱に振り分けたり，メールアドレスを管理する「アドレス帳」の機能をもつものもある．最近は Gmail に代表されるような，WWW ブラウザがあれば利用することができる Web メールもだいぶ普及してきている．

代表的なメールソフトとして，マイクロソフト社の統合メッセージングソフトウェアである「Outlook」や，Mozilla Foundation が開発した「Thunderbird」などがある．

◆ CUI と GUI

ユーザインタフェースには，大きく分けて CUI（Character-based User Interface）と GUI の 2 種類が存在します．CUI とは，ユーザに対する情報の表示を文字によって行い，すべての操作をキーボードで行うユーザインタフェースのことです．CUI は Windows のコマンドプロンプト（図 6.7）のように，画面上に命令の入力を促すプロンプト（prompt）と呼ばれる文字列が表示され，ユーザがそれに続けてキーボードからコマンド（command，命令）を入力し，コンピュータに指示を与えます．コンピュータは指示に応じて処理を行い，処理過程や結果を出力し，再び入力が可能な状態になるとプロンプトを表示します．このような処理を繰り返すことで，対話式に作業を進めていきます．

図 6.7 CUI の例（コマンドプロンプト）

CUI と GUI には，その操作性などにさまざまな違いがありますが，あくまでユーザインタフェースが異なるだけで機能が変化するわけではありません．GUI によって提供される便利な機能もありますが，CUI ではできないという機能はほとんどありません．また，GUI を動作させるためにはそれなりのハードウェアのスペックが必要となりますが，CUI の環境ではハードウェアのスペックはあまり必要ありません．古いパソコンや，性能の低いパソコンでも快適に動作することが多く，熟練者の中には CUI を好むユーザも少なからず存在しています．

(2) WWW ブラウザ

WWW ブラウザとは，Web ページを閲覧するためのソフトウェアのことである．インターネットから HTML ファイルや画像ファイル，音楽ファイルなどをダウンロードし，レイアウトを解析して表示・再生する．入力フォームを使用してデータを Web サーバに送信したり，Java や JavaScript などのプログラミング言語（詳細については 6.5.2 項を参照のこと）や，Adobe Animate[2] などで記述されたソフトウェアやアニメーションなどを動作・再生させる機能ももつ．

　代表的な WWW ブラウザとして，マイクロソフト社の「Microsoft Edge」や，アップル社の「Safari」，Mozilla Foundation が開発した「Firefox」，グーグル社が開発した「Google Chrome」などがある．

(3) SNS／コミュニケーションアプリ／ Web 会議システム

SNS（Social Networking Service）とは，人と人とのつながりを促進・支援する，コミュニティ型の Web サイトおよびネットサービスのことである．コミュニケーションアプリとは，スマートフォンなどのモバイル端末を主な対象とし，友人や知人と手軽にコミュニケーションをとる機能を提供する．Web 会議システムとは，遠隔地点とインターネットを通じて映像・音声のやり取りや，資料の共有などを行うことができるコミュニケーションツールで，チャット機能や，ファイルデータの送受信などの機能も有する．

　代表的な SNS として，世界最大の SNS である「Facebook」や，短いつぶやきを投稿・共有する「Twitter」，写真の投稿・共有を中心とする「Instagram」，ビジネスの繋がりに焦点を絞った「LinkedIn」などがある．代表的なコミュニケーションアプリとして，「LINE」や「Facebook」の機能の一部であった「Messenger」，IP 電話を主要機能とする「Skype」がある．代表的な Web 会議システムとして，マイクロソフト社の「Teams」，グーグル社の「meet」，「zoom」がある．

(4) テキストエディタ・ワープロソフト

テキストエディタとは，文字のみのファイル（テキストファイル）を作成・編集するためのアプリケーションソフトウェアのことである．代表的なテキストエディタとしては，Windows に付属する「メモ帳」や，macOS に付属する「テキストエディット」などがある．それに対して，ワープロソフトとは，文書を作成するためのアプリケーションソフトウェアのことである．ワープロソフトは文字のフォントや大きさを調整したり，文章の合間に罫線や表や図を埋め込んだり，字送りや行間の調整をしたりといった機能をもっている．こうした高い表現能力と，作成された文書を印刷することを前提としている点で，テキストエディタとは異なる．

　代表的なワープロソフトとして，マイクロソフト社の Microsoft Office の一部として提供されている「Word」や，ジャストシステム社の「一太郎」，アップル社の「Pages」がある．また，Microsoft Office と高い相互運用性をもち，無料で入手できて自由に使える統合オフィスソフト OpenOffice.org（オープンオフィス）の一部として提供されている「Writer」や，WWW ブラウザ内で動くグーグル社の「Google ドキュメント」もある．

2　アドビシステムズ社による，動画やゲームなどを扱うためのソフトウェア（旧称は Adobe Flash Professional）．

(5) 表計算

表計算ソフトとは，数値データの集計・分析に用いられる作表アプリケーションソフトウェアのことである．縦横に並んだセルと呼ばれるマス目に数値や計算式を入力していくと，表計算ソフトが自動的に計算式を分析し，所定の位置に計算結果を代入してくれる．セルが並んだ表を「スプレッドシート」と呼ぶ．

代表的な表計算ソフトとして，マイクロソフト社の Microsoft Office の一部として提供されている「Excel」や，アップル社の「Numbers」がある．また，前述した OpenOffice.org の一部として提供されている「Calc」や，グーグル社の「Google スプレッドシート」もある．

(6) プレゼンテーション

プレゼンテーションソフトとは，発表会や会議などで使用する資料を作成・表示するためのアプリケーションソフトウェアのことである．スライド形式で資料を作成し，発表の際はスクリーンに表示され，プレゼンターの指示や，作成時に設定したスケジュールに沿ってそのスライドを順次表示する「スライドショー」といった形で使用される．スライドからスライドへの移行にはさまざまなアニメーション効果が利用可能であり，スライド上に要素が増えていくような見せ方もできる．

代表的なプレゼンテーションソフトとして，マイクロソフト社の Microsoft Office の一部として提供されている「PowerPoint」や，アップル社の「Keynote」がある．また，前述した OpenOffice.org の一部として提供されている「Impress」や，グーグル社の「Google スライド」もある．

(7) データベース

データベースソフトとは，大量のデータ（文字データ，数値データ，画像データなど）を蓄積し，条件を満足するデータを検索，抽出，合成できるようにしたソフトウェアである．データベースは，企業における社員情報の管理，図書館における図書の管理，社団法人などでの会員情報の管理，大学における成績管理など，広い分野で利用されている．また，個人でも住所の管理などで利用していることが多い．

パソコン用の代表的なデータベースソフトとして，マイクロソフト社の「Access」や，クラリス社の「File Maker」がある．また，前述した OpenOffice.org の一部として提供されている「Base」もある．

(8) セキュリティ

セキュリティソフトとは，コンピュータの安全性を高めるソフトウェアの総称である．ウイルスの感染を阻止したり，感染したウイルスなどを除去したりするアンチウイルスソフトや，ネットワークを介した攻撃や侵入を防ぐファイアウォールソフトなどがこれにあたる．ほかにも，スパムメールを除去するメールフィルタリングソフトや，有害なサイトを閲覧できなくする Web コンテンツフィルタリングソフト，スパイウェアの侵入を防ぎ，駆除を行うスパイウェア対策ソフトや，ファイルを暗号化し他人からは閲覧ができなくなる暗号化ソフトなども，セキュリティソフトの一種である．現在では，2005 年 4 月に個人情報保護法が施行されたこともあり，個人情報を保護するためのセキュリティソフトも多く登場している．

代表的なセキュリティソフトとして，Windows に標準でインストールされているマイクロソフ

ト社の「Windows Defender」やノートン社が開発・販売している「ノートン・インターネットセキュリティ」，トレンドマイクロ社が開発・販売している「ウイルスバスター」などがある．また，機能面では若干劣るが無料で利用できるものとして「avast」や「AVG」などもある．

(9) 画像処理・管理

　画像処理ソフトとは，写真を加工したり，図形を描いたりするソフトウェアの総称である．用途がさまざまなため，非常に多くの種類のソフトウェアが存在する．画像管理ソフトとは，デジタルカメラなどに収めたデジタル画像を，パソコン上で表示や編集，印刷などを行うためのソフトウェアの総称である．最近のデジタルカメラやデジタルビデオカメラには，この画像管理ソフトが付属品として同梱されていることが多い．

　代表的な画像処理ソフトとして，アドビシステムズ社の「Photoshop」と「Illustrator」がある．「Photoshop」は，画像編集アプリケーションソフトウェアで，プロ向けの画像編集ソフトの定番として幅広く利用されている．「Illustrator」は，画像を点の座標や点を結ぶ曲線の方程式のパラメータなどの形で扱うベクターグラフィックスを作成・編集するソフトウェアで，こちらも主にプロをターゲットとした製品ある．このほかに，マイクロソフト社の「フォト」や，アップル社の「写真」アプリ，グーグル社の「Google フォト」などがある．また，無料で利用できる高機能な画像編集ソフトウェアとして「gimp（GNU Image Manipulation Program）」などもある．

(10) データ解析

　データ解析ソフトとは，コンピュータの最も重要な役割のひとつであるデータの解析を行うソフトウェアの総称である．前述した表計算ソフトもデータ解析ソフトの一種であり，多様な機能をもっているが，データをより精密かつ多面的に解析するには，そのための専用のソフトウェアが必要になる．

　代表的なデータ解析ソフトとして，「IBM SPSS Statistics」と「Mathemathica」がある．「IBM SPSS Statistics」は IBM が販売する統計パッケージソフトの名称であり，統計パッケージソフトの代表的な製品である．「Mathemathica」は，スティーブン・ウルフラム（Stephen Wolfram）が考案し広く使われている数式処理ソフトである．また，オープンソースなフリーソフトで，拡張性の高い統計解析ソフトである「R」などもある．

◆ インストールとは

　パソコンを使って何らかの作業をするためには，そのためのソフトウェアが必要です．最近のほとんどのパソコンには，買ったその日からすぐに使えるように，いろいろなソフトウェアがあらかじめ組み込まれていることが多いですが，あらかじめ組み込まれていないソフトウェアを利用したい場合は，そのソフトウェアを CD-ROM や DVD-ROM，USB メモリなどの記憶媒体やインターネットから，自分でパソコンに組み込む必要があります．この作業をインストール（install）と呼びます．通常は，ほとんどの商用ソフトウェアに付属しているインストーラ（installer）と呼ばれるインストール作業を支援するソフトウェアを用いてインストールを行います．

　また，インストールされたアプリケーションソフトを削除し，導入前の状態に戻すことを「アンインストール（uninstall）」といいます．

6.2.4 新たなソフトウェアの提供形態

　必要な機能を必要な分だけサービスとして利用できるようにしたソフトウェアの提供形態として，SaaS（Software as a Service）が注目を集めている（近年，クラウドコンピューティングという言葉が普及し，SaaS はその一形態と呼ばれるようにもなってきている）．

　従来は，ユーザは自分のもつコンピュータ上でソフトウェアを稼働させ，利用する形態であったが，SaaS では，ソフトウェアを提供者（プロバイダ）側のコンピュータで稼働させ，ユーザはそのソフトウェア機能をインターネットなどのネットワーク経由でサービスとして使用する形態を取る．代表的なものとして，前述したグーグル社の提供する「Google ドキュメント」やマイクロソフト社の提供する「Office Online」などがあげられる．

6.3 汎用機やサーバのソフトウェア

　企業の基幹業務などに利用される大規模なコンピュータは汎用機（別名：メインフレーム，mainframe，図 6.8）やサーバ（server）と呼ばれる．汎用機は通常，各ベンダ企業の専用部品で一体設計されており，ベンダ企業独自の OS によって構築されていることが多い．一方，サーバとは，業務用の比較的大型で信頼性を重視したコンピュータのことで，Windows や UNIX，Linux 等の OS によって構築されている．

　汎用機は複数業務の多重処理性能，安定性，セキュリティ面で優れていることから，1970 年代には自治体の基幹システムや金融機関の勘定系システムで盛んに導入された．しかし 1990 年代以降，サーバ導入による業務システムの分散化が進むにつれて，汎用機の需要は減少している．しかし，サーバの「信頼性」や「運用コスト」面でのデメリットと，汎用機の「性能」や「信頼性」における優位性を重視し，継続して汎用機を利用するユーザが少なからず存在していることも事実である．

　そこで，ここでは汎用機やサーバのソフトウェアの概要とパソコンのソフトウェアとの違いについて述べる．

6.3.1 汎用機やサーバの OS

　汎用機やサーバは，多数の仕事を同時にこなす必要があるため，OS にもそのための配慮がなされている．また，障害が発生した場合の影響が大きいので，信頼性の確保に関しても特に配慮がなされている．ここでは，パソコンの OS と比較した場合に言及しておくべき機能である「多次元処理」，「運用管理」，「資源管理」について述べる．

(1) 多次元処理

汎用機やサーバは，バッチ処理（batch processing），オンライン処理（online processing），およびタイムシェアリング処理（time-sharing processing）を同時に進める必要がある．したがって，汎用機やサーバのOSは，このような利用環境の下でターンアラウンドタイム（ひとつの仕事が始まってから終了するまでの時間）を最小にし，スループット（単位時間当たりに処理できる仕事の量）が最大になるようにコンピュータシステムを管理する機能を備えている．さらにオンラインシステムでは，レスポンスタイム（入力が完了してから結果を表示するまでの時間）を最小にする機能を備えている．

図 **6.8**　汎用機（写真提供：富士通㈱）

(2) 運用管理

汎用機やサーバは，不特定多数の人が同時に使うことを前提としているので，不正使用の防止（セキュリティ）機能や課金機能を備えている．また，自動運転など運用の省力化も可能にしている．

(3) 資源管理

汎用機やサーバは，システムが保有するすべての資源（中央処理装置，主記憶装置，入出力装置，外部記憶装置，通信回線など）の利用効率を高める必要があるので，そのための管理を行っている．

前述したように，汎用機やサーバはその用途の違いから，使用されるOSはパソコンのものとは異なる．ここでは，汎用機やサーバで使用される主なOSを表6.1で紹介する．

表 **6.1**　汎用機やサーバで使用される主な OS

汎用機（メインフレーム）専用 OS	サーバ用の OS	
z/OS	（UNIX 系の OS）	（Windows 系の OS）
MSP/XSP	HP-UX	Windows Server
VOS3	Solaris	
ACOS	AIX	
OS2200/MCP	Linux	
	OS X Server	

6.3.2 汎用機やサーバのアプリケーションソフトウェア

OS と同様に，汎用機やサーバはその用途の違いから，利用されるアプリケーションソフトウェアもパソコンのものとは異なる．汎用機やサーバ用に提供されるアプリケーションソフトウェアでは，個人がパソコンで利用するアプリケーションソフトウェアと比べ，高い信頼性が求められる．具体的には，以下に示すような性能が求められる．

・多数のユーザの同時アクセス
・連続稼働を可能にするための信頼性（reliability），可用性（availability），保守性（serviceability）
・保全性・完全性（integrity），機密性・安全性（security）
・拡張性

また，サーバ機能を実現するためには専用のソフトウェアが必要となる．サーバ機能を提供するサーバ用ソフトウェアの代表的なものを表6.2に示す．

表 6.2　代表的なサーバ用ソフトウェア

Web サーバ（HTTP サーバ）	WWW による情報送信機能をもったソフトウェア（**Apache** など）
メールサーバ	電子メールを配送するためのソフトウェア（**Sendmail** など）
FTP サーバ	**FTP**（**File Transfer Protocol**）を使用してファイルの送受信を行うソフトウェア
ファイルサーバ	**LAN** や **WAN** などのネットワーク上で，ファイルを共有するためのソフトウェア（**Samba** など）
プリントサーバ	ネットワーク上に配置されたあるプリンタを，複数のクライアントで利用できるように制御するソフトウェア

◆ 組込みソフト

　携帯電話を含む携帯端末，車載端末（カーナビなど），情報家電などのシステムに，部品として組み込まれたマイコン上で動作するソフトウェアのことを組込みソフトと呼びます．私たちが日常的に利用しているスマートフォンをはじめ，液晶テレビ，DVD レコーダなどのデジタル家電や自動車も，電子化，ソフトウェア化が進んでいて，身の回りにある機械（機器）のほとんどに，組込みソフトが内蔵されているといっても過言ではありません．

　AV 機器や家電製品，パソコン周辺機器や OA 機器，車載コンピュータなどに用いられる OS としては，坂村健が開始した TRON プロジェクトのサブプロジェクトで開発された μ ITRON 仕様 OS が日本においてはよく採用されています．そのほかには VxWorks，OS-9，QNX なども広く利用され，最近では強力なネットワーク機能により本来汎用 OS である NetBSD，OpenBSD，FreeBSD などの UNIX 系の OS にも注目が集まっています．

6.4　コンピュータに仕事をさせるには

　コンピュータに仕事をさせるには，プログラム（program）が必要である．プログラムを作成（プログラミング）するためには，まずコンピュータにやらせる作業自体を理解することと，コンピュータができる作業の限界を知る必要がある．

　プログラミングをするためには，まず対象とする作業の概要を理解する必要がある．そのために，まずコンピュータにやらせたい作業の範囲の設定と作業の手順を明確にする必要がある．
　なお，コンピュータは，以下に示す3つの制約をもつ道具なので，できる限り作業の範囲を明確にし，短文で細かく手順を記述する必要がある．

- ・コンピュータは，指示されたことしかしない
- ・コンピュータは，曖昧な表現は理解できない
- ・コンピュータは，長文を読解するのが苦手である

　作業手順を明確にする際には，データの変化に注目するとよい．なぜならば，コンピュータができることは，入力された何らかの情報を，加工し，その結果を蓄積または出力することだからである．また，作業手順の流れにも注目する必要がある．順番を意識して言葉で書いていくことも可能だが，作業の漏れや重複が生じる可能性が高いので，フローチャート（流れ図）などの作業の流れを視覚化するツールを使ったほうがよい．

6.4.1　フローチャート（流れ図）

　作業の流れを図で表したものをフローチャート（flowchart，流れ図）という．フローチャートの利点を以下に示す．

- ・図を用いて視覚的に表すことにより，文章だけよりも理解しやすい．
- ・自分の考えを明確にすることができるだけでなく，他人への説明が容易になる．
- ・間違いが発見された場合の修正が容易である．
- ・同じような処理があった場合に再利用できる．

　フローチャートでよく利用される記号を表6.3に示す．また，作成する際のポイントを以下にあげる．

フローチャートを作成する際のポイント

- ・フローは，上から下へスッキリと流れるようにする．
　フローチャートが見づらくなるので，矢印が横へ流れる（横から入る）パターンは避ける．
- ・「処理」および「判断」等への入力は原則としてひとつにする．

表 6.3 フローチャートでよく利用される記号

種類	意味	記号
端子	最初と最後に使用	
処理	計算や代入など	
入出力	ファイルへの書き出しや読み込み	
判断	IF などの分岐	

・「処理」の出力も原則としてひとつである．ただし，「判断」での分岐は，原則として２つである．
・基本的に線は交差させない．どうしても交差してしまう場合は，交差する線のつながりを明確にする．

6.4.2 フローチャートの作成

フローチャートを理解するには，実際に具体的な例でやってみるのが一番の近道である．ここでは，学生にとって身近な「登校」という作業を取り上げて実際にフローチャートを作成する．

(1) 単純なケース
以下のプロセスをフローチャートで記述する（図 6.9）．

家を出るときに天気を確認し，雨が降っていなければ自転車で大学に行くが，雨が降っていればバスで行く．

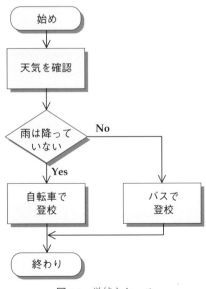

図 6.9 単純なケース

⑵　複雑なケース

以下のプロセスをフローチャートで記述する（図6.10）.

　家を出るときに，天気を確認し，雨が降っていなければ自転車で大学に行くが，天気予報を確認して予報が雨の場合は歩いて行く.雨が降っていればバスで行くが，警報が出るぐらいの大雨の場合は大学へは行かない.しかし，そもそも大学のポータルサイトで休講情報を確認して，授業が休講ならば大学へは行かない.

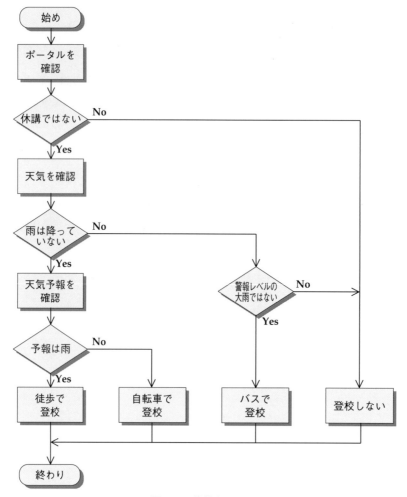

図 6.10　複雑なケース

 **6.5　プログラミング**

プログラムは，アルゴリズムとデータ構造の組合せである.これらは互いに密接に関連し合った

ものであり，別扱いすることはできない．したがって，プログラミングとは，アルゴリズムを考えると同時に，データ構造を考え，プログラミング言語を用いてプログラムを作成するプロセスである．

　プログラミングの流れを以下に示す．

1. プログラムの設計（アルゴリズムとデータ構造の設計）
2. プログラミング言語で記述（コーディング）
3. プログラムのテスト
4. 不具合の修正（デバッグ）

6.5.1　プログラムの設計（アルゴリズムとデータ構造の設計）

(1)　アルゴリズム

　アルゴリズム（algorithm）とは，JIS（Japan Industrial Standard，日本工業規格）の定義によると，「明確に定義された有限個の規則の集まりであって，有限回適用することにより問題を解くもの」となっている．要するにアルゴリズムとは，コンピュータを使ってある特定の目的を達成するための処理手順のことである．したがって，対象とする作業の概要をしっかりと理解し，6.4節で学んだフローチャートが正しく描ければ，アルゴリズムを考えることはそれほど難しくないと言える．ただし，6.4節で言及したように，コンピュータは明確な命令を必要とするので，このことを意識してアルゴリズムを考える必要がある．

　代表的なアルゴリズムとして，以下のものがある．

- 整列アルゴリズム
  データを昇順または降順に並べ替えるアルゴリズム
  例）バブルソート，クイックソート

- 5個のデータ列を昇順に並べ替えるアルゴリズム（バブルソート）

手順1：1番目のデータと2番目のデータを比較し，1番目のデータのほうが大きければ1
　　　　番目のデータと2番目のデータを入れ替える．

手順2：2番目のデータと3番目のデータを比較し，2番目のデータのほうが大きければ2
　　　　番目のデータと3番目のデータを入れ替える．

手順3：3番目のデータと4番目のデータを比較し，3番目のデータのほうが大きければ3
　　　　番目のデータと4番目のデータを入れ替える．

手順4：4番目のデータと5番目のデータを比較し，4番目のデータのほうが大きければ4
　　　　番目のデータと5番目のデータを入れ替える．

手順5：一度も入れ替えが発生しなかったら，終了する．入れ替えが発生していた場合は，
　　　　手順1から繰り返す．

• 探索アルゴリズム

大量のデータの中から目的のデータを見つけるアルゴリズム

例）線形探索，二分探索

• **5個の探索対象のリストから目的の値を探すアルゴリズム（線形探索）**

　手順1：リストの先頭から要素を取り出し，その値を目的の値と比較する．一致すれば探索終了．一致しなければ手順2へ．

　手順2：リストの2番目から要素を取り出し，その値を目的の値と比較する．一致すれば探索終了．一致しなければ手順3へ．

　手順3：リストの3番目から要素を取り出し，その値を目的の値と比較する．一致すれば探索終了．一致しなければ手順4へ．

　手順4：リストの4番目から要素を取り出し，その値を目的の値と比較する．一致すれば探索終了．一致しなければ手順5へ．

　手順5：リストの5番目から要素を取り出し，その値を目的の値と比較する．一致すれば探索終了．一致しなければ「見つかりませんでした」と表示して終了．

　また，アルゴリズムを考える際には効率も考える必要がある．なぜならば，効率のよい高性能のアルゴリズムを採用してプログラムを作成すれば，処理に必要な実行時間を短縮することができるからである．アルゴリズムの性能を評価するためには，データの入力量に対してどれくらい時間がかかるかを表した計算量という指標を用いる．

　また，一般的に，企業などで使われているシステムのプログラムは，気の遠くなるような複雑さをもったアルゴリズムになっている．こうしたプログラムをミスなく効率的に作ることを目的にした構造化プログラミング（structured programming）という考え方がある．この構造化プログラミングは，エドガー・ダイクストラ（Edsger Wybe Dijkstra）が提唱したもので，その考え方の基本は以下のとおりである．

• 大きなプログラムは手に負えないので，小さく簡単なプログラムに分解して作り，それを合成して構成する．
• プログラムでは，順次（連接），繰返し（反復）および選択の3つの基本構造（図6.11）だけを使用する．
• 飛越し（go to）はプログラムの構造を複雑にするので，なるべく使用しない．

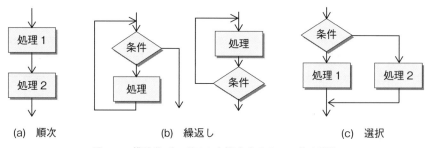

(a)　順次　　　　　　(b)　繰返し　　　　　　(c)　選択

図 **6.11**　構造化プログラムを構成する3つの基本構造

(2) データ構造

データ構造（data structure）の基本は変数（variable）と配列（array）である.

変数とはプログラム中で扱うデータを一時的に記憶する領域のことで，データを保管するための箱のイメージである. 変数の中に入れるデータの種類のことをデータ型という（詳細については4章を参照のこと）. 主なデータ型を表6.4に示す.

変数のデータ型を決めておくことで，プログラムの精度を向上させ，ミスを防止することができる.

配列とは，同じ型のデータを連続的に並べたデータ形式のことで，各データをその配列の要素といい，それらは添字（インデックス）で識別される.「配列」はほとんどのプログラミング言語に存在する最も基本的なデータ形式のひとつである.

配列とは，変数の箱が並んでいるイメージである（図6.12）. さらに，箱は一つひとつ独立ではなく，指定した個数だけ連続して存在している. 図6.12は，配列の箱が4つの「a」という変数（a[0]，a[1]，a[2]，a[3]）で，各箱（各要素）に「1」，「8」，「8」，「0」の値が入っている場合の例である.「配列」を工夫して使うことで，さまざまなデータ構造を実現できる.

プログラムを作成する際に用いる主なデータ構造を表6.5に示す. いずれのデータ構造も配列と密接な関係がある. 繰り返しになるが，アルゴリズムとデータ構造の関係は非常に密接なので，どのようなデータ構造をとればよいのかは，アルゴリズムと一緒に考える必要がある.

表6.4　主なデータ型

データ型	意味
char	文字型
int	整数型
float	浮動小数点型

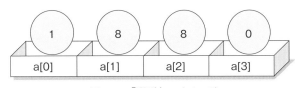

図6.12 「配列」のイメージ

表6.5　さまざまなデータ構造

名称	特徴
リスト	データのつながり情報をもっている
木構造	木のように枝分かれしたリストである
スタック	データを山のように積み上げて一時保存する
キュー	データを行列のように並べて一時保存する

◆ **プログラミング教育の重要性**

　近年，IT人材の不足などの問題解消に向けて，日本やアメリカで義務教育段階からプログラミング教育が検討・実施されるようになってきました．

　プログラミングができるようになると，いろいろなメリットがあります（図6.13）．プログラミングができないとコンピュータの用途は限定されたものになりますが，プログラミングができるようになると，コンピュータにとって何が得意で何が不得意かについてより深く理解することが可能になり，①これまで以上にコンピュータを活用できるようになります．

　また，プログラミングで学んだ専門知識や考え方は，②個人的に利用しているパソコンについてショップの店員に質問をするときや，仕事で利用しているシステムの改善をメーカーのサポートやSE（System Engineer）といったコンピュータの専門家に申し出る際に，非常に役立ちます．なぜならば，プログラムの中にコンピュータシステムに関する知識や考え方の大半が集約されているといっても過言ではないからです．

　さらにプログラミングは，物事を順序だてて考える訓練になるので，③論理的な思考力の向上にも役立ちます．これらのことから，理系・文系を問わずプログラミングを学習することは非常に有益なことなのです．

図6.13　プログラミングができる人

6.5.2　プログラミング言語で記述（コーディング）

　プログラミング言語（programming language）とは，プログラムを記述するための言語のことである．プログラミング言語は人間に理解できるように英語などを元に作られているため，そのままではコンピュータが実行することはできない．プログラミング言語で書かれたソースコードをコンピュータに実行させるためには，機械語の羅列（オブジェクトコード）に翻訳する必要がある．プログラミング言語は，この翻訳の形式によってコンパイラ型言語（compiler language）とインタプリタ型言語（interpreter language）に分類される．コンパイラ型言語は，コンパイラ（compiler）と呼ばれるソフトウェアを用いて，ソースコードが完成時に一括して翻訳作業（コンパイル（compile）と呼ぶ）を行う．インタプリタ型言語は，インタプリタ（interpreter）と呼ばれるソフトウェアを用いて，同時通訳のようにリアルタイムに実行することにより，あたかもソースコードを直接実行しているように処理する．

　最近では，簡易な言語仕様をもち，処理速度は遅いが小規模なプログラムを簡単に記述することができる簡易プログラミング言語が増えており，これをスクリプト言語（script language）と呼ぶことがある．

```
class BubbleSort{
    public static void main(String[] args){
        int[] arr = {5, 9, 8, 7, 0, 6, 1, 4, 3, 2};
        System.out.print("ソート前： ");
        arrayPrintln(arr);
        bSort(arr);
        System.out.print("ソート後： ");
        arrayPrintln(arr);
    }
    //バブルソート
    public static void bSort(int[] arr){
        for(int i=arr.length-1; i>0; i--){
            for(int j=0; j<i; j++){
                if(arr[j] > arr[j+1]){
                    int tmp  = arr[j];
                    arr[j]   = arr[j+1];
                    arr[j+1] = tmp;
                }
            }
        }
    }
    //配列の値を出力
    public static void arrayPrintln(int[] arr){
        for(int i=0; i<arr.length; i++){
            System.out.print(arr[i] + " ");
        }
        System.out.println("");
    }
}
```

図 **6.14** Java のソースコード（バブルソート）

　またプログラミング言語は大きく分けて命令型言語（imperative language）と宣言型言語（declarative language）に分類できる．命令型言語は，コンピュータが実行すべき命令や手続きを順に記述していくことでプログラミングしていく言語で，手続き型言語（procedural language）と，操作手順よりも操作対象に重点を置いた設計になっているオブジェクト指向[3]言語（object oriented language）にさらに分類できる．手続き型言語としては，後述する C 言語や COBOL，FORTRANなどがあり，オブジェクト指向言語には，C ++や Java などがある．宣言型言語は，処理方法ではなく対象の性質などを宣言することでプログラミングしていく言語で，プログラム中の処理や制御を関数の定義と適用の組み合わせとして記述していく関数型言語（functional language）と，動作の手順ではなくデータ間の関係を記述していく論理型言語（logic programming language）にさらに分類できる．関数型言語としては，LISP などがあり，論理型言語には，Prolog などがある．

　ここでは，代表的なプログラミング言語である「C 言語」，「Java」，「COBOL」，「FORTRAN」，「Visual Basic」，「Perl」，「Ruby」，「Python」，「Java Script」について以下で説明する．

(1) C 言語

　C 言語とは，1972 年にアメリカ AT&T 社のベル研究所のデニス・リッチー（Dennis MacAlistair Ritchie）が主体となって開発されたプログラミング言語である．1986 年に ANSI（American National Standards Institute，アメリカ規格協会）によって標準化され，ISO（International Organization for Standardization，国際標準化機構）や JIS にも標準として採用されている．

3　オブジェクト指向とは，ソフトウェアが扱おうとしている現実世界に存在する物理的，あるいは抽象的な実体をオブジェクトとし，オブジェクト同士の相互作用としてシステムの振る舞いをとらえる考え方で，操作手順よりも操作対象に重点を置く．

豊富な演算子やデータ型，制御構造をもち，構造化プログラミングに適している．また，特定のハードウェアや OS に依存した部分を言語から切り離しているため，移植性の高いプログラムを記述することができる．

C 言語の拡張版には，オブジェクト指向が取り入れられた C ++ がある．

(2)　Java

Java とは，サン・マイクロシステムズ社が開発したオブジェクト指向のプログラミング言語である（図 6.14）．C 言語に似た表記法を採用しているが，既存の言語の欠点を踏まえて一から設計された言語であり，最初からオブジェクト指向性を備えている点が大きな特徴である．強力なセキュリティ機構や豊富なネットワーク関連の機能が標準で用意されており，ネットワーク環境で利用されることを強く意識した仕様になっている．

また，Java で開発されたソフトウェアは，基本的にどのようなハードウェアや OS でも動作する．

(3)　COBOL

COBOL（COmmon Business Oriented Language，汎商業目的言語の略）とは，CODASYL 委員会[4]によって制定された，事務処理計算用言語である．英文に近い記述が可能で，汎用性が高い．企業の基幹業務に使われる汎用機のプログラムに用いられている．

(4)　FORTRAN

FORTRAN（Formula translation の略）とは，IBM 社のジョン・バッガス（John Warner Backus）によって考案された科学技術計算を目的としたプログラミング言語である．数式をほぼそのまま文として記述できるという特徴をもつ．

(5)　Visual Basic

Visual Basic とは，マイクロソフト社によって開発されたプログラミング言語である．アプリケーションソフトウェアが容易に開発できるよう工夫された独特の開発環境とともに提供されたため，これも含めた呼称として用いる場合が多い．「フォーム（form）」と呼ばれるウィンドウにアプリケーションソフトウェアの構成要素となる部品（ActiveX コントロール[5]）を張り付け，部品の設定や部品間の関係を指定することでアプリケーションソフトウェアを開発することができる．

2002 年にオブジェクト指向の概念が本格的に取り入れられ，「.NET Framework」という開発・実行環境に対応するようになった．

(6)　Perl，Ruby，Python

Perl とは，ラリー・ウォール（Larry Wall）が開発したプログラミング言語で，テキストの検索や抽出，レポート作成に向いた言語である．表記法は C 言語に似ている．インタプリタ型言語で

4　CODASYL（Conference on Data Systems Languages）は，1959 年にアメリカ合衆国で結成された IT 業界の団体であり，多くのコンピュータで利用できる標準プログラミング言語の開発を推進することを目的としていた．

5　マイクロソフト社が開発したソフトウェアの部品化技術.

あるため，プログラムを作成したら，コンパイルなどの処理を行うことなく，すぐに実行すること
ができる．CGI[6]の開発によく使われる．

　Ruby とは，まつもとゆきひろが開発したオブジェクト指向プログラミング言語で，Perl と同じ
ように Web に向いている言語である．Python とは，グイド・ヴァン・ロッサム（Guido van
Rossum）が開発した汎用的なプログラミング言語で，「読みやすく，効率の良いコードをなるべく
簡単にかけるようにする」という思想を持つ言語である．どんな規模のプログラムにも対応できる
ので，幅広い領域で利用されている．

(7)　JavaScript

JavaScript とはオブジェクト指向のスクリプト言語で，主に WWW ブラウザに実装され，Web
ページにさまざまな機能を付加したり，Web アプリケーションを開発したりする際に用いられる．

(8)　Scratch

　Scratch とは，マサチューセッツ工科大学（MIT）のメディアラボで開発されたビジュアルプロ
グラミング言語である．Scratch はテキストではなくブロックを組み合わせるような「ビジュアル」
をベースにしており，視覚的・直感的な操作が可能である．プログラミング教材として，日本だけ
でなく世界各国の学校で幅広く採用されている．

◆ オープンソースソフトウェア

　オープンソースソフトウェアとは，ソフトウェアの設計図にあたるソースコードをソフトウェア
の著作者の権利を守りながら，インターネットなどを通じて無償で公開し，誰でもそのソフトウェ
アの改良，再配布が行えるようにしたライセンス形態をもつソフトウェアのことです．The Open
Source Initiative（OSI）[7]という団体によって発表された定義「The Open Source Definition
(OSD)」によれば，オープンソースとは，単にソースコードが入手できるということだけを意味
するのではなく，オープンソースであるプログラムの頒布条件として，「自由な再頒布の許可」「派
生ソフトウェアの頒布の許可」「個人や集団の差別の禁止」「適用分野の制限の禁止」などの 10 項
目の基準を満たしている必要があります．そして，これに準拠しているソフトウェアライセンスに
は「OSI 認定マーク」が付与されます．
　著名なオープンソースソフトウェアには，前述した OS の Linux やオフィスソフトである
OpenOffice.org，画像編集ソフトの gimp などのほかに，Apache や Samba などのサーバ用ソ
フトウェア，GCC や GNU Emacs，Eclipse などの開発環境があります．

6.5.3　プログラムのテスト

　コーディング作業の後は必ずプログラムのテストを行う．この作業はプログラムが仕様通りに正

6　CGI（Common Gateway Interface）とは，Web サーバが Web ブラウザからの要求に応じてプログラムを起
　動するための仕組みのこと．

7　https://www.opensource.org/（2022.12.2）

しく処理されているかを確認していく作業であり，非常に重要な工程である．

6.5.4　不具合の修正（デバッグ）

プログラムの不具合を引き起こすプログラム上の欠陥や誤りのことをバグ（bug）という．テストなどによって発見されたバグについて，その原因やプログラム上での位置を探索・特定し，意図したとおり動作するように修正する作業のことをデバッグといい，プログラムを開発する上で非常に重要な作業である．そして，このデバッグ作業を支援するソフトウェアとして，バグの位置を特定するためにプログラムの動作状況を解析・可視化する機能をもつデバッガがある．

6.5.5　統合開発環境（IDE：Integrated Development Environment）

従来はプログラムのコーディングからデバッグまでの作業を行う際に，テキストエディタ，コンパイラ，デバッガなどの各ツールを個別に利用していたが，これらの作業を，ひとつの対話型操作環境から直感的かつシームレスに利用できるように統合したものが統合開発環境（IDE）である．代表的なものとして，マイクロソフトの Visual Studio や，ゲームエンジンである Unity があげられる．

さらに近年では Google Colaboratory[8]等の，クラウドサービスとして提供されている統合開発環境であるクラウド IDE も注目を集めている．このクラウド IDE を利用すれば，特別な環境を構築することなくブラウザから直接コードの作成，保存，実行が可能となる．

また，ソフトウェア開発のプラットホームとして GitHub[9] も近年注目を集めている．GitHub とはバージョンの管理や閲覧，バグ追跡機能，SNS の機能を備えているソースコード管理サービスである．GitHub を利用することで，プロジェクト単位や複数人でソースコードやデザインデータを容易に管理・共有できるようになるので，全体の整合性が取りやすくなり，開発の効率を上げることが可能となる．

6.6　ファイル

ファイル（file）とは，ハードディスクや USB メモリ，CD-ROM などの記憶装置に記録されたデータのまとまりのことで，プログラムやデータはファイルという単位で保存される．OS はプログラムやデータをファイル単位で管理する．ファイルには「ファイル名」と呼ばれる名前をつける必要があり，一般的には「名前.拡張子」という形で命名される．この拡張子とは，そのファイルがどんな種類のファイルなのかを表す特別な名前で，これによりファイルの中身がどんなものか，

8　https://colab.research.google.com/（2022.12.2）

9　https://github.com/（日本語版；https://github.co.jp/）（2022.12.2）

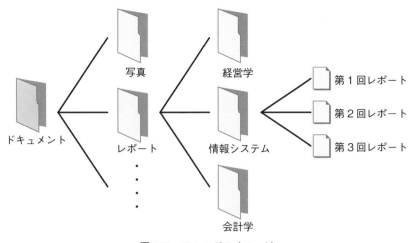

図 **6.15** フォルダのイメージ

どんな用途で使われるかを判断することができる.

6.6.1 ファイル管理

たくさんのファイルを管理しやすいよう,関連するファイルをまとめて保存するための入れ物としてフォルダ (folder)[10]がある.

フォルダは必要に応じていくつも作成することが可能で,名前も自由につけることができる.関連する複数のファイルをまとめてひとつのフォルダに入れることにより,効率的に記憶装置を管理することができる.また,フォルダの中にフォルダを作成することも可能で,図 6.15 のようにファイルをその内容に応じて管理しやすいように,大分類,中分類,小分類といった区分けをすることができる.このように分類することにより,管理が容易になり,必要なときに必要なファイルをすばやく利用することが可能となる.

6.6.2 パソコンで扱うことができるファイル

パソコンで扱うことができるファイルは,文書・画像・音声・動画・ソフトウェアなど多岐にわたっており,それぞれ保存形式や利用方法が異なる.

主なファイルの種類と拡張子を表 6.6 に示す.

10　Windows や macOS ではフォルダと呼ぶが,UNIX では同様の概念を「ディレクトリ (directory)」と呼ぶ.

表 6.6　ファイルの種類と拡張子

ファイルの種類	拡張子	説明
文書ファイル	htm（html）	HyperText Markup Language のことで，ホームページの文書を保存したファイル形式
	txt	最も単純な文書（プレーンテキスト）のファイル形式
	pdf	アドビシステムズ社によって開発された，電子文書のためのファイル形式で，相手のコンピュータの機種や環境によらず，オリジナルのイメージをかなりの程度正確に再生することができる
Office 系ファイル	docx（doc）	マイクロソフト社の Word ドキュメントのファイル形式
	xlsx（xls）	マイクロソフト社の Excel シートのファイル形式
	pptx（ppt）	マイクロソフト社の PowerPoint ドキュメントのファイル形式
画像ファイル	jpg（jpeg）	JPEG 形式で圧縮された静止画像のファイル形式．一般的に非可逆圧縮の画像フォーマットとして知られている
	gif	CompuServe 社が定めた，256 色まで扱える可逆圧縮の静止画像のファイル形式
	png	Portable Network Graphics 形式で圧縮された可逆圧縮の静止画像のファイル形式
	bmp	Windows ビットマップ．Windows の標準的な静止画像のファイル形式．圧縮の方法についても定義されているが，Windows では特に指定しない限り無圧縮のファイルを生成する
音声ファイル	mp3	MPEG-1 で利用される圧縮された最も普及している音声のファイル形式
	wma	マイクロソフト社が開発した音声のファイル形式
	wav	Windows の標準的な音声のファイル形式
	aiff	Macintosh にて使用される標準的な音声のファイル形式
動画ファイル	mpg（mpeg）	MPEG-1 または MPEG-2 の動画のファイル形式
	mp4	MPEG-4 の動画や音声のファイル形式
	wmv	マイクロソフト社が開発した動画のファイル形式
	mov	アップル社が開発した動画のファイル形式
圧縮ファイル	lzh	LZH 形式で圧縮されたファイルのファイル形式
	zip	ZIP 形式で圧縮されたファイルのファイル形式　ファイルの圧縮形式におけるデファクトスタンダード
	sit	Macintosh で主に利用されている圧縮ファイルの形式
実行ファイル	exe	実行ファイルのファイル形式

6.6.3　バックアップをとることの重要性

　コンピュータに保存されたデータやプログラムは，破損やコンピュータウイルス感染などのリスクがあり，常に正しい形で保存されている保証はない．したがって，このような事態に備え，重要なデータやプログラムは定期的に別の記憶媒体に保存することが望ましい．このようにデータの写しを取って保存する作業のことをバックアップ（backup）をとるという．企業では業務に必要なデータのバックアップを定期的にとっている．また，大掛かりなシステム変更の前にも移行時のトラブルによるデータの消失などに備え，必ずバックアップをとっている．

6.7 データベース

データベース（database）とは，「ある目的のために，関連性のある一定の情報を集めて使いやすいようにしたもの」を言う．たとえば，スマートフォンのアドレス帳などもデータベースのひとつである．データベースは，ファイルの集まりだと考えられるが，ファイルを単に寄せ集めたものではない．データベースには大規模な商用データベースのほかに，人事データベースや顧客データベース，在庫データベースなどさまざまなものがある[4]．

6.7.1 データベースの必要性

情報化社会といわれる今日，「情報」は企業や社会にとって，「人」，「物」，「金」につぐ第四の経営資源と考えられている．毎日膨大な情報が作られ，さまざまな手段で伝達されている．今日，わが国や先進国では24時間絶え間なくさまざまな情報が流し続けられている．こうした情報をうまく共用し，個人や企業の活動に活かしていくことが企業や社会の活性化を促す，というのが高度情報化社会の姿である．さらに，価値のある情報を他者よりいち早く入手して企業活動に活かすことが競争で優位に立つことにもなる．したがって，知恵とエネルギーを傾けて情報を入手し，必要なときに有効に活用できるようにしておくことが，情報化時代を生きていく上での必須事項となる．

正しい情報を効率よく共用するためには，情報は一元化され，整合性を保っていなければならない．データベースは，このようなことを実現するための重要な基礎技術であるので，しっかりと学ぶ必要がある．

6.7.2 データベースの特徴と仕組み

データベースの特徴である「データの共用」，「データの独立」，「一元管理」について以下に述べる．

・データの共用
データベースは，特定の利用者や業務内容に従属する局所的なものではなく，企業や組織の多くの利用者や複数の適用業務プログラムでデータの共用を可能にするシステムである．

・データの独立
データベースは，そのデータの構造や属性が変わっても，適用業務プログラムの変更が少なく，安定するように，個々の適用業務プログラムと独立に定義し，保守される．この性質をデータの独立（data independent）という．

・一元管理
データベースは，企業や組織が集めたデータをシステム全体でできるだけ重複なく整理・統合

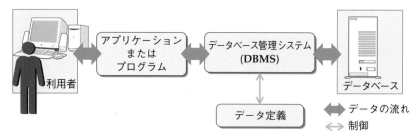

図 **6.16**　DBMS の役割

し，さまざまな検索をできるようにしておく必要がある．これらのことを効率的にできるように，データベースはデータを統合管理または一元管理している．

　情報システムでは，データベースの性質である「データの共用」，「データの独立」，「一元管理」のために必要な制御や，利用者のインタフェースを備えたシステム機能をデータベース管理システム（**DBMS**：Database Management System）」と呼ぶ．DBMS の役割を図 6.16 に示す．

　利用者がアプリケーションまたはプログラムにより検索の条件を DBMS に与えると，DBMS はデータ定義を参照してデータの属性を確認し，データベースにアクセスして該当するデータを取り出す．そして，逆の経路をたどって利用者にデータを出力する．

　DBMS は，共用データとしてのデータの整合性を失わないように制御するとともに，さまざまな利用者に平等で多目的なデータの参照を可能とする利用者インタフェースを提供する．具体的には，情報共有を実現する一方で，確実なデータ保全およびデータベースの一貫性を保つために「排他制御」や「トランザクション処理」，「リカバリ機能」といった機能が用意されている．

・排他制御

排他制御（lock）とは，ファイルやデータベースに書き込み処理を行う際に，データの整合性を保つために，データの読み書きを一時的に制限することである．これによってデータの整合性を保つことができる．

　データを更新する際には，そのデータがロックされているか確認し，ロックされていない場合はロックし，他の利用者がデータを読み書きできなくした上で，処理を行う．他の利用者によってデータがロックされている場合はロックが解除されるまで待つ．

　複数のファイルにまたがる排他制御を行う場合は，複数の利用者（もしくはプロセス）が互いに相手のロックしているデータの解除を待ってしまい，処理が停止してしまう「デッドロック（deadlock）」と呼ばれる状態になるおそれがあるので，プログラムを設計する際は注意が必要である．

・トランザクション処理

　ある目的に関する複数の関連した処理をひとつにまとめたものをトランザクション（transaction）という．銀行の口座に対しての「引出し」や旅行業者に対する「座席予約」，倉庫に対する「在庫問合せ」などがトランザクションの典型的な例である．

　関連する複数の処理を，このトランザクションにまとめて管理する処理方式のことをトランザクション処理（transaction processing）という．データベースでは複数の処理が関連してくるため，

個々の小さな処理単位で成功・失敗を判断するだけでは十分ではなく，全体として処理が誤りなく遂行されたかどうかという点を評価する必要がある．トランザクション処理を行うことによって，トランザクションとして管理された一連の処理は「すべて成功」か「すべて失敗」のいずれかの状態になる．

・リカバリ機能

リカバリ機能（recovery function）とは，万が一の障害によりデータの整合性が失われたときに，データベースを回復する機能のことである．データベースに格納されているデータを更新した際に，ログファイル（log file）として更新情報を自動的に保存し，ハードウェアなどに障害が発生した場合は，ログファイルの情報をもとに最終更新日の時点にデータベースの内容を復旧することができる．

6.7.3 データベースモデル

データベースとして，データをどのような形で整理し，収納するかといった構造を示したものがデータベースモデルである．代表的なデータベースモデルとして，「階層型データモデル」，「ネットワーク型データモデル（網モデル）」「リレーショナルデータモデル（関係モデル)」「オブジェクト関係モデル」などがあるが，ここでは広く普及しているリレーショナルデータモデルを取り上げる．

リレーショナルデータモデル（関係モデル）は，1970 年にエドガー・コッド（Edgar Frank Codd）によって提唱されたリレーショナルデータモデルの理論に従ったデータ管理方式のひとつである．1 件のデータを複数の項目（フィールド）の集合として表現し，データの集合をテーブルと呼ばれる表で表す方式で，ID 番号や名前などのキーとなるデータを利用して，データの結合や抽出を容易に行うことができる．

このリレーショナルデータモデルは，図 6.17 に例を示したとおり，データの構造が単純でわか

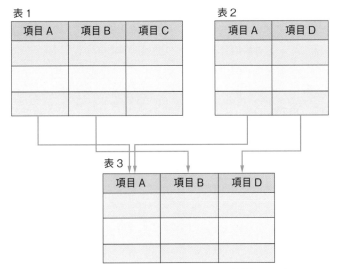

図 **6.17** リレーショナルデータモデル（関係モデル）

りやすい．表に対する操作にはいろいろあるが，代表的なものは，「選択（selection）」，「射影（projection）」，「結合（join）」である．

・選択（selection）

　選択は，表の中から条件に合った行を取り出す操作である．

・射影（projection）

　射影は，必要な列だけを取り出す操作である．

・結合（join）

　結合は，複数の表（テーブル）からひとつの表にする操作である．

6.7.4　データベースの操作

　データベースに収容されているデータは，適用業務プログラムでアクセスされ利用される．複雑な処理をする場合には，その業務ごとにプログラムを開発するのはやむをえないが，データの選択や集計などの一般的な処理をする場合には，いちいちプログラムを作らなくても，簡単な指示で目的を果たせたほうが便利である．このような要求から生まれたのがデータベース言語である．

　利用者あるいはアプリケーションソフトウェアが，データベースに対してデータの検索・新規登録・削除・更新を行う場合には，このデータベース言語を用いる．リレーショナルデータモデルの場合は，データベースの操作に SQL と呼ばれるデータベース言語を使う．6.7.5項でその詳細について説明する．

6.7.5　SQL

　SQL とは，リレーショナルデータベースの操作を行うための言語のひとつである．IBM 社が開発したもので，ANSI（アメリカ規格協会）や ISO（国際標準化機構）によって標準として規格化されている．

　本節では，SQL で行う代表的なデータベースの操作である「データの照会（SELECT）」，「条件式照会（WHERE）」，「データの集約」，「データの整列（ORDER BY）」，「データの統合（JOIN）」について説明する．

(1)　データの照会（**SELECT**）

　表中のデータを読み取る（照会する）ときは，「SELECT 文」を用いて操作する．

SELECT 列名

　　　FROM 表名

　列名は表示したい順に記述する．なお，複数あるときは，「,」で区切る（すべての列を表示させたいときは「*」を使う）．

表6.7 商品一覧表

商品番号	商品名	単価	仕入先番号
Di01	液晶ディスプレイ	48000	C1
Pr04	プリンタ	34000	C2
Mo10	マウス	2500	C3
Ky03	キーボード	9800	C4

表6.8 照会された結果

商品名
液晶ディスプレイ
プリンタ
マウス
キーボード

以下にその使用例を示す．ここでは，あるコンピュータショップの扱っている商品について，表6.7のような商品一覧表があるとする．

「商品一覧表」から「商品名」を抽出するSQLは，以下のとおりである．

```
SELECT 商品名 FROM 商品一覧表
```

このときに表示される結果を表6.8に示す．

(2) 条件式照会（WHERE）

通常，データを利用する場合は，表中のすべてのデータが必要なのではなく，多くの場合は，ある一定の条件に基づいた特定のデータが必要となる．ある一定の条件に基づいた特定行を読み取る際には，「WHERE」を用いて操作する．

```
SELECT 列名
      FROM 表名
      WHERE 条件
```

条件を指定する際には比較演算子（表6.9参照）や論理演算子（and（論理積），or（論理和），not（否定）など）などを用いる．なお，条件式の値に，文字を使う場合は，引用符「'」で囲む．

以下にその使用例を示す．ここでは，先ほどの表6.7を用い，単価が10000円以上のデータのみを読み込む場合を考える．「商品一覧表」から単価が10000円以上の「商品名」と「単価」を抽出するSQLは，以下のとおりである．

```
SELECT 商品名, 単価
      FROM 商品一覧表
      WHERE 単価 >= 10000
```

このときに表示される結果を表6.10に示す．

(3) データの集約

実際の作業においては，データをそのまま利用するケースだけではなく，データの合計や平均の値が必要になってくるケースがある．そのような場合は，集約関数を用いればよい．集約関数は，

表 **6.9**　比較演算子

比較演算子	意味
=	等しい
>	より大きい
<	より小さい
>=	以上
<=	以下
<>	等しくない

表 **6.10**　抽出された結果

商品名	単価
液晶ディスプレイ	48000
プリンタ	34000

表 **6.11**　集約関数

関数名	説明
SUM（列名）	合計を求める
AVG（列名）	平均を求める
MIN（列名）	最小値を求める
MAX（列名）	最大値を求める
COUNT（*）	行数を求める（条件指定可）

グループ化された列データを処理する関数のことである．代表的な集約関数を表 6.11 に示す．

　SQL は，以下のように記述する．

SELECT 関数名（列名）
　　FROM 表名

　以下にその使用例を示す．ここでも，先ほどの表 6.7 を用い，最小単価を求める場合を考える．その場合の SQL は，以下のとおりである．

SELECT MIN（単価）
　　FROM 商品一覧表

　また，このときに表示される結果は「2500」となる．

⑷　データの整列（**ORDER BY**）

　読み取った表の行は，必ずしも特定の順序で並んでいるわけではないので，見にくい場合がある．その場合は，データを整列する必要がある．SQL では，「ORDER BY」を用いることで，データを昇順（ascending），または降順（descending）に整列できる．整列は，文字列にも使用することができる[11]．

11　a, b, c, d, …z というように a から z に向かっていくのが昇順で，z から a に向かっていくのが降順である．同様に，「あ」から「ん」に向かっていくのが昇順で，「ん」から「あ」に向かっていくのが降順である．

```
SELECT 列名
     FROM 表名
     ORDER BY 列名 [ASC, DESC]
```

「ASC」は昇順で,「DESC」は降順に並ぶことを表す.その両者とも書かれていない(省略した)場合は ASC になる.

また,複数列を指定することにより,大分類,中分類,小分類のように並べ替えを行うこともできる.その場合の書式は以下のとおりである.

```
SELECT 列名
     FROM 表名
     ORDER BY 列名 [ASC, DESC], 列名 [ASC, DESC]
```

以下にその使用例を示す.ここでも,先ほどの表6.7を用い,商品一覧表から商品番号と単価を単価の降順に表示する場合を考える.この場合の SQL は,以下のとおりである.

```
SELECT 商品番号, 単価
     FROM 商品一覧表
     ORDER BY 単価 DESC
```

このときに表示される結果を表6.12に示す.

(5) データの結合 (JOIN)

結合処理とは,複数の表の特定の列の値同士を結びつける操作のことをいう.結合処理をするためには,結合前の表に,同一のデータ属性をもつ列(つまり表を統合するときにキーになるもの)が存在することが必要になる.何の関連性もない表は結合できない.

たとえば,表6.13のような仕入先一覧表があり,「商品一覧表(表6.7)と仕入先一覧表(表6.13)を結合して,商品名と仕入先を取り出す」という場合は,両方の表に共通の「仕入先番号」に注目すればよい.この場合,商品一覧表の「仕入先番号」が外部キーとなり,仕入先一覧表の主キーである「仕入先番号」と関連付けられている.

したがって,この場合の SQL は以下のとおりである.SQL では同じ名前の列名を区別するために,表名と列名を組み合わせて記述することができる.基本的には,「表名.列名」というように,表名と列名の間に「.(ピリオド)」を記述する.

```
SELECT 商品一覧表.商品名, 仕入先一覧表.仕入先
     FROM 商品一覧表, 仕入先一覧表
     WHERE 商品一覧表.仕入先番号=仕入先一覧表.仕入先番号
```

この SQL を実行したときに表示される結果を,表6.14に示す.

表 6.12　整列した結果

商品番号	単価
Di01	48000
Pr04	34000
Ky03	9800
Mo10	2500

表 6.13　仕入先一覧表

仕入先番号	仕入先
C1	神田電機
C2	生田商事
C3	九段コンピュータ
C4	向ヶ丘産業

表 6.14　表の結合結果

商品名	仕入先
液晶ディスプレイ	神田電機
プリンタ	生田商事
マウス	九段コンピュータ
キーボード	向ヶ丘産業

◆ 「AI」，「機械学習」，「深層学習（ディープラーニング）」

　最近，「AI」，「機械学習」，「深層学習（ディープラーニング）」といった言葉がよく使われるようになっています．AI（人工知能）とは，人間の知的ふるまいの一部をソフトウェアを用いて人工的に再現したもので，その歴史は古く 1950 年代から始まっています．機械学習は，AI に内包されるもので，人間の学習に相当する仕組みをコンピュータを用いて実現するものです．そして深層学習（ディープラーニング）は，人間の神経細胞の仕組みを再現したニューラルネットワークを用いた機械学習の手法の 1 つで，最近の AI ブーム（第三次人工知能ブーム）のきっかけとなった手法として注目されています．

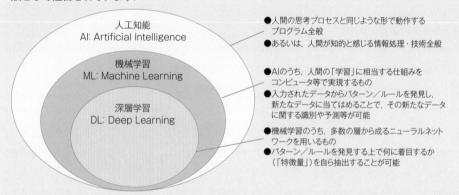

図　AI・機械学習・深層学習の関係（出典：令和元年度情報通信白書）

　また AI が注目され，様々な分野での活用が進んでいく中で，AI を誰もが使えるようにするという「AI の民主化」という概念も広まってきています．最近では，機械学習のための機能やアルゴリズムを提供し，アプリケーションを開発することができるフレームワーク（TensorFlow，Microsoft Cognitive Toolkit，Pytorch 等）がオープンソースで提供されており，無料で利用できるようになっています．

　今後は，多くの人が AI をうまく利用することで，業務の効率化や新たな商品・ビジネスモデルの開発につながることが期待されています．

演習問題

1. 次の言葉を説明しなさい.
   a. BIOS　　b. GUI　　c. アルゴリズム　　d. SQL
2. ソフトウェアの定義を示しなさい.
3. BIOS と OS とアプリケーションソフトウェアの関係を説明しなさい.
4. 自分が行っている作業をひとつ取り上げ,その作業のフローチャートを作成しなさい.
5. プログラミングを学ぶ意義は何か述べなさい.
6. データベースの特徴を述べなさい.
7. 表6.7を用いて,以下の結果を出す SQL を記述しなさい.
   a. 単価が 10000 円以下のデータをすべて表示する SQL を記述せよ.
   b. 単価の平均値を求める SQL を記述せよ.
   c. 商品名と単価を単価の降順に表示する SQL を記述せよ.

文献ガイド

［1］　B.W. Boehm: Software Engineering, IEEE Trans. on Comp, 1976.
［2］　Chris DiBona,Mark Stone,Sam Ockman：オープンソースソフトウェア―彼らはいかにしてビジネススタンダードになったのか,オライリー・ジャパン,1999.
［3］　Niklaus Wirth：アルゴリズムとデータ構造,近代科学社,1990.
［4］　魚田勝臣,小碇暉雄：データベース,日科技連,1993.
［5］　魚田勝臣編著：グループワークによる情報リテラシ―情報の収集・分析から,論理的思考,課題解決,情報の表現まで― 第2版,共立出版,2019.
［6］　大曽根匡編著：コンピュータリテラシ―情報処理入門 第4版,共立出版,2019.
［7］　鶴保征城,駒谷昇一：ずっと受けたかったソフトウェアエンジニアリングの授業(1),(2),翔泳社,2006.
［8］　谷尻かおり,谷尻豊寿：これからはじめるプログラミング基礎の基礎,技術評論社,2008.
［9］　田中達彦：ゼロからはじめるプログラミング,ソフトバンククリエイティブ,2009.
［10］　大和田尚孝：システムはなぜダウンするのか,日経BP社,2009.

第7章

ネットワークと情報システム

　情報システムはコンピュータとネットワークの近年の飛躍的な発展進歩により，組織や個人の活動にますます重要なものとなっている．本章ではネットワークの役割と機能について述べる．コンピュータは電子メールや Web サービスで使用するサーバやパソコンはもちろんのこと，スマートフォン，ゲーム機，金融機関の ATM 端末，コンビニの POS 端末，自動改札機などあらゆる機器に組み込まれており，これらの機器が有線や無線のネットワークに接続して，相互に情報をやり取りすることにより，さまざまなサービスを提供している．また，テレビ，ビデオ，エアコンなどの家電製品は内蔵しているコンピュータにより各種の機能を実現しているが，ネットワーク接続機能を有する製品が提供され始めており，家電製品のネットワーク化も進むと考えられている．

　ネットワークの伝送速度は近年急速に大きくなり，いわゆるブロードバンド回線時代を迎えて，大量のコンテンツを速やかに伝送できるようになった．また，移動通信サービスの普及により，いつでもどこでもコンピュータやコンピュータ搭載機器をネットワークに接続できるというモバイルインターネットの時代となっている．

　本章では，まずネットワークの構成要素や通信する際の約束事であるプロトコルなど基礎的なことを学ぶ．続いて，ネットワークの規模と運営主体から見た分類である，比較的狭い範囲で構築する LAN（Local Area Network）と広域でコンピュータを接続するための WAN（Wide Area Network）について各種の技術とサービスを見ていく．次に，全世界を覆うインターネットの基本概念と仕組み，その上で提供されているさまざまなアプリケーションサービスを説明する．最後に，情報システムの処理形態と企業情報システムのためのネットワーク技術について学ぶ．

7.1　ネットワークの基礎

　ネットワークを理解するには，まずその構成要素を知る必要がある．通信回線上で情報を伝送するにはどのような方法があるのだろうか．また，コンピュータ同士がネットワークを介して通信するためには，プロトコルという形式と手順についての取り決めが必要となる．一方，通信回線で情報を伝送する際の情報量はどのように表現するのか．ここでは，以上のような基礎的な事項について学ぶ．

7.1.1　ネットワークの構成要素

　情報通信のためのネットワークは，図7.1のように伝送路，ノード（交換機，ルータ），サーバ，

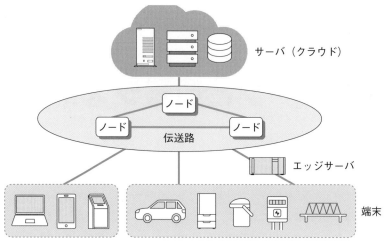

図 **7.1**　ネットワークの構成要素

端末から構成される．ノードでは送信側が指定した相手アドレスの情報に基づいて伝送路を選択する．相手と接続して情報をやり取りするためには，7.1.3 項で述べる通信プロトコルという定められた形式と手順に従う必要がある．

(1)　伝送路

伝送路（channel）とは情報を運ぶ媒体のことであり，通信回線とも呼ばれる．光ファイバー，ツイストペアケーブル，同軸ケーブルなどの有線と，携帯電話，無線 LAN，マイクロ波，衛星通信などの無線とがある．また，伝送する信号の種類から見ると，1 と 0 の 2 値のみのデジタル信号を運ぶ伝送路（デジタル回線）と音声信号のように連続的に波のように変化するアナログ信号を運ぶ伝送路（アナログ回線）に大別できる．

(2)　ノード

ノード（node）は伝送路と伝送路，あるいは伝送路と端末をつなぐ装置であり，宛先アドレス情報に基づいて伝送路を選択し，端末間に通信路を設定する役割を果たすものである．既存の電話網では交換機という装置がこの役割を担っている．交換機は発信端末から着信端末を呼出・接続する機能，伝送路の混雑状況に基づいて中継ルートを選択する機能，伝送路の障害時に迂回ルートを選択する機能，番号通知・留守番電話など各種の付加サービス機能，通信料金の基礎データ収集機能などを提供する．インターネットではルータという装置がこの交換機に対応するが，これについては 7.4 節で説明する．

(3)　サーバ

Web，データベース，メールなど各種のサービスを実現する機器である．コンピューティング資源を仮想化して必要量を提供するという仕組みであるクラウドを構成することにも使用される．また，端末の近くに設置してデータ処理を行い回線負荷や通信遅延を回避するコンピュータをエッジサーバといい，モノのインターネット（IoT）で利用される．

(4) 端末

パソコン，スマートフォン，POS端末，ATM端末など従来からの機器の他，IoTでは情報家電，自動車，検針メータなどあらゆるモノを接続対象としており膨大な数となる．

7.1.2 パケット交換と回線交換

情報を伝送する際の伝送路の使い方のことを交換方式という．交換方式には，回線交換とパケット交換の2つの方式がある．

回線交換（circuit switching）は，端末間で通信を開始してから終了するまで伝送路を割付けて相手と接続し，伝送路を一時的に占有する方式であり（図7.2），代表例は電話である．回線交換は，デジタル信号およびアナログ信号のいずれにも適用できる方式である．接続中はいつでも情報を流すことができ，他の通信の影響を受けないので，実時間性を要求される音声や映像の情報を伝送するのに向いている．しかし，情報が流れているか否かにかかわらず，伝送路が占有されてしまうので伝送路の利用効率が悪いという問題がある．

パケット交換（packet switching）は，デジタル信号の伝送に適用できる方式であり，情報をパケット（小包の意味）という比較的小さな転送単位に分割して，伝送路上を他の端末間のパケットと混在して伝送する方式である（図7.3）．パケットは，ヘッダ部分とデータ部分から構成される．ヘッダは小包の表に貼るラベルに相当し，宛先アドレス，送信元アドレス，要求事項などの制御情報が書かれる．パケット交換方式を使用する情報伝送の代表例は，メールやWebである．伝送路を有効利用できるのでコストは下がるが，回線上で宛先が異なるパケットが混在するため遅延が大きくなったり，到着間隔のばらつきが生ずるという特性がある．このため基本的には実時間性が要

（注）本例では同時には2ユーザのみ通信可能

図7.2 回線交換

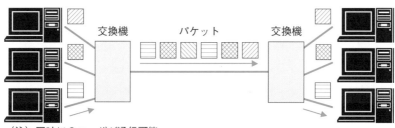

（注）同時に3ユーザが通信可能

図7.3 パケット交換

求される情報伝送には向かない．しかし，2010 年代からの回線速度の高速化により，音声や映像といった実時間性が必要な通信が可能となった．インターネット（7.4 節）では，このパケット交換方式により情報を伝送する．

7.1.3　プロトコルと OSI 参照モデル

（1）　プロトコルとは

　人間同士が会話を行うためには互いに理解できる言語（日本語とか英語）を使用し，その言語では言葉の意味や形式，語順といった約束事が決まっている．また，手紙の場合には，葉書か封書か，国内宛か海外宛か，普通便か速達便か，郵便番号と記入欄，郵便局間での運搬の方法など郵便における約束事があり，これらの約束事に従うことにより手紙が相手に届く．これと同様に，コンピュータ間で通信を行う場合にも，情報の授受を行うためにはあらかじめ決められた形式と手順に従う必要があるが，この約束事のことを通信プロトコルあるいは単にプロトコル（protocol）[1]という．通信プロトコルは人間の会話の場合と異なり，コンピュータ間で使用するものであるため，曖昧さが許されず，厳密に決めておく必要がある．

（2）　プロトコルの階層化

　通信プロトコルにはいろいろなものがあり，たとえば電子メールの宛先・差出人の形式や画像情報の種類，Web アクセスではサーバとブラウザ間の情報の形式とやり取り，通信中にパケットの紛失や回線障害が発生した場合の回復方法，アプリケーションデータの送信側でのパケットへの分割と受信側での組立て，そして物理的レベルでは通信ケーブルの種類やコネクタの形状などがある．このように通信のための決め事にはいろいろなレベルがあるので，一緒にまとめるのは適切でなく，分類整理して階層化して決めるのが妥当である．プロトコルの階層化により，ある階層の技術が進歩してその階層のプロトコルが変更されても，他の階層への影響を回避できるという利点がある．たとえば，自宅で使用しているブロードバンド回線の種類を，電話回線を用いた ADSL からより高速な伝送サービスを提供する光ファイバー回線へ変更しても，Web アクセスには影響がない．

　階層化と各層の役割を設定するに際しては，次の 3 つの考え方に従って行う．まず，ある層の役割・機能は他の層と独立である．次に，ある層と他の層の役割・機能には重複がない．そして，層と層の間のやり取り（インタフェースという）をできる限り少なくする．

　階層を識別するための番号が，最下層から上位層へ向けて昇順に付与される．プロトコルの制御情報はパケットのヘッダに表示されるが，プロトコルを階層化すると，各階層の機能を実行するための制御情報も独立に表示する必要がある．このためにパケットのヘッダは上位層から順番に各階層用のヘッダが付加されていく形となる．すなわち N 層のパケットは，ヘッダ部とデータ部からなるが，送信のためにこれを下位層である N-1 層に渡すと，N-1 層ではデータとして扱い N-1 層用のヘッダを付け加えるということである．受信側では下位層から当該層の処理を行った後に当該層のヘッダを取り除き，上位層へ渡す．

1　プロトコルという言葉はもともと外交用語であり，国家間の約束事を記した原案，議定書のことをいう．

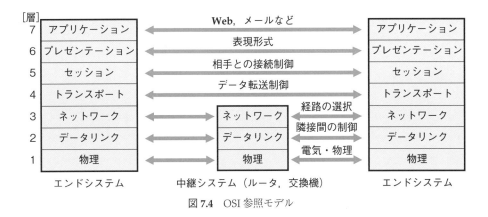

図 7.4 OSI 参照モデル

このようにプロトコルを階層化して定め，また階層間のやり取りであるインタフェースを定めて体系化したもの全体をネットワークアーキテクチャ（network architecture）という．

(3) OSI 参照モデル

具体的な階層化は，国際標準化機構（ISO：International Organization for Standardization）にて標準化されており，一般に OSI 参照モデル（OSI reference model）あるいは OSI 基本参照モデル（OSI basic reference model）という．なお，OSI 参照モデルは正式には Open Systems Interconnection Basic Reference Model（開放型システム間相互接続基本参照モデル）という．本モデルは図 7.4 に示すように 7 階層（レイヤ）で構成され，各階層が担うべき役割が記されており，プロトコルを決める際の基本的な枠組みを提供する．情報を授受する送信側と受信側のコンピュータをエンドシステム，また中継を行うコンピュータを中継システムという．第 1 層から第 3 層を下位層，第 4 層から第 7 層を上位層というが，中継システムは下位層のみの機能を担う．各層の概要について次に説明する．

第 1 層：物理層

電気信号や物理的な仕様を定める．上位のデータリンク層から渡された情報をビット列として通信回線で伝送し，受信側ではデータリンク層に渡す．通信回線としては有線と無線があり，回線特性に合わせて電気信号や光信号に変換する．また，ケーブルを接続するコネクタの形状やピン数などの物理的仕様を決める．

第 2 層：データリンク層

通信回線で接続された隣接の装置（コンピュータ）間で，確実にデータを転送するための機能を提供する．通信回線上で伝送されるビット情報は，ノイズや減衰により相手に正しく届かないことがある．このために隣接装置間で，フレームと呼ぶひとかたまりのビット情報を伝送単位として，この単位で誤り検出，回復処理などの制御を行う．

第 3 層：ネットワーク層

エンドシステムが中継システムを介してデータ（パケット）をやり取りするために，宛先アドレスに基づいて伝送経路を選択し，パケットを宛先に届ける制御を行う．

第 4 層：トランスポート層

エンドシステム間でパケットを正確に転送するための制御を行う．転送途中でのパケット紛失の

検出と再送，パケットの到着順序が乱れた場合の並べ替えなどの機能を提供する．本層の役割は，下位層で使用する通信回線や中継システムの品質に依存しない通信サービスを実現するものである．

第5層：セッション層

エンドシステムのアプリケーションが，相手のエンドシステムのアプリケーションと通信を開始したり終了したりする機能を提供する．通信相手との情報を交互に送信する半二重，双方が同時に情報を送信する全二重，一方向のみに送信する片方向の3つの通信方法がある．また，通信中に障害があった場合に備えて，通信途中に回復点を設けることにより，最初に戻らず途中から再開可能にする制御機能もある．

第6層：プレゼンテーション層

アプリケーションがやり取りする情報について，表現形式を定めるとともに，コード変換や表示制御などを行う．たとえば，文字コードにはJISコードなどがあり，相手のコードと異なる場合には，変換を行う必要がある．また，情報の機密保持のための暗号化・復号化，通信回線を効率的に使用するための情報の圧縮・伸長の機能も提供する．

第7層：アプリケーション層

ユーザが利用する電子メールソフトやWebブラウザなどのアプリケーションに応じた特定の通信サービス機能を提供する．たとえば，電子メールソフトの場合には，電子メールのためのプロトコル機能を提供する．

7.1.4　伝送速度

通信回線を使用して情報を伝送するときの伝送速度は，1秒間に送れるビット数で表現する．コンピュータ内部での処理や記憶はバイト（＝8ビット）あるいはその整数倍の大きさを単位として扱うためバイト（B）で表現するのに対して，通信回線は1ビットずつ伝送するため，伝送速度はビット（b）を単位として表す．通信回線の性能を表す尺度であるので回線速度ともいう．

代表的な表現は，bps（bit per secondの略，ビーピーエスと読む）であり，ビット／秒，b/sとも表す．また，通常は補助単位を合わせて用い，2Mbpsや56Kbpsなどと記す．2Mbpsは1秒間に200万ビットの情報を伝送することを表す．

 7.2　LAN

ここではLANの基本概念と構成を概観した後，現代の主流技術として，有線LANはイーサネットを，無線LANはIEEE802.11シリーズを中心に学ぶ．

7.2.1　LANの概念

LAN（Local Area Network）は企業のオフィスや工場，学校などのような比較的狭い範囲に敷設

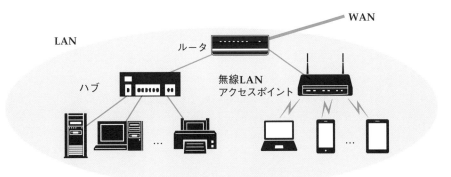

図 7.5 LAN の構成

したネットワークのことであり，構内通信網とも呼ばれる．その特徴は次のとおりである．

・建物内や敷地内といった限定された地域内に設置され，サーバ，パソコン，プリンタなどさまざまな機器の間で自由に情報交換ができる．

・LAN の設置と運営管理は導入するユーザが主体となって行う．

・接続する機器は異なるベンダ企業（メーカーや販売代理店）のものを用いることができる．

・WAN に比較して伝送速度が高速である．

　LAN の構成概要を図 7.5 に示すが，現在の主要な LAN は有線はイーサネット（7.2.4 参照），無線は Wi-Fi（7.2.5 参照）の技術を用いる．サーバ，パソコンなどの機器は集線装置であるハブに接続される．ハブは居室やフロアごとに設置され，数台〜数十台の情報機器を接続する．大規模なシステムではハブを階層的に構成する．また，ルータは LAN と LAN を接続するために設置される．

7.2.2　伝送媒体

　LAN の伝送媒体には有線と無線がある．有線にはツイストペアケーブル，同軸ケーブル，光ファイバーケーブルの 3 種類がある（図 7.6）．無線を用いた LAN については後述する．以下に有線ケーブルの概要と特徴を述べる．

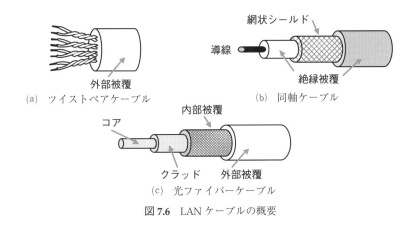

(a)　ツイストペアケーブル　　　(b)　同軸ケーブル

(c)　光ファイバーケーブル

図 7.6　LAN ケーブルの概要

・ツイストペアケーブル

被覆した2本の銅線をより合わせて対にしたケーブルである．他のケーブルに比べて安価で，比較的軟らかいため取り扱いやすく，配線しやすいという特徴がある．電磁遮蔽シールドを施したSTP（Sielded Twisted Pair）ケーブルとシールドなしのUTP（Unsielded Twisted Pair）ケーブルに大別される．後述するイーサネットでは，10BASE-T，100BASE-T，1000BASE-T などの規格でその仕様が定められており，ケーブル長は最大100m である．

・同軸ケーブル

1本の銅線をポリエチレンなどの絶縁体で囲み，さらに表面を網状の外部導体で覆い，その外側を被覆したケーブルである．外部導体によりシールドされているため，電気的雑音に強い．ツイストペアケーブルに比べて高価であり，また太くて硬いので敷設しにくい．代表例は10BASE5 の規格で定められた直径12mm のもので，イーサネットの初期に使用された．色が黄色であるためイエローケーブルと呼ばれ，ケーブル長は最大500m である．

・光ファイバーケーブル

髪の毛ほどの太さのガラス繊維をシリコン樹脂などで覆ったケーブルであり，電気的雑音の影響を受けない．レーザー光線の点滅により情報を伝送する．銅線によるケーブルに比較して，高速伝送を行うことができるが，高価であり，曲げに弱い．

7.2.3 LAN の接続形態

LAN における情報機器の接続形態（トポロジ（topology）ともいう）には，バス型，スター型，リング型の3種類がある（図7.7）．

バス型は，バスと呼ぶ1本の伝送路に複数の情報機器を接続する形態である．ある機器が送信したデータはすべての機器に同報通知されるため，受信側では自分宛のもののみを受信する．初期のイーサネットで用いられた形態であり，媒体として同軸ケーブルを使用する．

スター型は，集線装置であるハブを中心に情報機器を星型に接続する形態である．機器の配置変更や拡張が容易であるため，現在のイーサネットで広く普及しており，ツイストペアケーブルを使用する．ただし，ハブの故障は接続された全機器に影響が及ぶことになる．

リング型は，隣接する情報機器を順次接続してリング状にする形態である．データが伝送路上を一方向に巡回していくので，伝送路あるいは情報機器が故障すると LAN 機能が停止する．このため伝送路を二重にするなどの対策を行うことが多い．

(a) バス型　　　(b) スター型　　　(c) リング型

図7.7　LAN の接続形態

7.2.4 イーサネットとアクセス制御方式

　現在，一般的に使用されている有線 LAN の技術はイーサネット（Ethernet）である．イーサネットは 1970 年代に米国ゼロックス社で発明され，半導体メーカーのインテル社とミニコンの DEC 社とともに仕様を制定して，米国電気電子技術者協会（IEEE：アイトリプルイーと読む）へ提出し IEEE802.3 として規格化された．世界中の企業が製品化と技術進歩に合わせた仕様改良を進めてきており，現在ではその技術は広域なネットワークである WAN においても利用されている．イーサネットの規格は OSI 参照モデルの物理層とデータリンク層を対象としている．接続形態はスター型とバス型が使用されるが，現在は多くがスター型である．

　LAN の伝送路は複数の機器で共有するため，各機器が任意にデータの送出を行うと信号の衝突が発生して通信できないことになる．このような衝突を回避する方法をアクセス制御方式（access control method）という．イーサネットは当初，バス型の接続形態で開発され，そのときに規定されたアクセス制御方式が，CSMA/CD（Carrier Sense Multiple Access with Collision Detection）方式である．本方式では，送信に際してあらかじめ送信権を与えるのではなく，送信したい機器は伝送路に他の機器からの信号が出ているか否かを調べて（Carrier Sense），信号が出ていなければ（すなわち伝送路が空いていたら）送信する．他の機器が使用中ならば，ランダムな時間待った後に再び伝送路の状態を調べる．もし，信号が出ていないとき，たまたま同時に複数の機器が送信して信号が衝突すると，各機器はこれを検出して（Collision Detection），送信を中止し，それぞれの機器はランダムな時間を待ってから送信できるか否か調べる．

　LAN 上の各機器を識別するためのアドレスを MAC（Media Access Control）アドレスという．このアドレスを指定して LAN 上の相手機器と通信する．MAC アドレスは 48 ビットの識別番号であり，コンピュータをイーサネットに接続するための通信カードである NIC（Network Interface Card）の製造時に設定される．

　イーサネットで扱う転送単位は MAC フレームと呼び，制御情報も含めて最大サイズは 1500 バイトである．伝送速度は当初は 10Mbps であったが，現在はパソコンでは 1Gbps，サーバや幹線となる基幹 LAN では 10Gbps や 100Gbps といったより高速のものが使用されている．

7.2.5 無線 LAN

　無線 LAN（またはワイヤレス LAN）は，伝送媒体に無線通信を利用することでケーブルが不要となるため使い勝手が非常によくなる．ただし，使用できる周波数やチャネル数が限られているため，効率的な利用方法と混信等を避ける技術的工夫が必要となる．また，放送や携帯電話の電波と異なり，免許が不要な周波数帯を使用する．無線 LAN 機能はノートパソコンを始めとして，ゲーム機，情報端末などにも搭載されるようになった．無線 LAN ではアクセスポイントと呼ぶ親機をルータやモデムに接続し，無線 LAN 機能を有する機器はアクセスポイントを経由して，他の機器やインターネットと通信する．現在は，表 7.1 に示す IEEE802.11 シリーズの規格が使用されており，IEEE802.11n に遡って Wi-Fi と番号からなる新名称が導入された．なお，ハイフンを入れずに WiFi や wifi と表記されることもある．

表 **7.1**　無線 LAN の規格概要

規格名	周波数帯	最大通信速度	通信距離 （屋内）	通信距離 （屋外）	遮蔽物透過性
IEEE802.11b	2.4GHz	11Mbps	100m	200m	高い
IEEE802.11g	2.4GHz	54Mbps	100m	200m	高い
IEEE802.11a	5GHz	54Mbps	50m	使用制約有	低い
IEEE802.11n Wi-Fi4	2.4GHz，5GHz	600Mbps	100m	300m （2.4GHz）	高い （2.4GHz）
IEEE802.11ac Wi-Fi5	5GHz	6.9Gbps	50m	使用制約有	低い
IEEE802.11ax Wi-Fi6	2.4GHz，5GHz	9.6Gbps	100m	300m （2.4GHz）	高い （2.4GHz）

　無線 LAN で使用されている周波数は，2.4GHz 帯と 5GHz 帯の 2 つがある．2.4GHz 帯は，産業，科学，医療用の各種用途に用いられる周波数帯ということで **ISM**（Industrial, Scientific and Medical）帯とも呼ばれる．電子レンジやコードレス電話で使われている．このため 2.4GHz を使用する **IEEE802.11b/g/n/ax** は，混信による通信障害やスループット低下を生ずることがある．通信距離は見通し状態であれば，屋内では 100m 程度，屋外では数百 m が可能である．一方 5GHz 帯は，すでに気象レーダーなどで使用しているため，基本的には屋内での利用に限定されているが，2.4GHz 帯のような日常の電子機器との混信の問題はない．5GHz 帯を使用するのは，**IEEE802.11a/n/ac/ax** である．IEEE802.11n/ax は，使用に際して 2.4GHz 帯と 5GHz 帯を選択できる規格となっている．周波数が高い 5GHz は 2.4GHz より高速を実現できるのではあるが，壁や床などによる減衰が大きいので利用環境を考慮しての使い分けが必要となる．

　情報機器に搭載される無線 LAN は，最新製品（パソコン，スマートフォン）では表 7.1 のすべての規格に対応している．ただし，対応速度は製品によって異なる．IEEE802.11n からは，アクセスポイントとコンピュータ間に複数の伝送路を設定して同時にデータ伝送を行う技術（MIMO）や，周波数帯域を従来の 2 倍とする技術（チャネル・ボンディング）などを使用することにより高速性を実現している．IEEE802.11ac/ax では，MIMO や周波数帯域の更なる拡張と変調信号の多値化により超高速化を図っている．

　無線 LAN は誰でも手軽に利用できる通信手段であるが，電波であるため通信内容を簡単に傍受されるというセキュリティ上の問題がある．このため暗号化機能が標準搭載されており，使用に際してはアクセスポイントおよび接続する機器の暗号化機能を有効にする必要がある．最初に規格化された暗号方式である **WEP**（Wired Equivalent Privacy）はセキュリティ上の脆弱性が明らかとなっているので使用してはならず，最近の機器ではサポートされていない．また，その後に登場した **WPA**（Wi-Fi Protected Access）も使用は避けるべきであり，現在のところ安全に利用できる暗号方式は WPA2 と WPA3 である．

　無線 LAN によるインターネットアクセスを，空港，駅，ホテル等の特定のエリアで有料または無料で提供するサービスを一般に公衆無線 LAN あるいはホットスポットサービスと呼んでいる．社内や自宅での無線 LAN と同様な感覚でブロードバンドを利用できる．有料の公衆無線 LAN は，通信事業者が通信設備を設置・保守してサービスを提供する形態であり，2002 年からサービスが

始まった．当初は利用可能場所が少ないことや対応機器がノート PC に限られたことから加入者が伸び悩んだ．しかし，2008 年頃から利用可能場所の増加とゲーム機（PSP，ニンテンドー DS）やスマートフォンなどに無線 LAN 機能が搭載されたことにより，利用者が増え始め，現在では多くの人が利用している．

7.3　WAN

通信事業者が提供する WAN には LAN と同様に有線と無線があり，各種の方式によるサービスが提供されている．ここではブロードバンド回線，移動通信，そして企業（法人）向け回線という観点から WAN について学ぶ．

7.3.1　WAN の概念

WAN（Wide Area Network）とは，地理的に離れた地点間で通信を行うために敷設されたネットワークのことであり，広域通信網とも呼ばれる．WAN は通信事業者が設置と保守運用を行い，企業や個人に有料にてサービスが提供される．たとえば，図 7.8 に示すように，インターネットサービスを利用する際にコンピュータを ISP へつなぐ（インターネット接続という）ためや，遠隔にある LAN と LAN をつなぐ（LAN 間接続という）ために使用する．インターネット接続では，光ファイバー回線による FTTH，ケーブルテレビ（CATV）回線，電話回線を活用した ADSL，携帯電話などの移動通信を利用する．また，LAN 間接続のためには，後述する専用線，IP-VPN，広域イーサネットといった回線サービスを利用することが多い．

なお，WAN では端末やサーバを伝送路につなぐために回線終端装置を設置する．通信障害が発生した場合に，通信事業者が提供するネットワーク側に問題があるのか，ユーザ側が設置した機器に問題があるのかを切り分ける境界点となる．本装置の具体例として，ONU，モデムがある．

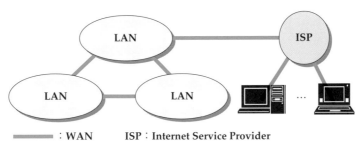

図 7.8　WAN の位置付け

◆ ISP

インターネットサービスプロバイダ（Internet service provider）の略で，単にプロバイダと呼ぶこともあります．コンピュータをインターネットに接続するためのサービスを提供する事業者のことです．WAN を利用してコンピュータをインターネットに接続します．メールサーバや Web ページ公開用のサーバを用意して，これらのサービスを合わせて提供することが一般的です．代表的な ISP として，OCN，Yahoo! BB，@nifty，ぷらら，BIGLOBE，au one net，J:COM，オプテージ，IIJ などがあります．

7.3.2　ブロードバンド回線

　一般ユーザによるインターネットの本格的な利用が始まったのは 2000 年代になって，ブロードバンド回線と呼ばれる伝送速度が 1Mbps 以上の高速な回線サービスが安価に提供されるようになってからである．日本では 1990 年代半ばからインターネットが使用され始めたが，当時利用できる回線速度はナローバンド回線（7.3.3 項参照）と呼ばれる電話回線を利用したモデムによる 56.4Kbps や ISDN 回線による 64Kbps であり，電子メールや簡単な情報アクセスやファイル転送にとどまっていた．

　日本のブロードバンド回線は，CATV 利用によるサービスが 1996 年，電話回線を利用した ADSL が 2000 年に，また光ファイバーによる FTTH が 2001 年にサービス開始された．ブロードバンド回線の加入者数は，2022 年 3 月末には約 4400 万となり，FTTH は 8 割以上を占めており今後も増加が見込まれている．現在，加入者数と品質において世界のトップレベルにあるが，普及の推進力となったのは既存の電話回線を利用した ADSL である．ADSL の技術は米国で開発され，米国や韓国で普及が始まったが，日本では ISDN との混信のおそれの問題からサービス開始が遅れた．しかし，2000 年に NTT によるサービス（1.5Mbps）が開始され，2001 年にはソフトバンク BB の参入により競争が始まり安価に提供されるようになった．通信速度は現在では 50Mbps 程度まで可能となったが，ADSL は元々，電話用に規格が決められたケーブルを利用しているため回線速度には限界がある．一方，FTTH は高速通信が可能な技術を使用しており，料金値下げと 100Mbps という高速性と品質で加入者数が増加し，2008 年 6 月末に ADSL を抜いた．ブロードバンド回線の普及に貢献した ADSL ではあるが，2024 年 3 月末までにサービスを終了する予定である（新規受付は終了）．

　このようなブロードバンド回線の普及により，音楽，映画，テレビ番組などのコンテンツを CD，DVD などの媒体で物流ネットワークにより提供するのではなく，通信ネットワークを介して配信することが時間的・コスト的にも可能となり，コンテンツビジネスに影響を与えている．コンテンツのダウンロードに要する時間例を表 7.2 に示す．

　以上では有線によるブロードバンド回線の発展経緯について述べたが，一方，スマートフォンを代表とする移動通信の回線速度もブロードバンドといわれる領域に達しており，これについては 7.3.4 項で述べる．以下では有線によるブロードバンドの各技術について説明する．

表 7.2　コンテンツのダウンロード時間

	ISDN（64Kbps）	ADSL（50Mbps）	FTTH（1Gbps）
音楽 CD（60 分）	約 2 時間	約 9 秒	約 0.5 秒
テレビ番組（45 分）	約 3 日	約 5 分	約 16 秒
映画 DVD（120 分）	約 8 日	約 14 分	約 43 秒

(1) FTTH

FTTH（Fiber To The Home）とは元々，光ファイバー回線を一般家庭まで引き込み，インターネット，電話，テレビなどのサービスを統合的に提供するという構想の名称であった．現在では，このようなサービスを提供するブロードバンド回線の名称として用いられている．光ファイバーによる通信は電磁気的な影響を受けないため高品質な信号の伝送が可能であり，また大容量の情報を伝送することができるため，ブロードバンド通信の中心的サービスとなっている．FTTH の構成は，利用者宅内に加入者線終端装置 ONU（Optical Network Unit），通信事業者の局舎内には局側加入者線終端装置 OLT（Optical Line Terminal）を設置し，この間に光ファイバーケーブルを敷設する．ONU と OLT では，コンピュータからのデジタルな電気信号を光信号へ，また光信号から電気信号へ変換する．FTTH が提供する標準的な回線速度は，当初は上り下りともに 100Mbps であったが，現在では上り下りともに 1Gbps のサービスが提供されている．さらにエリア限定ではあるが 10Gbps のサービスも出現している．なお，上りとは利用者宅から収容局への方向のことであり，下りとは収容局から利用者宅への方向のことを意味する．光ファイバーを利用者宅と収容局との間に専用に設置するタイプと，マンションなどの集合住宅に引いた 1 本の光ファイバー回線を複数の利用者宅で共用するタイプがあり，後者では共用するため利用価格が安くなる．

(2) ADSL（Asymmetric Digital Subscriber Line）

音声通信用のアナログ電話回線を利用して，音声通信よりも高い周波数帯域により高速にデジタル情報を伝送する技術である．回線速度は通信事業者のサービスメニューによるが，おおむね下り方向は 50Mbps，上り方向は 3Mbps であり，非対称となっている．これはインターネットの Web アクセスやファイルのダウンロードを考えてみれば明らかなように，サーバから端末へ大量の情報が送信されることを考慮して工夫されたためである．アナログ回線でデジタル信号を伝送するための変換装置であるモデムを使用するが，このためのモデムを ADSL モデムと呼ぶ．ADSL の回線速度は，利用者宅と収容局の距離に大きく依存し，遠距離になると信号の減衰・損失により実効的な速度が低下するという問題がある．1km 程度までは低下は少ないが，3km 以上になると大幅に低下してブロードバンドとしての使用に耐えないことや接続すらできないことがある．

(3) CATV 回線

テレビ番組やビデオコンテンツの配信用のネットワークとして生まれたケーブルテレビ回線を利用して，高速な通信サービスを提供するものである．CATV のサービス提供地域でのみ利用できる．CATV 回線では，同軸ケーブルや光ファイバーケーブルを使用し，ビデオ信号とインターネットの信号が流れる．これらのケーブルは安定した信号伝送を行えるので，ADSL のように加入者宅

から収容局までの距離が問題になることはない．下り回線速度は同軸ケーブルでは 320Mbps，光
ファイバーケーブルでは 1Gbps のものが提供されている．加入者宅ではビデオ信号と切り分ける
ための分配器とケーブルモデムを設置する．

7.3.3　ナローバンド回線

　回線速度が数百 Kbps 以下の回線をナローバンド回線という．ここでは代表例である ISDN 回線
について説明する．ブロードバンド回線の普及にともない加入者数は減少しているが，信頼性・安
全性が高いため企業のバックアップ回線などとして利用されている．
　ISDN（Integrated Services Digital Network：サービス統合デジタル網）は，音声やデータや画像
などすべての情報をデジタル化して，デジタル回線のネットワークで効率的に伝送するという画期
的なものであり，1980 年代に標準化された．日本では 1988 年に NTT が INS ネット 64 という名称
でサービスを開始した．当時としては高速な 64Kbps という速度であったため，90 年代後半にはイ
ンターネットへのアクセス回線として加入者数が増加し，ピーク時の 2002 年には 1000 万を超えた
が，ブロードバンド回線の普及により 2021 年には 160 万程度に減少した．本サービスは 2024 年 1
月に終了する．
　INS ネット 64 では既存のアナログ電話回線と同じケーブルをデジタル通信に利用し，1 本の回
線で B チャネル（64Kbps）2 本と D チャネル（16Kbps）の計 3 本の通信を同時に実現する．

7.3.4　移動通信

　移動通信サービスを用いて，いつでもどこでもコンピュータや情報端末機器をインターネットに
接続して，電子メールを読んだり，Web ページを閲覧したりできる時代となった．このような移
動通信サービスを介したインターネットの利用形態をモバイルインターネットという．
　携帯電話によるインターネット接続がわが国で始まったのは，1999 年の NTT ドコモによる i モ
ードが最初である．当時は，第 2 世代携帯電話（PDC 方式）を用いており，9.6Kbps という速度
で電子メールなどのサービスを利用できるようになり，電話という音声端末から情報端末へと踏み
出した．続いて KDDI の EZweb などのサービスも始まり，情報端末化と普及拡大により「携帯電
話」はケータイと呼ばれるようになった．2022 年 3 月末の携帯電話の契約数は 20,341 万件であ
り，そのうち約 9 割がインターネット契約をしており，携帯電話は最大のインターネット利用機器
となっている．移動通信方式の変遷を表 7.3 に示すが，10 年毎に進化している．
　現在，日本では第 3 世代（3G），第 4 世代（4G），第 5 世代（5G）の 3 つの移動通信方式が使用
され，携帯電話（スマートフォン）は各世代に対応できるよう製品化されている．3G は 2026 年 3
月末にはすべての通信事業者がサービスを終了する．第 3 世代携帯電話は，国際電気通信連合
（ITU：International Telecommunication Union）で標準化された **IMT-2000**（International Mobile
Telecommunication-2000）と呼ばれる方式であり，2001 年にサービスが開始された．本標準は当
初 5 つの方式の集合体として構成され，日本国内では **W-CDMA** 方式（ドコモ，ソフトバンク，
イーモバイル）と **cdma2000** 方式（KDDI）が採用された．移動通信規格を統一化して，1 台の携
帯電話をどこの国や地域でも利用できることを目指した 3G ではあったが，複数方式を併記すると

表 7.3　移動通信方式の変遷

世代	年代	通信方式	回線速度	交換方式	特記事項
1G	1980 年	アナログ	—	回線交換（音声）	端末サイズ大，ビジネス用途
2G	1990 年	デジタル	28.8Kbps	回線交換（音声） パケット交換（データ）	i モード（携帯インターネット接続）
3G	2000 年		14Mbps		高速・高品質
4G	2010 年		1Gbps	パケット交換 ［オール IP 化］	スマートフォン
5G	2020 年		10Gbps		超高速・大容量，超多数同時接続，超高信頼・超低遅延
6G	2030 年		100Gbps		5G に対し，通信速度と同時接続数は 10 倍，遅延は 1/10 を目指す.

いう異常な形となってしまった．回線速度は当初，下り 2Mbps（静止時）と 384Kbps（移動時）の規格であったが，その後の技術開発により高速化が図られ 3.5 世代（3.5G），そして 2010 年 12 月には LTE（Long Term Evolution）と呼ばれる 3.9 世代方式（広義の 4G とも呼ばれる）により，最大回線速度 75Mbps のサービスが開始された．また，2015 年 3 月にはさらに高速化が図られた，LTE Advanced という第 4 世代方式（4G）のサービス（下り 225Mps）が開始され，現在では下り最大 988Mbps のサービスが提供されている．4G からは音声通信も含めてすべてパケット交換方式で実現され，インターネットの IP 技術を適用するためオール IP 化と呼ばれている．

　そして 2020 年 3 月には第 5 世代の移動通信方式（5G，IMT-2020 という）のサービスが開始され，サービス展開と各種活用が進められている．5G では大容量映像配信や仮想現実（VR）のための超高速・大容量通信（最大通信速度 10Gbps），IoT のためのセンサデバイスなどの超多数同時接続，自動運転のようなミッションクリティカルな超低遅延の実現を狙いとしており，社会や産業に大きな価値創出をもたらすものとして期待されている．更に 2030 年代に向け 6G（Beyond 5G）と呼ばれる移動通信方式の検討が始まっており，5G 機能の更なる高度化，AI 技術を活用したネットワークの自立性，衛星などとシームレスに接続する拡張性，超安全・信頼性，超低消費電力の実現を目指している．

　このように移動通信サービスが進化・発展しているが，移動通信の場合は有線と異なり，限られた無線資源を携帯電話機間で共有しなければならないので，周囲の携帯電話機の使用状況によっては利用できる性能（回線速度など）に大きな影響がある．

　これらの高速性を有効利用できるスマートフォン（略してスマホ）と呼ばれる高機能な携帯電話機が，コンシューマ向けとビジネス向けの両分野で使用されている．また，モバイル向けノートパソコンでは，携帯電話用のデータ通信サービスを利用するための外付け通信デバイス（USB タイプ，PCMCIA カード）を接続してビジネスなどで活用している．

　一方，上記の携帯電話方式の開発の流れとは別に，データ通信に特化した高速無線通信技術の開発が進められ，モバイル WiMAX 方式による無線ブロードバンドサービスが提供されている．モバイル WiMAX（40Mbps）は無線 LAN と同様に情報端末機器への組込みを想定しており，UQ コミュニケーションズが 2009 年 7 月にサービス開始し，またパソコンメーカー各社から本機能が組み込まれたノートパソコンが発売されたが，現在では新製品にはない．なお，モバイル WiMAX は，2007 年 10 月に国際標準である IMT-2000 の規格のひとつとして追加されている．また，速度向上

した WiMAX2 +の規格が制定され，下り最大 440Mbps のサービスも提供されている．現在では，利用者の情報機器は Wi-Fi でルータに接続し，このルータとインターネット間を WiMAX という形態のサービスを提供している．FTTH と異なり回線敷設工事が不要なため，事業者から提供されたルータを自宅に持帰れば申込当日からブロードバンド回線が利用可能という利点がある．

　また，IoT 向けの LPWA（Low Power Wide Area network）という領域の通信方式が 2016 年から複数提案され，サービスが始まっている．広範囲に設置して 1 回の通信量が少ないような用途（例：検針メータ，センサ）に向けた，通信速度は遅いが，バッテリー消費量が少なく，長期間にわたりメンテナンス不要で，広い通信エリア（数 km～数 10km）での適用をねらいとした無線通信技術である．

7.3.5　法人（企業など）向け回線

　企業，学校などの法人機関や行政機関でも，前述のブロードバンド回線を使用するが，ここでは主に LAN 間接続で用いる WAN 回線について説明する．

　専用線とは中継の交換機を設けず端末装置を直接接続することにより，他の利用者の信号が流れることのない回線である．このため情報セキュリティが確保されること，遅延時間が少ないこと，通信開始に際しての接続制御が不要であることなどの特徴があるが，価格が高いという問題がある．専用線にはアナログ回線とデジタル回線があるが，コンピュータ間の通信にはデジタル専用線を使用し，高速デジタル伝送（6Mbps など）サービスが提供されている．高速デジタル伝送は回線を占有する帯域保証型サービスといわれるが，帯域保証を若干犠牲にして回線を共有する安価な IP-VPN サービスや広域イーサネットサービスに対して 1 割以下の利用数である．

　IP-VPN サービスとは，通信事業者が提供する閉域 IP 網（IP 技術で独自に構築し，利用者が限定される網）を経由して構築された仮想私設通信網（VPN）のサービスである．接続に使用するプロトコルは IP が基本であり，簡単にネットワークを構築できる．流通業やサービス業など全国規模で拠点数が多く，関連会社とのやり取りが多いような場合に適している．

　広域イーサネットサービスとは，通信事業者が提供するイーサネットを利用して，遠隔地にある複数の LAN 同士を接続するサービスである．各 LAN のフレームを透過的に転送するため，あたかも同一エリア内にあるひとつの LAN のように接続できる．金融機関やメディアなど拠点数は多くないが，同一企業内で高度な設定が必要な場合などに適している．

7.4　インターネット

　非常に身近な存在として誰もがインターネットを利用し，また新しいサービスが次々に生まれているが，インターネットの基本的な考え方や仕組みはどのようになっているのか．TCP/IP とよばれるプロトコルの役目と機能は何なのか．ここでは電子メール，ブログ，動画配信などのサービスが，どのように実現されているのかを含めて学び，インターネットに関する理解を深める．

7.4.1 概要

(1) 基本概念

インターネット（the Internet）は，世界中の企業や学校や行政機関などのネットワークを相互に接続した地球規模のコンピュータネットワークであり，現代社会を支える電気，ガス，水道，道路，鉄道と並ぶ情報の通信路を提供する社会基盤（インフラストラクチャ）となっている．インターネットにつながる機器は，パソコン，サーバ，スマートフォン，ゲーム機，情報家電などさまざまな領域に広がりつつある．インターネットは相互を意味する接頭語 inter と network から創られた言葉であり，いろいろな組織のネットワークや ISP（インターネットサービスプロバイダ）などが相互に接続したネットワークの集合体である．各コンピュータが相互に通信するためには共通のプロトコルが必要であり，**TCP/IP** というプロトコルが使用される．また，各ネットワークは相互接続しているが，各々のネットワーク自体の運用管理は独立であり，インターネット全体を管理する機関はない．ただし，アドレスの割付機関（**ICANN**；The Internet Corporation for Assigned Names and Numbers）やプロトコルの制定機関（**IETF**；Internet Engineering Task Force）はある．インターネットは各ネットワークの独立性と相互接続性を実現する仕組みの上に成り立っているのである．インターネットの概念図を図7.9に示す．

インターネットには世界中のさまざまなコンピュータが接続しており，いろいろなサービスを利用することができる．たとえば，パソコンから調べ物をするとき，検索サイトにアクセスして，情報を提供しているコンピュータを探し，該当するコンピュータに接続して情報を入手できる．また，電子メールやビデオ通信といったコミュニケーション手段も提供されている．さらに，各コンピュータが所有するハードウェアやソフトウェア（プログラムやデータ）も相互に利用できる．これらのハードウェアやソフトウェアを資源というが，インターネットは資源の共有を可能にする．

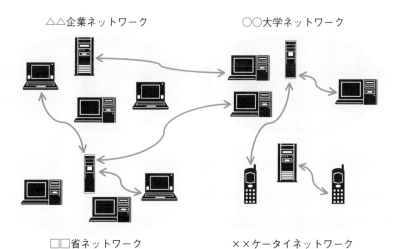

図 7.9 インターネットの概念

表7.4　インターネットのプロトコル階層

OSI 参照モデル		インターネットの階層と代表的プロトコル	
7	アプリケーション	アプリケーション	Web（HTTP）
6	プレゼンテーション		メール（SMTP，POP3）
5	セッション		ファイル転送（FTP）
4	トランスポート	トランスポート	TCP，UDP
3	ネットワーク	ネットワーク	IP
2	データリンク	ネットワークインタフェース	イーサネット
1	物理		

(2)　プロトコル体系

　インターネットで使用するプロトコルを OSI 参照モデルと対比して表7.4 に示す．OSI 参照モデルが論理的に整備された7階層であるのに対して，インターネットでは実装を強く考慮した4階層となっている．

　アプリケーション層は，OSI 参照モデルの5層から7層に対応し，ユーザアプリケーションである電子メール，ファイル転送，Web サービス，映像配信などのサービスに固有なプロトコルを規定する．トランスポート層とネットワーク層（インターネット層ともいう）は，それぞれ OSI 参照モデルの4層と3層に位置付けられ，アプリケーションに依存しない共通的な機能のプロトコルを定める．ネットワークインタフェース層は，OSI 参照モデルの2層と1層に対応するが，本来的には独立であるため分けて表現する場合もある．トランスポート層とネットワーク層のプロトコルが，インターネットに接続したコンピュータ間の共通プロトコルとなるため，これらの層のプロトコルである TCP と IP を代表として，TCP/IP という表現によりインターネットで使用するプロトコル全体を表すこともある．

◆ インターネットと OSI 参照モデル

インターネットの時代ですが，実は 1980 年代に ISO（国際標準化機構）と ITU（国際電気通信連合）において，OSI 参照モデルに基づき一連のプロトコルが開発されました．一方，インターネットのためのプロトコルの開発は米国でほぼ同時期に行われています．インターネットと OSI のプロトコルは，いずれも世界中のコンピュータを相互接続することを狙いとした機能的に類似のものでしたが，1990 年代半ばにインターネットに軍配が上がりました．なぜこのようなことになったのでしょうか．

OSI では，まずプロトコル仕様書の作成を行い，実際に動くソフトウェアの開発は後回しになったため，本当に適切に動作するのかという懸念がありました．また，各国の要求を取り入れた結果，広範囲な仕様となり，したがって多大なソフトウェア開発コストを要することとなってしまいました．そして，このプロトコルを使用するには，通信ソフトウェアを OS とは別に購入する必要がありました．

一方，インターネットでは，動作するソフトウェアがあることが仕様書制定の前提条件であり，標準として決定されたときには，ソフトウェアも無料で公開されました．また，小型コンピュータの標準 OS である UNIX にこのソフトウェアが標準搭載され，UNIX マシンを導入すれば新たに通信ソフトウェアを購入する必要がないため普及が促進されました．

以上のような経緯はありましたが，OSI 参照モデルは論理的に整理されているため，現在ではプロトコルを検討あるいは勉強する際の基本的なフレームワークとしての役割を担っています．

7.4.2　基本プロトコル

(1) IP アドレス

インターネットに接続したコンピュータ間で相互に通信を行うためには，各コンピュータを識別するための番号が必要となる．スマートフォンや固定電話には個々に電話番号が付与されており，相手の電話番号を指定することにより相手と接続し通信できるのと同じである．インターネットではこの識別情報が IP アドレスであり，インターネットに接続する世界中のコンピュータや通信機器に重複することなく割り振られ，インターネットプロトコル（IP）で使用される．現在広く普及している IP アドレス（IP バージョン 4，IPv4）は，32 ビットの 2 進数で表す．ただしそのままでは人間にとって扱いにくいので，図 7.10 に示すように 8 ビットごとに 10 進数に変換して，ドット(.) で区切った形で表現する．

この IP アドレスの各機器への割り当てを国際的な機関が 1 台ずつ行うことは現実的ではない．インターネットとは，個別の独立したネットワークを相互接続したものである．そこで IP アドレスを図 7.11 に示すように，個々のネットワークを識別する部分（ネットワークアドレスという）と各ネットワーク内でコンピュータ機器を識別する部分（ホストアドレスという）に分けて，ネットワークアドレスは割付け機関（国内機関は JPNIC）が付与し，ホストアドレスは各ネットワークの運用者に任せるという方法が採られている．

ホストアドレス部を大きくとればネットワーク内に多数のコンピュータ機器を設置でき，小さくとれば機器は少なくなる．実際の各ネットワークは大規模なものから小規模なものまであるので，インターネットの仕様では当初，アドレス割付けの方法を表 7.5 に示すように 3 種類（クラス A，

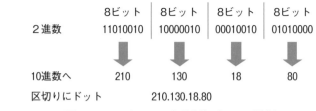

図7.10　IP アドレスの表現方法（IPv4 の場合）

図7.11　IP アドレスの階層割付け

表7.5　ネットワークのクラス種別

クラス	ネットワーク アドレス部	ホスト アドレス部	上位 8 ビット	ネットワーク数	ホスト数
A	8 ビット	24 ビット	1〜126	126	約1700 万
B	16 ビット	16 ビット	128〜191	約 1.6 万	約 6.5 万
C	24 ビット	8 ビット	192〜223	約 200 万	254

B, C）設けて，ネットワーク規模に応じた割付を行うようにした．しかし，このクラス分けでも IP アドレスを有効に利用できず使用されない無駄なアドレスが多く存在する状況となったことと，インターネットの爆発的な普及により割付けるべきアドレス不足が生じたため，現在ではネットワークアドレスとホストアドレスの境界に自由度を持たせて，IP アドレスを有効割当てできる方法が導入されるようになった．

　しかしながら IP アドレスの不足は現実のものとなり，2011 年 2 月には国際機関，また同年 4 月には日本の割当機関の在庫が枯渇し，新たなネットワークアドレスの ISP への割当てはできなくなった．したがって，各 ISP が保持する未割当ての IP アドレスが尽きるのは時間の問題である．この IP アドレス不足の抜本的な対策として，その大きさを 128 ビットに拡大した IP バージョン 6（IPv6）の規格が 1990 年代半ばに制定されており，ISP で IPv6 サービス開始やコンピュータ機器での対応が進みつつある．

　IPv6 のアドレスは単に 128 ビットとなっただけではなく，その表記方法や割り付け方法などが IPv4 と異なる．IPv6 ではアドレスのビット数が多いので，図 7.12 に示すように 16 ビットごとに 16 進数で表現し，コロン（:）で区切った形で表す．このとき 0 が連続する部分は，コロンを 2 つ続けた省略表現（::）を 1 回だけ用いることができる．128 ビットはサブネットプレフィックスとインタフェース ID と呼ぶ 2 つの部分からなり，前者がネットワークを，また後者がコンピュータを識別する情報となっており，IPv4 のネットワーク部とホスト部に相当する．サブネットプレフィックスとインタフェース ID の大きさは基本的には各 64 ビットの割り当てである．IP アドレスの割り当て可能な理論的な台数は，32 ビットの IPv4 で約 43 億であるのに対し，128 ビットの IPv6 では IPv4 の約 29 乗倍ときわめて大きい．これは，あらゆるものに IP アドレスの付与が可能

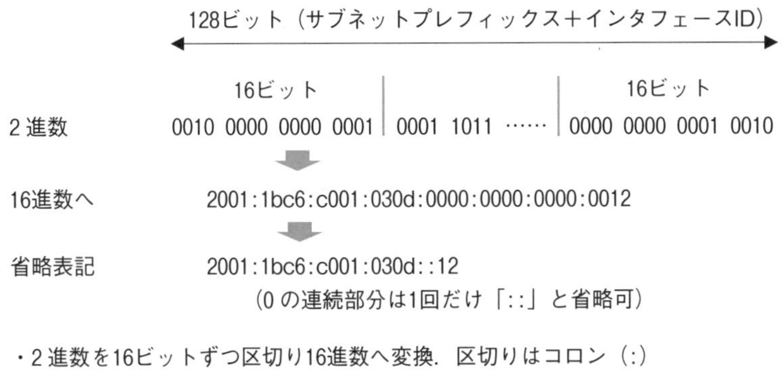

128ビット（サブネットプレフィックス＋インタフェースID）

	16ビット		16ビット
2 進数	0010 0000 0000 0001	0001 1011 ······	0000 0000 0001 0010

16進数へ　　　　2001：1bc6：c001：030d：0000：0000：0000：0012

省略表記　　　　2001：1bc6：c001：030d：：12

（0 の連続部分は1回だけ「：：」と省略可）

・2 進数を16ビットずつ区切り16進数へ変換．区切りはコロン（：）

図 7.12　IPv6 アドレスの表現方法

となることを意味している．今後，IPv4 と IPv6 は，長期間にわたって並存して利用されるものと考えられる．

(2)　ドメイン名と DNS

IP アドレスは上記で述べたように 10 進数や 16 進数で表現されるが，これでも人間にとっては扱いにくい．このため番号ではなくドメイン名（domain name）という人間が記憶しやすく，取り扱いに優れた名前をコンピュータにつけて使用することが考えられた．しかし，インターネット内ではコンピュータやルータが IP アドレスを解釈して，パケットを宛先に向けて転送するため，ドメイン名から IP アドレスへの変換機構をネットワークに用意する必要がある．この変換機構をDNS（Domain Name System）といい，これを実現するコンピュータのことを DNS サーバという．

ドメイン名は IP アドレスと同様にインターネット上で重複しないようにする必要があるため，国名や属性などにより分類し階層化して表現するよう決められている．ドメイン名はドットで区切られた複数の文字列で構成される．

日本国内で割り当てられるドメイン名（JP ドメイン名）には，属性型 JP ドメイン名，地域型 JPドメイン名，汎用型 JP ドメイン名の 3 種類がある．

属性型 JP ドメイン名は組織属性を反映した表現であり，www.senshu-u.ac.jp などがその例である．jp は第 1 階層でトップレベルドメインと呼ばれ，通常は国の識別子である．トップレベルドメインの例を表 7.6 に示す．その左の ac は第 2 階層でセカンドレベルドメインと呼ばれ，この例では組織属性として教育・学術機関を表している．第 2 階層の組織属性の例を表 7.7 に示す．第 2階層以上は各国のドメイン名管理機関（日本では JPNIC）により分類と割当てが行われる．また，senshu-u は組織名を示し，www は senshu-u の中のコンピュータの名称（この場合は WWW サーバ）である．

表 7.6　トップレベルドメイン名の例

jp	日本
uk	イギリス
com	商業組織（米国）
org	非営利組織（米国）
gov	米国政府機関

表 7.7　組織属性の例

ac	教育・学術機関
co	企業
go	政府機関
or	財団法人など

　地域型 JP ドメイン名は，地方公共団体などに付与され，たとえば北海道なら「pref.hokkaido.jp」となる．汎用型 JP ドメイン名は，特に制約はなく日本語も使用可能で，たとえば「abcde.jp」「総務省.jp」といった表記もできる．属性型 JP ドメイン名は当初から利用されているが，最近は汎用型 JP ドメイン名の使用が増えている．

　次に DNS の仕組みを説明する．DNS は氏名から電話番号を自動で調べる電話帳のようなものである．DNS は階層化されている．たとえば日本国内の A 社の LAN 内のパソコンから，米国の B 社の WWW サーバにアクセスする場合，まず A 社内の DNS サーバに通信相手のドメイン名に対する IP アドレスを問い合わせる．A 社の DNS サーバが B 社の WWW サーバの IP アドレス情報を持っていれば，その値を渡してアクセス可能になる．しかし，A 社の DNS サーバは，世界中のコンピュータのドメイン名と IP アドレスの対応情報を持っているわけではない．DNS サーバが通信先の IP アドレス情報を持っていない場合には，最上位の DNS サーバに，どの DNS サーバに聞きに行けばよいかを尋ね，通知された DNS サーバへ問い合わせる．その DNS サーバに情報がない場合には，持っていそうな下位の DNS サーバを教える．このように DNS は階層化されており，DNS サーバは上位にある DNS サーバと配下にある DNS サーバとを知っていればよい．最下位の DNS サーバは，当該ネットワーク内のコンピュータのドメイン名と IP アドレスの対応情報を常に保持するが，他のネットワークのコンピュータに関する情報は一時的に保持するのみである．DNS サーバへの問い合わせに使用するアプリケーション層のプロトコルが DNS プロトコルである．

　また，インターネットに接続されるコンピュータ（スマートフォンなど含む）に IP アドレス情報を自動的に配布する **DHCP**（Dynamic Host Configuration Protocol）サーバがあり，当該コンピュータへ IP アドレスの割付けを行い，DNS サーバの IP アドレスなどと共に通知する．

⑶　TCP/IP

　インターネットのいろいろなアプリケーションで使用される共通的なプロトコルとして，ネットワーク層の IP（Internet Protocol）とトランスポート層の TCP（Transmission Control Protocol）が

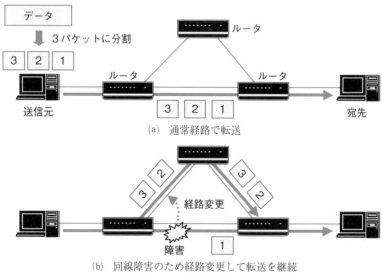

(a)　通常経路で転送

(b)　回線障害のため経路変更して転送を継続

図 **7.13**　インターネットでのパケット転送

ある．これら2つを組み合わせて使用することから **TCP/IP** と記述することが多い．

　IP の機能は宛先コンピュータの IP アドレスに基づいてパケットを転送することである．送信元コンピュータは，パケットの荷札に相当するヘッダ部分に宛先 IP アドレスを入れて，他のネットワークとの出入口に設置された中継装置であるルータへ送信する．ルータではパケットを受領すると，宛先 IP アドレスを調べて，どの回線へ送出すればよいかを決定する．ルータのこのような機能をルーティング（routing）といい，パケットは各ネットワークを経由して宛先コンピュータへ到達する（図 7.13(a)）．ルータでは送出しようとした回線が混雑している場合，あるいは障害状態の場合には，次善の代替経路となる回線を選択して送信する（図 7.13(b)）．アプリケーションのデータが複数のパケットに分割されていても，インターネット上を流れる各パケットの IP による制御は基本的に独立である．このため，あるアプリケーションの複数パケットが，宛先コンピュータへ順序が逆転して到着することがある．また，ルータが過負荷となったり，回線障害が発生すると，転送中のパケットが紛失することがある．

　TCP は上記の IP だけでは解決できない問題に対して，パケットを宛先コンピュータに正しく届けることがその役割である．具体的にはパケット紛失が発生した場合には，これを検出して再送する．また，宛先コンピュータに順序が逆転して到着したパケットは，順序を正しく並べ替えてから，上位のアプリケーションプロトコルへ引き渡す．このために TCP のヘッダの中に順序番号の情報をつけている．受信側ではデータパケットを受信すると応答パケットを送信し，送信側は応答パケットの受信によりデータパケットが相手に正しく届いたと判断する．一定時間経っても応答パケットを受信できない場合にはデータパケットを再送する．また，ルータの過負荷状況を緩和する

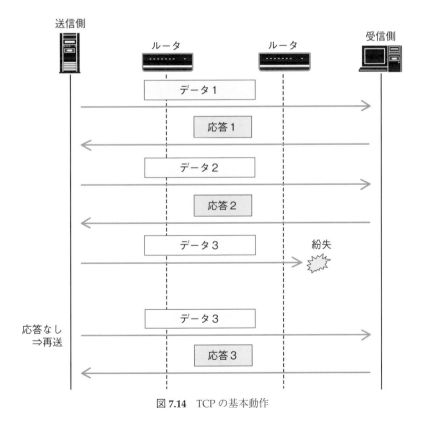

図 7.14　TCP の基本動作

ためネットワークの混雑状況を推定して，送信するパケット数を調整する輻輳制御という機能もある．TCP の基本動作を図7.14 に示す．

　また，トランスポート層のプロトコルとして，TCP のほかに **UDP**（User Datagram Protocol）がある．UDP は TCP とは異なり，パケットの再送機能や順序の並べ替えの機能はない．たとえば音声通信やビデオ通信のように，再送や並べ替えを待つことができないようなストリーミング（7.4.3項(3)で述べる）などのアプリケーションで使用される．

　さらに，パケットを正しく送信するとともに，接続時間の最小化，ネットワーク切替わり時の通信継続などを実現する **QUIC** という新しいトランスポートプロトコルが標準化されて，利用が始まっている．

　TCP や UDP では受信したパケットをどのアプリケーションに引き渡すかの識別情報（ポート番号という）が必要となるが，このために電子メールなどの代表的アプリケーションプロトコルにはポート番号があらかじめ割り当てられており，ウェルノウンポート番号と呼ばれる．

7.4.3　インターネットアプリケーション

(1)　電子メール

　電子メール（E-mail）は，コンピュータ間で文字だけでなく画像や音声も含む情報を交換できるアプリケーションである．電子メールの利用者には，ネットワークの管理者からたとえばabcd@senshu-u.jp のようなメールアドレスが割り当てられ，利用に際しては利用者本人であることを確認するためのパスワードを入力する．@ の後ろの senshu-u.jp 部分はメールを処理するサーバを表すドメイン名であり，@ の前の abcd 部分はユーザ登録名，ユーザ ID あるいはメールアカウント名と呼ばれる個人を識別する ID である．

　電子メールを使用するには一般にメーラと呼ばれる電子メール用のソフトウェアを使用し，作成されたメールは **SMTP**（Simple Mail Transfer Protocol）というプロトコルを用いて SMTP サーバに送信される．SMTP サーバではまず，DNS サーバに対して宛先メールアドレスに対応する宛先メールサーバ（POP3 サーバ）の IP アドレスを問い合わせ，SMTP を用いてメールを POP3 サーバへ送信する．**POP3** サーバはメールを受信すると，利用者ごとに用意されているメールボックスにメールを格納する．宛先の利用者は適宜，メールソフト（メーラ）を起動し，POP3（Post Office Protocol 3）プロトコルを用いてメールボックスから電子メールを取り出す．以上の流れを図7.15

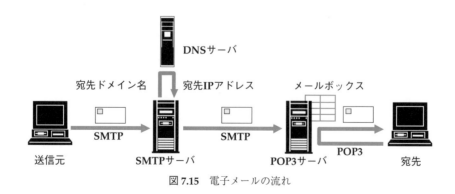

図 **7.15**　電子メールの流れ

に示す．この電子メールが宛先の利用者まで届く流れは，郵便システムと対比してみるとわかりやすい．すなわち，発信者によりポストに投函された郵便物を，宛先の集配局の私書箱（あるいは宛先の玄関口の郵便受け）に届けるまでの手順が SMTP に相当し，私書箱（あるいは郵便受け）から郵便物を取り出す手順が POP3 に相当するとみなせる．私書箱（あるいは郵便受け）を見に行かない限り，すなわちコンピュータを起動しメールソフトで受信チェックをしない限り，自分宛の電子メールを受け取ることができない．携帯電話会社が提供する携帯メールではメールが送られてくると直ちに着信音などで知らせてくれるが，それとは大きく異なるところである．

　電子メールは，当初は英数字を表現する ASCII コードによるテキスト形式のデータしか送信することができなかったが，漢字などの 2 バイトコードや画像，音声などのバイナリ情報（テキスト形式以外のデータ）を送信するため，**MIME**（Multipurpose Internet Mail Extensions；マイムと読む）という規格が制定された．MIME は送信したい情報を ASCII コードに変換する規定であり，これによりさまざまな形式の情報をメールで送信することができる．

　メールソフト（メーラ）を用いずに，Web ブラウザを利用したメールサービスとして Web メールがある．Google の Gmail，Yahoo！の Yahoo メールなどが有名である．Web メールの機能はアプリケーションのひとつとして Web サーバに実装され，メールサーバとの間でメールの送受信を行うことにより実現する．Web ブラウザはこのためのユーザインタフェースを提供するのである．

　Web サーバがメールサーバからメールを読み出すために使用する受信用プロトコルは主に IMAP である．前述の POP3 ではメールはメールサーバから端末にダウンロードして保存しメールソフトが管理するが，IMAP ではメールはメールサーバに保存しておき，メール検索処理などもメールサーバが行う．

（2）**Web**

　Web とは世界中のコンピュータに蓄積されている情報を共有するためのシステムであり，マルチメディアの仮想的な巨大データベースを提供するものといえる．**World Wide Web**（世界中に張り巡らされたクモの巣という意味）を省略した表現であり，**WWW** ともいう．さまざまな情報は Web サーバに保存され，ネットワークを介して接続されたコンピュータの Web ブラウザから閲覧することができる．

　Web では各情報が相互に関連付けられているため，関連情報へはクリックするだけで簡単にアクセスできる．Web サーバに蓄積される情報（コンテンツ）は，表示単位であるページ（文書）の集合体である．ページの中でアンダーラインが付与されたキーワードや色が異なるキーワードをマウスで選択してクリックすると，関連情報のページへジャンプする構造となっている．このように情報を関連付けて簡単にアクセスできるようにすることを，リンクを設定するあるいはリンクを張るという．リンクは Web サーバ内のページ間だけでなく，他の Web サーバのページへも設定され，世界中の情報を相互に関連付けることが可能となる．これをハイパーリンクといい，ハイパーリンクを使用して構成された文書のことをハイパーテキストという（図 7.16）．また，Web は文字，画像，音声などさまざまなデータ形式の情報を扱うことができる．

　以上のような Web のコンテンツを記述するための言語として，**HTML**（HyperText Markup Language）や **XML**（eXtensible Markup Language）などがある．XML は利用者が独自に記述機能を定義できるなど拡張性がある．また，Web ブラウザが Web サーバにアクセスしてコンテンツを

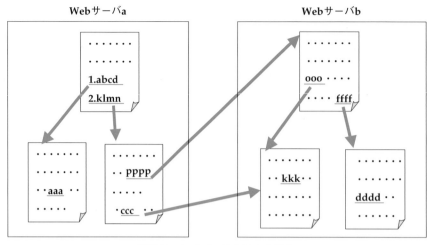

図7.16　ハイパーテキストの概念

取得するために使用するプロトコルが **HTTP**（HyperText Transfer Protocol）である．現在使用されている代表的なブラウザには，**Chrome**，**Firefox**，**Safari**，**Microsoft Edge** などがある．

　Web は上記のようにサーバに蓄積された情報を閲覧する静的なサービスとして登場したが，現在ではアプリケーションを実行してユーザーインタフェースを向上させるといったことなど，プラットフォーム的な役割を果たすようになった．たとえば，Web ブラウザの検索ボックスに文字を入力し始めると検索候補が次々と表示される（インクリメンタルサーチという）が，これはブラウザがキー入力を1文字検出するごとにサーバへ送信し，サーバではこれに基づき検索候補のリストをブラウザへ返却し，ブラウザはこれを表示するという流れである．また，地図検索サービスのGoogle マップでは，表示画面上でマウスを動かすと次々と隣接地域が連続的に表示される．これは地図が多数のタイルに分割されており，マウスを動かすと隣接のタイルがサーバから送信され，これをブラウザ上のアプリケーションプログラムが繋ぎ合わせて連続した表示を実現している．このようにサーバと連携して動的にコンテンツを生成して表示するなどの仕組みが用意されている．

　Web 技術をベースに，個人による情報発信やコミュニケーションのためのソーシャルメディアと呼ばれる新たなサービスとして，ブログ，SNS，電子掲示板などが開発された．

　ブログ（blog）とは，個人や組織が運営し，頻繁に内容が更新される簡易な Web サイトである．ブログという言葉は，まず Web と Log（記録）から weblog（ウェブログ）という言葉が作られ，それを略した表現として定着したものである．ブログを構築できる無料のサイトと作成ツールが多く提供されており，HTML の知識がなくともコンテンツを容易に作成でき，更新した内容は直ちに反映される．内容は個人的な日記から専門的なトピックを扱ったものまでさまざまである．

　SNS（Social Networking Service）は，人とのつながりを作り，その輪を広げるためのコミュニケーションサービスである．当初は，既存の会員の招待がないとサービスに加入できない招待制であったが，最近は招待を必要としない登録制のサービスが多くなった．知り合いの輪をベースとしているため参加者間のトラブルが少ないことが SNS の特徴と言われていたが，登録制への移行に伴いこの特徴が薄れた．国内では 2004 年から国内企業の **mixi** や **GREE** がサービスを開始し，その後，米国で開発された Twitter や Facebook が広く利用されている．**Twitter**（ツイッター）とは，ユーザが tweet（つぶやき）を投稿することで，気軽にコミュニケーションを行えるサービスであ

り，ミニブログともいわれる．一度に投稿できる文章の長さは 140 文字以内である．**Facebook**
は，実名登録を前提として，文章だけでなく写真や動画などを投稿できるコミュニケーションサー
ビスである．投稿された内容に対して，コメントする方法のほかに，「いいね！」ボタンが用意さ
れており，手軽に共感を伝える手段となっている．また，韓国企業の日本法人が 2011 年に開発し
た **LINE** は，スタンプと絵文字で気持ちを伝えるメッセンジャーアプリケーションとして始まった
が，SNS としての機能なども追加され，現在ではソーシャルメディアの代表的存在として広く普
及している．また，写真・動画に特化した SNS として Instagram がある．

(3)　ストリーミング

インターネット上には，動画や音楽のコンテンツを提供するサーバがあり，近年アクセス数が増
大している．このコンテンツを利用者へ配信する方式のひとつとしてストリーミング（streaming）
がある．ストリーミングは，サーバが動画や音声のデータファイルをクライアントのコンピュータ
に送信し，クライアントが受信を開始したら再生する配信方式である．なお，ファイルをクライン
トがすべてダウンロードした後に再生を行う方式はダウンロード型という．映画などファイルサイ
ズが大きいコンテンツをサーバから受信して再生する場合，ファイル全体をダウンロードするには
非常に時間がかかり，コンテンツを要求してから実際に見られるまでにかなりの時間を要すること
がある．ストリーミングならばこの問題を解決することができ，またクライアントのコンピュータ
にはデータを蓄積しないので，メモリ量が少なくて済むという利点もある．ストリーミングは，コ
ンサートや講演会などをライブ配信する場合にも利用される．ストリーミング用のプロトコルとし
て **RTSP**（Real Time Streaming Protocol）などがある．

ストリーミングに類似したコンテンツの配信方式として，プログレッシブダウンロード（疑似ス
トリーミングともいう）がある．ファイルをダウンロードしながら再生するという点ではストリー
ミングと同じであるが，HTTP プロトコルによる転送を行うため，ストリーミングサーバを用いる
必要がないという利点がある．**YouTube** やニコニコ動画ではこの方式が用いられている．

ストリーミング用のソフトウェアの代表例として，Windows Media Player，Real Player，
QuickTime，Flash Player がある．

(4)　FTP

コンピュータ間でプログラムやデータなどファイルを転送するために使用するプロトコルとして
FTP（File Transfer Protocol）がある．電子メールと同様にインターネットの初期の時代から使用さ
れている．FTP サーバと FTP クライアントの間でファイルが転送され，FTP クライアントのファ
イルを FTP サーバへ転送することをアップロード，FTP サーバから FTP クライアントへ転送する
ことをダウンロードという．FTP はたとえば，音楽ファイルをダウンロードする場合や Web サー
バのコンテンツをクライアントから Web サーバへアップロードする場合に使用される．

FTP ではサーバに対してクライアントが接続許可された利用者であるか否かを確認するため，最
初にユーザ名とパスワードを用いた認証手順が行われる．

(5)　TELNET

遠隔のコンピュータをあたかも自分のコンピュータのように操作するために用いるプロトコルで

ある．また，このためのソフトウェアのことも TELNET という．これにより，遠隔地からサーバ保守などの利用が可能となる．FTP の場合と同様に，最初に利用者 ID とパスワードにより利用者認証を行う．なお，暗号化されずに情報の転送が行われセキュリティ上の問題があるため，現在ではあまり利用されなくなっている．これを補うため，暗号機能により安全にリモートコンピュータへログインできる SSH（Secure SHell）というプロトコルがある．

7.4.4　IoT

IoT（Internet of Things）とは，あらゆるモノをインターネットに接続して人間に様々なサービスを提供する概念，仕組みのことである．個人，社会，産業など各分野で大きな役割を果たすことが期待されている．たとえば，個人における外出先からのスマートフォンによる自宅の状況確認と家電制御（例：室温チェックとエアコン起動），企業における効果的な製品製造のための工場設備のリアルタイムな管理・制御，農業における生育環境のデータ（例：温度，土壌の水分量，照度）の把握と対応措置，医療における遠隔診断や遠隔手術，電力業界におけるスマートグリッド（供給と需要をリアルタイムに把握して適切に電力を制御）などが IoT で実現できる．

IoT を推進する技術としてセンサ技術，通信ネットワーク技術，データ分析技術がある．IoT においては，モノの状態や状況（温度・気圧・照度・振動・傾斜・位置など）を把握して制御する必要があるため，センサ技術が重要である．収集した大量データを分析し活用するために統計解析や機械学習（AI）が必要となる．また，対象とするモノとの通信には利便性の点から無線を利用することが基本となっている．IoT の対象領域は広範囲であり通信に対する要求条件は様々である．自動運転や遠隔手術のようなミッションクリティカル（業務の遂行やサービスに必要不可欠で，障害や誤作動などが許されないこと）な分野では超高信頼・超低遅延が要求される．一方，水道などの自動検針や橋桁の異常検知のように収集データは少量ではあるが，対象が膨大なため保守コストの低減が必須の分野がある．後者に対応するため，ビットレートが低く，バッテリー動作を前提とした低消費電力の無線通信方式である **LPWA**（通信距離：数 km 程度）や **ZigBee**（通信距離：数 10m 程度）などが注目されている．

また，IoT としてインターネット接続される機器にはセキュリティ能力が低いものも多く存在する．ハッカーによって家電機器が制御されることや，Web カメラでプライバシー侵害といったことも起こり得るのであり，情報システムとしてのセキュリティ対策が必要となる．

7.5　情報システムの構成と企業ネットワーク

ネットワークを介して接続されたコンピュータは，各々どのような役割分担を行って，目的とする機能やサービスを実現するのであろうか．現在の情報処理システムで主に用いられているのは，クライアントサーバ処理という形態である．また，企業の情報システムは，広く普及しているインターネット技術を用いて構築することが多く，そのような企業情報ネットワークのことをイントラネットという．

現代では，ハードウェアやソフトウェアを所有せず，高速なネットワークを介してサービス提供事業者のサービスを利用するクラウドコンピューティング（クラウド）によって情報システムを構築することが増えている．クラウドの基本は CPU やメモリやソフトウェアなどコンピューティング資源を仮想化し，必要な時に必要な量だけを提供する仕組みである．情報処理方式の代表であるクライアントサーバ処理（7.5.1 項）のシステム構築に際して，自前のサーバ設備を用意することなくクラウドを利用すると費用削減や柔軟な対応などが可能となる．たとえば Web での期間限定キャンペーン時の多数アクセス処理に対応するため，利用する資源量を一時的に増やすといったことが実現できる．また，イントラネット（7.5.2 項）で使用する各種サーバをクラウドに代えて情報システムを構築することも有効である．ただし，クラウドは資源共有が前提のため，高度なセキュリティ・安全性・安定性を実現したい場合には採用に際しては十分な検討と考慮が必要である．

7.5.1 クライアントサーバ処理

現代の情報システムはネットワークに接続された複数のコンピュータにより構成され，各々のコンピュータが適切に機能分担することにより，拡張性や柔軟性をもつ情報処理方式となっている．その代表的な方式がクライアントサーバ処理であり，これを実現したシステムをクライアントサーバシステム（client server system）といい，略して C/S と記すこともある．

クライアントサーバ処理は，各クライアントの業務処理に必要な共通的な機能やデータを提供するサーバと，これを利用するクライアントコンピュータとが連携してサービスを利用者に提供する．すなわち，図 7.17 に示すようにサービスを提供するサーバ（奉仕者）とサービスを要求するクライアント（顧客）に分けて情報処理システムを構築するものである．サーバはプリンタやファイル格納用ディスクなどのハードウェア資源，各種アプリケーションソフトやデータベースなどのソフトウェア資源を管理してクライアントにサービス提供する．代表的なサーバとしてはプリンタサーバ，ファイルを一括管理して利用者間でのファイル共有などを可能にするファイルサーバ，Web サービスを提供する Web サーバ，データベースのサービスを提供するデータベースサーバ，メールの送受信を実行するメールサーバなどがある．

身近な例として，大学内のコンピュータ端末室でのパソコン利用を見てみる．端末室にはパソコンが 50 台程度と共通の高速プリンタ（サーバ機能付き）が 1 台設置され LAN で接続されている

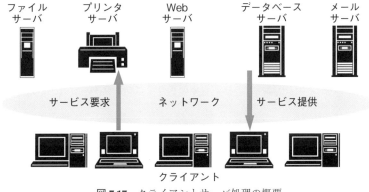

図 **7.17** クライアントサーバ処理の概要

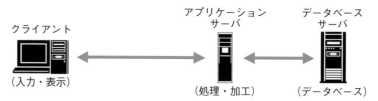

図7.18　3 階層型クライアントサーバシステム

とする．ワープロでレポートを作成し印刷する場合，パソコンで印刷指示をすると，LAN を経由してプリンタサーバへ印刷情報が送信される．プリンタサーバはプリンタの管理と制御を行い，クライアントである各パソコンからの印刷データは，プリンタサーバのディスクに格納された後，順番にプリンタへ印刷データが送られ印刷される．

　クライアントサーバシステムの特徴は，ハードウェア資源やソフトウェア資源を共有することにより，システム導入コストや運用コストを軽減できる．また，サーバやクライアントのコンピュータを，業務内容や規模の拡張，すなわち新規機能の要求やデータ量の増大に応じて，比較的容易に拡張可能である．さらに，複数のコンピュータでシステム全体が構成されるので，あるコンピュータに障害が発生してもすべてのサービスが使用できなくなるという状態を回避でき，情報システムの信頼性が高まる．

　一方，特定のサーバに負荷が集中するという問題があり，負荷分散を考慮した設計が必要である．また，複数のコンピュータで構成されるため，システム規模が大きくなると問題発生時の原因切り分けが難しくなる．

　上記のクライアントサーバシステムは，業務処理をクライアントとサーバの 2 つのコンピュータに分担した 2 階層構造である．一方，現在の業務処理では利用者が使い慣れた Web ブラウザを使用し，またデータベース機能を用いるアプリケーションが多い．この場合の処理は，図 7.18 のようにデータベースサーバ，計算や分析処理などサービス固有の機能を行うアプリケーションサーバ，ブラウザで入出力を行うクライアントの 3 階層構造となり，サーバ側の処理を 2 つに分けている．Web サービスであるブログの場合を例としてみる．ブログのコンテンツ自体は関係データベースで構築されたデータベースサーバにあり，利用者はブラウザから入力フォームに従ってデータ入力を行う．入力されたデータはアプリケーションサーバへ送信され，アプリケーションサーバはこの入力フォームのデータに基づいてデータベースサーバへアクセスしてデータを保存する．また，アプリケーションサーバはデータベースからデータを読み出し，表示形式に従って加工した後，Web コンテンツの記述言語である HTML などに変換して，クライアントへ送信する．このような情報の蓄積，処理加工，表示という 3 階層構造を採ることにより，サーバの負荷分散が図られ，またクライアント側に特別なソフトウェアをインストールする必要がなくなり情報システムの保守・運用が楽になる．現在では，この 3 階層型のクライアントサーバシステムが主流である．

7.5.2　イントラネット

　イントラネット（intranet）とは，Web などインターネットで開発・利用されている技術を用いて，企業内など限定された範囲で構築された専用ネットワークのことをいう．イントラネットで運

用されるサービスには，社内文書の配布や保存などの情報共有，製造状況の進捗管理，経理情報を扱う財務会計，顧客管理などの営業情報，予定を管理するスケジューラなどがある．

　インターネットと同じ技術とユーザインタフェースをベースとして，社内情報システムを構築することによりさまざまなメリットがある．まず第1に，システム構築費用を削減できることである．たとえばWebシステムを構築するためのソフトウェアは，無償または安価に入手できるものが多い．Webブラウザなど閲覧用のソフトウェアは無償である．ネットワーク機器などハードウェアについても世界中で市販品が大量に製造・販売されているので安く調達することができる．第2に，新たに開発するものが相対的に少なくなるので，構築に要する期間を短縮できる．第3に，ユーザ教育とサポートのコストを削減できる．Webは今や非常に使い慣れたユーザインタフェースであり，Webサーバとブラウザを使用した情報システムとすることにより，特別なユーザ教育やサポートの手間もかからない．第4に，インターネットでは日々新たな機能やサービスが開発されているが，それらの新しいインターネット技術を取り込むことができるという情報システムの拡張性をもたらすことである．

　最近増加している在宅勤務やテレワークに対応するためには，社外にある端末をVPN（仮想私設通信網）を利用して社内のLANに接続する必要がある．

　また，クラウドを利用してイントラネット相当の環境を構築することも行われているが，外部ネットワークとの接続があるため，セキュリティ面に関しての十分な検討が必要である．

　イントラネットは現代の企業において不可欠のものであるが，企業活動は1社に閉じるものではなく，自社の強みを活かしつつ不足している技術や部門は他社と業務提携して補うことでビジネスを進める．このため業務提携したパートナー企業のイントラネットと相互接続した利用形態が増えている．第2章の電子商取引で説明したB to Bである．この各会社のイントラネットを相互接続するネットワークのことをエクストラネット（extranet）という．これにより企業間の情報のやり取りが容易となり，商品開発や営業活動の促進が図れるが，情報セキュリティに対する考慮や取り決めが必要となる．イントラネットとエクストラネットの概要を図7.19に示す．

図**7.19**　イントラネットとエクストラネット

演習問題

1. 回線交換とパケット交換について，その特徴をあげなさい．
2. ネットワークを介してコンピュータ間で通信を行う際の取り決めのことを何というか．
3. OSI 参照モデルの 7 階層の名称を示しなさい．
4. 4M バイトのデータを 8Mbps のブロードバンド回線で伝送するのに何秒かかるか．
   ただし，回線を 100% 有効利用できるものとする．
5. LAN の接続形態の種類をあげなさい．
6. 現在，主に利用されている有線 LAN の技術名称と特徴を説明しなさい．
7. IPv6 の導入により可能となることに関する次の記述のうち，最も適切なものはどれか．
   ア．光ファイバーを始めとするブロードバンド回線のサービスが利用しやすくなる．
   イ．IP アドレスの不足が解消し，いろいろな機器をネットワークへ接続できるようになる．
   ウ．動画や音楽など Web を通じて利用できるコンテンツが多くなる．
   エ．メールアドレスやドメイン名の付与方法に関する制約がなくなる．
8. ドメイン名と DNS について，その関係を含めて説明しなさい．
9. 次のプロトコル名称（a〜d）とその機能（①〜④）を対応付けなさい．
   a）FTP   b）SMTP   c）HTTP   d）POP
   ①　メールの受信   ②　メールの送信
   ③　Web 情報の転送   ④　ファイルの転送
10. ハイパーテキストについて説明しなさい．
11. クライアントサーバ処理に関する次の記述で間違っているもの 1 つはどれか．
    a）業務の拡大に伴ってクライアントやサーバを容易に追加できる．
    b）クライアントは複数のサーバを利用することができる．
    c）サーバはクライアントへ要求を送り，クライアントは処理結果を返送する．
    d）サーバは必要に応じて，別のサーバへ処理を要求する．
12. イントラネットとは何か，インターネットとの関係を含めて説明しなさい．

文献ガイド

［ 1 ］　諏訪敬祐，渥美幸雄，山田豊通：情報通信概論，丸善，2004．
［ 2 ］　戸根勤：ネットワークはなぜつながるのか第 2 版，日経 BP 社，2007．
［ 3 ］　日経 NETWORK 編：絶対わかる！ネットワークの基礎超入門，日経 BP 社，2007．
［ 4 ］　中嶋信生，有田武美，樋口健一：携帯電話はなぜつながるのか　第 2 版，日経 BP，2012．
［ 5 ］　国立研究開発法人情報通信研究機構（NICT）：Beyond 5G/6G White Paper 日本語 2.0 版，2022．
［ 6 ］　尾家祐二，後藤滋樹，小西和憲，西尾章治郎：インターネット入門（岩波講座），岩波書店，
　　　　2001．
［ 7 ］　井上直也，村山公保，竹下隆史，荒井透，苅田幸雄：マスタリング TCP/IP 入門編第 6 版，オーム
　　　　社，2019．
［ 8 ］　日経 NETWORK 編：絶対わかる！ IPv4 枯渇対策 & IPv6 移行超入門，日経 BP 社，2011．
［ 9 ］　藤本壱：これだけは知っておきたい Web アプリケーションの常識，技術評論社，2008．
［10］　伊本貴志：IoT の教科書，日経 BP 社，2017．
［11］　総務省：情報通信白書令和 4 年度版，2022．
　　　　http://www.soumu.go.jp/johotsusintokei/whitepaper//r04.html

第8章

情報システムの構築と維持

　情報システムは，組織や社会の問題解決のために構築され，運用・維持される．新たな課題や技術が出てくると，改善・更新され，その利用価値がなくなると処分される．この様子を，人の一生になぞらえて，情報システムのライフサイクルという．この章では，どのような過程を経て情報システムが構築・維持され，処分されるに至るのかについて学ぶ．

8.1　情報システムのライフサイクル

　情報システムは，人が創り，人が利用するものである．このため，価値ある情報を集め，加工し，伝達する仕組みを生み出し，維持していくには，ライフサイクルという考え方が重要となる．情報システムのライフサイクルという概念は，当初は情報システムが対象ではなく，その中の情報処理機構の実現手段であるソフトウェアのみを対象とするものであった．当時，ソフトウェアの開発は，その開発者の経験や能力に大きく依存していた．しかし，情報システムの規模が大きくなり，複雑なソフトウェアが必要になると，経験や能力の有無を問わず多人数の開発者が関わることとなり，開発期間の大幅な超過やソフトウェアの品質が問題となった．これを解決するために，開発全般の進め方の標準化が行われ，ソフトウェアを効率的に開発するための方法論の研究が盛んに行われるようになった．そこで生まれたのがソフトウェア工学である．ソフトウェア工学の発展に伴って各種の標準化が進み，1995 年に ISO/IEC 12207（Software Life Cycle Processes）が制定された．その後，高度情報社会と呼ばれる時代に入り，情報システムが社会的なインフラとして浸透してくるにつれ，情報システムの適用範囲や規模が大きくなり，ソフトウェアを対象とした方法論だけでは対応できなくなり，ソフトウェアとハードウェアおよび人の活動を含んだ情報システムを対象とした ISO/IEC 15288（System Life Cycle Processes）が標準化されるに至った．この ISO/IEC 15288（日本工業規格の JIS X 0170）では，情報システムの利害関係者（ステークホルダ）の要求を定義するところから始まり，要求分析，方式設計，実装，統合，検証，移行，妥当性確認，運用，保守，処分というライフサイクルが定義されている．

　情報システムの一生は，情報システムが稼働した時点からではなく，その必要性が検討された時点から始まる．人間は，社会または組織において，「情報を取得して認知し，思考し，意思決定して外部へ働きかける」という情報行動をとる．この情報行動において問題点が発見されると，その改善のための情報システム構築が検討される．この段階は，情報システムの企画，または定義などと呼ばれる．この企画段階で情報システムの必要性を明らかにした後，具体的な開発に入る．本書では，問題の発見や企画を含め，稼働して運用・維持されるまでを「構築」とし，この「開発」と

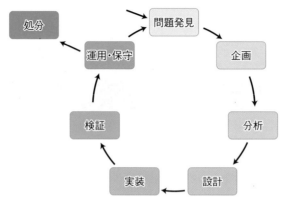

図 8.1　情報システムのライフサイクル

区別している.

　情報行動の目標を具体化し, "〜したい" という利用者の要求（Needs）を満たすために, "〜し
なければならない" という情報システムの要件（Requirements）を定義する. この段階を情報シス
テムの分析という. ただし, 「要求」と「要件」の違いについては, さまざまな議論があるので,
注意が必要である. この分析段階での結果に基づき, 情報システムを実現する具体的な手段や必要
な技術（ソフトウェア・ハードウェア）, 情報の流れや構造, 提供方法, 技術的な仕様などに展開
していく. この段階を情報システムの設計という. 設計段階が済んだら, 次にその仕様に基づいて
ソフトウェア・プログラムの開発や, ハードウェア装置によりネットワークを構築する実装（製
造）が行われ, 品質・性能・仕様などを満たしているかどうかの検証（テスト）を経て稼働し, 最
終的に現行の仕組みからの移行を行って運用に至る. その後, 情報システムは維持され保守されな
がら, 実社会, 実務で利用される. 情報システムを取り巻く環境は常に変化していることから, こ
の間に新たな問題点や要求が生じ, 解決のためにまた企画に戻る, という具合に, 継続的な改善が
行われる. 情報システムを構成する ICT（ソフトウェアやハードウェア, 技術）の陳腐化や, 組織
や仕組み自体の硬直化によって情報システムが使用に耐えなくなってくると, 処分（破棄）され
る. その後, 新たな情報システムが企画され, その機能は継承される.

 具体的な構築手法

　旧来, コンピュータ・システムが介在しない情報システムにおいては, 利用者自身が問題を認識
し, その解決のための情報システムを構築・維持してきた. しかし, コンピュータによる情報処理
機構が情報システムの支援に力を発揮し始めてからは, 構築・維持に専門的な知識が必要となり,
利用者以外の第三者, つまり開発者が介在するようになった. このため, 開発者が情報システム構
築・改善の目的を明確にし, 進めていくための標準的な手段が必要となった. ここでは, これらを
構築の進め方を具体化したプロセス, そこで使われる方法論, 実際に構築を行う組織であるプロジ
ェクト, という3つの観点から述べる.

8.2.1 開発プロセス

開発プロセスとは，情報システムの構築工程をいくつかの段階に分け，作業の全体的な流れやその中で行うべき活動を定義したものである．各工程の意義とそこでの具体的な作業を明確化し，アウトプットを定義することで，多くのステークホルダが関わる情報システムの構築を，認識のずれがないよう整然と進めることができる．これにより，生産性と品質を向上させることを目的としている．以下で，代表的な開発プロセスを紹介する．

ウォーターフォールモデルは，情報システムの構築をいくつかの明確な段階に分け，それぞれの段階をひとつずつ確実にこなしながら次の段階に進んでいくモデルである．基本的に現段階での作業が終わらない限り，次の段階へと進むことはない．これにより，各段階での作業の品質を保ち，かつ手戻りによる開発期間の遅れを防止する．この段階を踏んでいく様子が，滝が流れ落ちる様子に似ていることから，ウォーターフォールと呼ばれるようになった（図 8.2）．大規模な情報システムにおいては，多くの開発者が関わることとなるが，このウォーターフォールでは，各担当者の責任範囲や進捗が明確になり管理しやすい，というメリットがある．一方，情報システムの要件を最初から厳密に定義することは難しいため，完璧に要件を定義してから次の工程に進もうとすると，その工程で多くの時間を費やしてしまうことになり，なかなか次に進むことができず，結果として全体に遅れが生じてしまう．逆に，要件があいまいなまま次の工程へ進んでしまうと結局は手戻りが生じ，変更管理に手間がかかってしまう．よって，次に述べるスパイラルモデル等と組み合わせて利用されることが多い．

スパイラルモデルは，情報システムの全体を一度で完成させるのではなく，部分的な構築を反復的に繰り返しながら徐々に完成させていくモデルである（図 8.3）．ウォーターフォールモデルでは，開発の終盤にならないと実際に動いているシステムを確認することができないため，その段階になって初めて利用者の要求と食い違っていることが判明する，といった問題が起こることがある．スパイラルモデルでは，部分的ではあるが，早い段階で動いているものを確認できるので，利用者からのフィードバックを得て仕様の修正や再設計を行うことでずれが少なくなる．また，一度で完成を目指すのではなく，何度かサイクルをまわすことを前提としたモデルであり，前のサイク

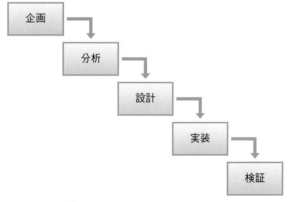

図 8.2　ウォーターフォールモデル

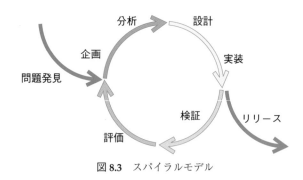

図 **8.3**　スパイラルモデル

ルで取りこぼした要件や未定義の要件，追加の要件などを次のサイクルで再度検討できるため，変更に対応しやすい．逆に言えば，変更管理が難しくなるということである．すべての変更に対応しようとして矛盾が起きてしまったり，やりやすい部分から手を付けて，同じところばかりを作り込んで反復を重ねても進展しなかったり，といった問題も起きやすいため，サイクルを何周まわすかをあらかじめ決めて行われることもある．

　Web 2.0（第 3 章参照）以降は，インターネットを利用した情報システムも増え，そうしたシステムでは Web 上で動くアプリケーションの開発が中心となっている．また，携帯電話の高機能化やスマートフォンの普及に合わせ，モバイルアプリケーションの開発も増えている．これらのシステムは，比較的規模が小さいが利用技術の進化が早く，従来のシステム開発よりも早いサイクルで，かつ継続的なリリースが求められるため，厳格な開発プロセスが適さないこともある．このため，近年ではアジャイル開発が用いられることも多い．アジャイルとは直訳すると「機敏」という意味であり，変化・変更にすばやく適応することを重視した開発の進め方である．スパイラルモデルよりもさらに短いサイクルを繰り返し，機能単位でシステムを更新していく．また，厳密な設計文書などを作成することに力点を置かず，直接的なコミュニケーションで合意しながら開発を進める．進捗は，完成したソフトウェアを尺度として管理していく．すばやくスクラッチ＆ビルドを繰り返し，柔軟かつ迅速に，利用者にとって価値ある情報システムを構築することができる．立ち上げたサービスを仮説検証しながら，着実に成長させていくことに最も適した手法と言われている．代表的なアジャイル開発手法として，スクラムやエクストリーム・プログラミングなどがある．

　それぞれの開発プロセスには向き不向きがあり，情報システムの規模や利用される分野，構築に用いる ICT，組織の成熟度，資金や納期などの制約条件によって最適なものを選択，もしくは適宜併用することが望ましい．

8.2.2　プロジェクトマネジメント

　情報システムの構築は，利用者や開発者が参画したプロジェクトで行われる．プロジェクトとは，明確な始まりと終わりがあり（有期性），二つとない製品やサービス，文書などの成果物がある（独自性）組織の活動である．建物の建設，製品開発，テレビ番組や映画の制作，オリンピックや万博といった大型イベントなどもプロジェクトである．プロジェクトには，予算や納期など，さまざまな制約条件がつく．このような現実的な制約条件の下で，プロジェクトの目的を達成するために，プロジェクトマネージャが中心となり，さまざまな要件のバランスを取りながら統制するこ

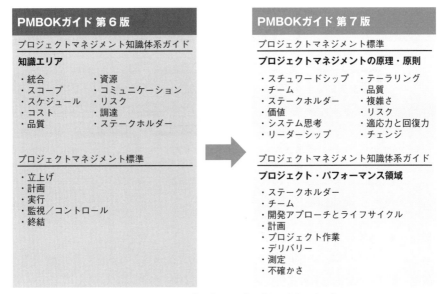

図 8.4 PMBOK 第 6 版から第 7 版の改訂の概要

とをプロジェクトマネジメントという．プロジェクトマネジメントは，1960 年頃にアメリカ国防省の軍事対策や宇宙開発分野で確立したとされる．その後，民間企業へと普及していったが，年々プロジェクトが短期化，低予算化し，さらに外部環境の不確実性が増してきて計画通りにプロジェクトを遂行することが難しくなった．そこで，プロジェクトマネジメントに関するベストプラクティスの共有や標準化を目的として **PMBOK**（Project Management Body of Knowledge）が策定された．PMBOK では，プロジェクトを成功裏に完了させるために管理すべき事項や手順などが体系的にまとめられている．2022 年 9 月時点では PMBOK 第 7 版が最新となるが，第 7 版は第 6 版までの内容から大幅な改訂がなされ，プロジェクトマネジメントに対する考え方そのものが一新された．これまでのプロジェクトマネジメント標準では，プロジェクトの立上げから終結までのプロセスが重視されていたが，第 7 版ではプロジェクトの多様化に対応するため，12 の原理・原則に変更された．さらに，プロジェクトの成果を効果的に達成するため，10 の管理すべき対象としての知識エリアは，8 つのプロジェクト・パフォーマンス領域に変更された（図 8.4）．

　プロジェクトマネジメントは，プロジェクトマネージャの技量や経験に大きく依存する．このため，マネージャのスキル差によって成果にばらつきが出たり，プロジェクトの外部の第三者が進捗状況を把握することはとても困難である．この問題を解決するため，プロジェクトの可視化が重要となる．プロジェクトの進捗や成果を目に見える形で表現することで，客観的な判断ができるようになり，トラブルの早期発見にもつながる．PMBOK のパフォーマンス領域のうち，デリバリーでは，当該プロジェクトの目的を達成するために，「何を」「どこまで」行うか，範囲を決定し，必要な成果物を定義する．このための可視化として **WBS**（Work Breakdown Structure）の作成がある．WBS は，プロジェクトの目的達成のために必要なタスク（仕事）に細分化して階層構造で表した図である（図 8.5）．WBS でやるべきことを明確にしてタスクに分割した後，プロジェクトメンバに分担して進捗を管理する．

　さらにデリバリーパフォーマンス領域では，プロジェクトの成果物の品質も管理する．当然なが

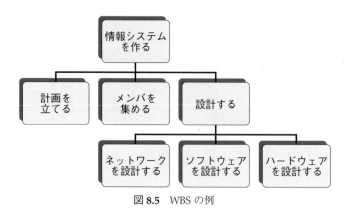

図 **8.5**　WBS の例

　ら，時間やコストをかければかけるほど成果物の品質が向上する可能性は高くなるが，限られた時間内・コスト内でいかに高い品質の成果物をアウトプットできるかは品質マネジメント次第である．品質マネジメントにおける可視化ツールとして，**QC** 7 つ道具がある．QC は Quality Control の略で，①グラフ，②ヒストグラム，③チェックシート，④パレート図，⑤特性要因図，⑥散布図，⑦層別の 7 つを使って欠陥を監視し，その原因を特定して除去する．たとえば①のグラフでは，数値データを棒グラフや折れ線グラフなどで表現し，問題の発見に役立てる．目標値と上下の限界値を定め，グラフ上に管理線を引いたものを管理図といい，データのぶれを視覚的に把握し，異常状態を未然に検出する．この管理図をグラフと区別し，後述する⑦の層別の代わりに 7 つ道具のひとつと数える場合もある．②のヒストグラムは度数分布表とも呼ばれ，データをある一定の区間に分け，区間ごとのデータの個数（度数）を数えて棒グラフにしたもので，データの分布を把握することができる．③のチェックシートでは，点検項目などを一覧表にしてチェックを付けるだけという簡単な方法でミスを防止し，分類したデータの収集を行うこともできる．④のパレート図では，原因を発生頻度順に並べ，その累積を折れ線で表し，原因の中から最も重要なものを浮き彫りにする（図 8.6）．⑤の特性要因図はフィッシュボーンとも呼ばれ，問題の因果関係を整理するのに用いる．⑥の散布図では，2 つのデータ間の相関関係を分析する．⑦の層別とは，データを何らかの観点で分けて分析を行い，問題点を把握する方法である．

　また，計画パフォーマンス領域では，文字通り締切や納期などの時間を管理する．これには，ガントチャートやアローダイヤグラムなどを使用する（図 8.7）．測定パフォーマンス領域では，プロジェクトにかかる諸費用の管理を行うが，コストはプロジェクトを進めていく中で常に変化し続ける．初期に見積ったコスト，作業進捗に応じて予想するコスト，プロジェクト完了時の確定コストは大きく異なる可能性がある．また，一口にコストといっても，契約コスト，予算コスト，月次コスト，日次コストとさまざまである．よって，ここでも可視化が重要となる．コストの可視化は，ROI（Return on Investment）を算出したり，EVM（Earned Value Management）により，その時点までのプロジェクトの成果と，開始時に予測した見積りを比較して状況の変化を捉え，最終的なコストを予想する（図 8.8）．

　プロジェクトマネージャは，以上のようなツールの活用や PMBOK などに基づき，プロジェクトの全体計画の作成，プロジェクト遂行に必要な資源の調達，プロジェクト体制の確立，予算・納期・品質などの管理を行い，プロジェクトを円滑に運営する．また，進捗状況を把握し，問題や将

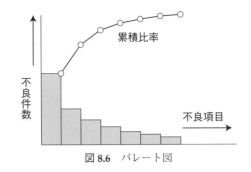

図 8.6　パレート図

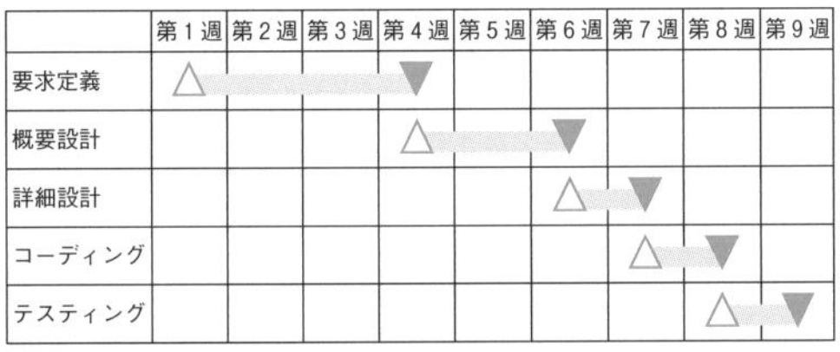

	第1週	第2週	第3週	第4週	第5週	第6週	第7週	第8週	第9週
要求定義	△			▽					
概要設計				△		▽			
詳細設計						△	▽		
コーディング							△	▽	
テスティング								△	▽

図 8.7　ガントチャートの例

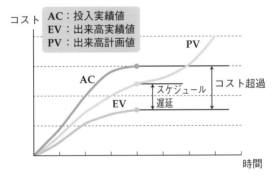

図 8.8　EVM によるコストマネジメント

来見込まれる課題を早期に把握・認識して適切な対策・対応を実施することにより，プロジェクトの目的達成へと導く．情報システム構築におけるプロジェクトでは，まずは個々の情報システムの企画に基づいて当該プロジェクトの実行計画を作成し，必要な資源（人的資源を含む）を調達してプロジェクト体制を確立する．その後，ライフサイクルに沿ってプロジェクトで情報システムを構築していく．その過程で上記のようなプロジェクトマネージャの業務を全うするためには，組織経営および情報システム全般に関する幅広い知識・経験・実践能力が要求される．

8.2.3　開発方法論

　情報システムは，利用者である人間やその活動と，ICT を中心とした情報処理機構とで成り立っている．このため，情報システムの分析・設計では，利用者の要求，システムで扱う情報，その利用環境，利用できる ICT などが複雑に絡み合った問題を扱う必要がある．よって，分析・設計には工学的な方法論から社会科学的な方法論まで，幅広いアプローチが用いられている．

　社会や組織における人の活動を含んだ問題を，科学的に分析するための社会科学的アプローチ
は，情報システムにおける人的機構，人間活動システムの分析に有効である．代表的な手法とし
て，**SSM**（Soft Systems Methodology）がある．SSM では，ステークホルダによって見方や考え方
が違う状況下で，「何が問題か」すらわかっていない状態から「問題」を明らかにし，その解決に
向けた活動を計画する．情報システムへの要求（問題）は，利用者自身も理解していない，把握で
きていないことが多く，それを定義することは難解な作業である．つまり，情報システム構築では
目的やゴールが曖昧であるため，SSM が有効となる．SSM では，リッチピクチャと呼ばれる図解
を通して問題状況を明らかにし，理想（概念）と現実を比較して実行可能な最善の策を導出する．

　コンピュータ・システムを中心とした情報システムが利用され始めた当初は，情報システム構築
のための確固とした方法論がなく，暗中模索の状態で構築されていた．このため，完成までの期間
が大幅に延びていた上に，完成後に不具合も多発していた．こうした背景から，客観的に作業が進
められているか，論理に飛躍がないか，といった合理性があり，かつ実績や経験に基づいて作業項
目や作業時間を見積もることができる，再現できる，といったことが可能な工学的アプローチが発
展していった．これらは，特に情報システムの実現手段としての ICT を含めた情報処理機構を分
析するために有効である．前述のとおり，情報システムは，人間の活動を含んだ複雑なシステムで
ある．このような複雑なシステムを，複雑なまま分析しようとすると，作業が難しくなることは容
易に想像できるであろう．そこで，抽象化という概念を取り入れた工学的な方法論が多く研究され
た．抽象化により，複雑なシステムを単純化し，その本質をとらえることができるようになる．こ
の抽象化を，どういった観点から行っていくかの違いで，いくつかの方法論が存在する．構造化方
法論では，「構造」に着目してシステム全体をトップダウンで構成要素に分解し，段階的に詳細化
していき，階層構造で表現する．データ中心アプローチ（**DOA**：Data Oriented Approach）は，
データ・情報の側面から情報システムをとらえる方法論である．企業の情報システムを考えたと
き，ビジネス環境は常に変化し続けているため，業務の手順，つまりビジネスプロセス（第 2 章参
照）の側面から情報システムをとらえることは難しい．しかし，業務で扱うデータ・情報のコアな
部分は変わらないため，DOA ではこれに着目することでシステムの本質をとらえ，安定した構造
を与える．その際，情報システムで管理すべき対象をエンティティとし，エンティティ同士の関連
を **ERD**（Entity Relationship Diagram）で表現する．オブジェクト指向方法論では，対象システム
を「もの（オブジェクト）」と，もの同士の相互作用で表現する．具体的な表記法として **UML**
（Unified Modeling Language）がある．オブジェクト指向方法論では，まず，システムの構成要素
をオブジェクトとしてとらえ，次に各オブジェクトが他のオブジェクトとどのような関係を持ち，
互いにどのように作用し合っているか，を明らかにして，最終的にこれらでシステムの振る舞いを
表現する．

　抽象化の方法は，このようにさまざまだが，いずれも「モデル」を用いた図解が中心となってい
る．図にすることによって目視で確認できるため，開発プロジェクト内，もしくはステークホルダ
の間で情報システムに関して共通認識を築くことができる．また，図解の作業を協働で行うことに
よって，その過程で概念の理解や整理が促進される．ここで抽象化の効果について，オブジェクト
指向によってある小売チェーン店における業務を分析した例で考えてみる．分析対象であるチェー
ン店における従業員の役割の違いについて分析してみる．店員の業務は「接客＋棚卸＋掃除」，店
長の業務は「（接客＋棚卸＋掃除）＋（売上管理＋店員管理）」とすると，「接客＋棚卸＋掃除」は

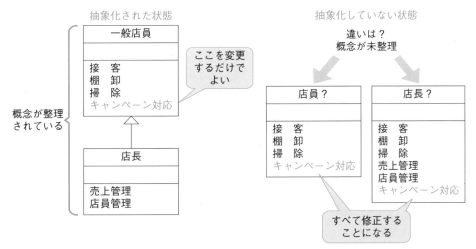

図 8.9　オブジェクト指向による抽象化の例

店員全員に共通する業務であることがわかる．この 3 つの業務を行うものは「一般店員」，これに
加えて「売上管理＋店員管理」という業務を行うのが「店長」となる．このように抽象化すること
で，たとえば「業務効率向上のためには，営業エリアの人口が少ない店舗は店長 1 人で切り盛り
し，人口が 100 人増えるごとに店長に加えて一般店員を 1 人増員」というように業務上の概念を整
理でき，業務を理解しやすくなる．ほかにも，たとえば一般店員に「キャンペーン対応」という業
務が新たに加わっても，抽象化しておけばシステム設計上では「一般店員」のままで済む（図
8.9）．抽象化していなければ，いちいち「接客＋棚卸＋掃除」のところを「接客＋棚卸＋掃除＋キ
ャンペーン対応」と直さなければならなくなる．

　抽象化のメリットは，一言でいうと，抽象化したほうが人間にとって理解しやすいためである．
また，分析や設計作業の際，概念が拡張しやすく，変化に対応しやすい．情報システムを正しくと
らえるには，こうした抽象化のスキルが重要となっている．一般的に「抽象化は難しい」とされる
ことが多いが，われわれは日常生活においてさまざまな抽象化を行っている．「明後日」のことを
「今日の次の次の日」と表現する人はいないであろう．抽象化の表現や方向性はさまざまであるた
め，正解は存在しない．正確な抽象化を目指すのではなく，表現や方向性を試行錯誤し，その過程
を経て得られた理解や共通認識が重要なのである．

　情報システムは，人的機構と機械的機構が融合し，さらにこれらの調和がとれて初めて有効に機
能する．よって良い情報システムを構築するには，上記のようなさまざまな分野に渡った考え方が
必要になるため，1.3.1 項で述べたような幅広い知識や経験を持った人材が求められる．

演習問題

1. 情報システムを構築する上で，なぜライフサイクルという考え方が重要になるのか．
2. 8.2.1 項で紹介した開発プロセス以外にどのようなものがあるか調べてみよう．また，それらのメリ
　ット・デメリットについて考えてみよう．
3. 情報システムの分析は，なぜ複雑になるのか，考えてみよう．

参考文献

［1］ 情報システムハンドブック編集委員会（編）：情報システムハンドブック，培風館，1989.

［2］ 浦昭二（監修），神沼靖子，内木哲也（著）：基礎情報システム論，共立出版，1999.

［3］ 一般社団法人情報サービス産業協会 REBOK 企画 WG（編）：要求工学知識体系，近代科学社，2011.

［4］ 独立行政法人情報処理推進機構技術本部ソフトウェア・エンジニアリング・センター（編）：共通フレーム 2013，2013.

［5］ ISO/IEC /IEEE 29148: Systems and software engineering — Life cycle processes — Requirements engineering, 2011.

［6］ B. Wilson（著），根来龍之（監訳）：システム仕様の分析学，共立出版，1996.

［7］ 國友義久：情報システムの分析・設計，日科技連，1994.

［8］ IIBA：ビジネスアナリシス知識体系ガイド（BABOK ガイド）Version 3.0，IIBA-日本支部，2015.

［9］ 浦昭二，細野公男，神沼靖子，宮川裕之，山口高平，石井信明，飯島正：情報システム学へのいざない 改訂版，培風館，2008.

［10］ Project Management Institute 著，PMI 日本支部監訳：プロジェクトマネジメント知識体系ガイド PMBOK ガイド 第7版＋プロジェクトマネジメント標準，PMI 日本支部，2021.

［11］ 赤間世紀：ソフトウェア工学教科書，工学社，2006.

［12］ クレーグ・ラーマン（著），ウルシステムズ株式会社（著），児高慎治郎（著），松田直樹（著），越智典子（著）：初めてのアジャイル開発，日経BP社，2004.

［13］ G. カッツ（著），浦昭二（監訳）：情報システムの分析と設計，培風館，1995.

［14］ 堀内一（監修），IRM 研究会（編）：データ中心システム分析と設計，オーム社，1996.

第9章
情報倫理と情報セキュリティ

　情報セキュリティとは，情報の機密性，完全性，可用性を維持することである．情報社会になって，コンピュータやネットワークが人間の活動に効率性や柔軟性，利便性をもたらした一方で，情報の氾濫，不正な情報の流布，情報操作，情報漏えい，著作権侵害，情報システムやネットワークの障害などの問題が，社会や企業，そして私たちの暮らしに大きな影響を与えている．これらの弊害を未然に防ぎ，被害に遭わないようにするために，私たちは情報倫理や情報セキュリティについてしっかり学ばなければならない．弊害を起こす主な原因には不正行為，過失，故障や障害の4つが考えられ，その解決のためには，a) 情報技術の確立，b) 法律などの整備，c) 個人の倫理観の確立が求められている．

　不正行為の予防には法律による規制が有効であるが，万全ではない．一方で，技術的な対策も考えられ実施されている．情報が望まないところにわたっても解読できないようにする「暗号化」や，コピーを防止する「電子透かし」などの手段である．こうした法的規制や技術的対策は，情報化社会の加害や被害の対処療法的な効果に限定され，後追いの宿命を背負っているとも言える．

　技術的な側面で言えば，コンピュータやネットワークが扱うデータは，すべてを2値で表すデジタルデータであり，次のような特性をもっている．

① 複写と改変がきわめて容易であり，オリジナルとコピーの区別がつきにくい．また，複写や改変の証拠を突き止めにくい．
② データは，複写や伝送によって劣化しない．
③ きわめて小さな媒体に大量のデータを記憶できる．そして経年変化も少ない．

　一方，インターネットは，善意の研究者や専門家の間で日頃の研究情報の交換を行うことを起源とすることもあり，ネットワークの信頼性や，大衆化による不注意な使用や不正利用に対する配慮を欠いている面がある．つまりインターネットは，その起源，特性およびデジタルデータの特性によって，先にあげた恩恵を与えるとともに，多くの弊害をもたらすことになったと言える．

　安心で豊かな情報化社会を実現するには，究極的には情報セキュリティに対する個人の意識を高めるしかない．そのためには，故障や障害あるいは災害による被害を最小限に食い止めるための対策を常にしておくこと，他人の権利を侵さず自分の権利はしっかり守ること，犯罪やつまらないいさかいに巻き込まれないように心掛けることが必要である．これが情報倫理にほかならない．

　本章では，情報化社会で活動するために必要な情報セキュリティについて，倫理的な観点と法的な観点，および技術的な観点から解説する．そして9.5節において豊かな情報社会を実現するために，われわれはどう行動すべきか考える．

9.1　情報倫理

　倫理とは，人倫の道すなわち人としての道であって，道徳の規範となる原理である．道徳とは，

　　「人倫のふみ行うべきみち．実際道徳の規範となる原理」（広辞苑第 6 版）

である．道徳が個人の内面的なことを指すのに対して，倫理は倫理学であり，論理学，美学とならんで哲学の一環として，学問的な追究を指していると考えられる．概して両者は同じ意味をもっていると考えてよい．そして，自然や社会環境の変化に伴って変わるものであると考えられている．

　情報倫理は情報化社会における倫理であって，特にコンピュータやネットワークなどの情報システムを使って情報に関する活動を行う際の倫理といえる．ウィキペディアによれば，「情報倫理とは，人間が情報をもちいた社会形成に必要とされる一般的な行動の規範である．個人が情報を扱う上で必要とされるものは道徳であり，社会という共同体の中では，道徳が結合した倫理が形成される．現在の情報社会では，道徳を元に結合された倫理が行動の規範の中核とされ，情報を扱う上での行動が社会全体に対し悪影響を及ぼさないように，より善い社会を形成しようとする考え方である．」とある[3]．

　こうした情報倫理には社会人あるいは市民として一般に順守すべきものもあれば，職業や地位に応じて守らなければならないものもある．コンピュータや情報処理に関心をもつ人で組織されている（一般社団法人）情報処理学会では，社会人としての倫理綱領を次のように定めている．

1)　他者の生命，安全，財産を侵害しない．
2)　他者の人格とプライバシーを尊重する．
3)　他者の知的財産権と知的成果を尊重する．
4)　情報システムや通信ネットワークの運用規則を順守する．
5)　社会における文化の多様性に配慮する．

1)　他者の生命，安全，財産を侵害しない

　この項目は必ずしも情報倫理ということではなく，一般的なことである．違法な有害サイト（著作権侵害やわいせつなど）あるいは違法ではないが有害なサイト（自殺や爆発物の製造など）は，広い意味で他者の生命，安全，財産を侵害する可能性があるので，アクセスしないように心掛ける．また，パスワードを不正に入手したり，他人に教えたりする行為は不正アクセスにつながる行為であり，他者の財産を侵害することにもなる．

2)　他者の人格とプライバシーを尊重する

　他者の悪口や差別する情報をメールなどで流してはならない．直接的表現でなくても，そう解釈されるような情報もいけない．

　一方，悪意がなくても，不注意によって他人の情報を漏えいさせてしまうことがある．たとえば，個人情報やプライバシーに関する情報，顔写真などを本人に無断で Web に公開してしまう行

為や，メールの同報送信で私信を他人にもらしてしまう行為など，不注意な行為で他人の個人情報を第三者に知らせてしまうこともあるので気をつけよう．

3) 他者の知的財産権と知的成果を尊重する

文章，写真，図や絵，音楽など，他人の公開著作物を私的利用のために自分のコンピュータに取り込むことには一般に許可は要らない．しかし，そのコピーを他人にわたしたり，送付したりすることは著作権侵害になる．ソフトウェアを貸したり借りたりする行為も著作権を侵害する．ドラえもんやポケモンなどのキャラクターを描いて発信したり交換したりするのも著作権の侵害となる．著作権の侵害になるかどうか判断に迷うときには著作権者に確認するのがよい．コンピュータ上では，いとも簡単に情報の取り込みや複写，発信ができるので，罪の意識なく行ってしまうことがあるので注意を要する．このような行為は，処罰されたり，莫大な賠償金を請求される可能性があることを常に意識するとともに，決して行ってはならない．

4) 情報システムや通信ネットワークの運用規則を順守する

所属または利用するネットワーク組織の規則やガイドラインを順守することが必要である．たとえば，大学の情報センターやメディアセンターなどでは，禁止行為として，①ログオン放置や多重ログオン，②大量印刷等の資源の占有，③ユーザ登録名およびパスワードの貸し借り・譲渡，④学術および研究目的以外での利用，たとえば商用・営利目的での利用，公序良俗に反する行為等，⑤ソフトウェア等のインストールおよびシステムの改変，⑥違法行為（著作権法，不正アクセス禁止法，個人情報保護法）などをあげていることが多い．

また順守事項として，①設置機器はていねいに取り扱うこと，②印刷枚数を必要最小限にとどめること，③パスワードは定期的に変更するなど，管理に十分気をつけること，④利用者ファイルのバックアップなどは各自の責任において日常的に行うことなどを呼び掛けていることが多い．

ネットワークを利用する場合のエチケットはネチケットと称され，インターネット上にも公開されているから，ぜひ一読して守るようにしたい．

5) 社会における文化の多様性に配慮する

インターネットは世界に開かれたネットワークであることを常に意識して行動しよう．日本人の常識が他国の人にとっては非常識であることも考えられる．相手の文化的背景に注意を払い，不快感を与える情報を発信してはならない．

また，情報弱者への配慮を怠ってはならない．世の中には情報化時代に追随できない人たちがたくさんいる．その人たちを差別し，その人たちが住みにくい世の中にしてはならない．

9.1.1 情報化社会に振り回されないための対策

(1) Web上の情報を鵜呑みにしない

Webやメールから得た情報は正しい情報とは限らない．情報を鵜呑みにしないで信憑性を疑うように心掛けよう．マスメディアによる情報操作や情報ねつ造を用いての誘導が社会に影響を与えた事例も少なくない．また，Web上の情報は定着性がなく簡単に書き換えられるので，文献に利用するときは参照した日付を入れるなどの注意を払おう．

(2) 不審なサイトにアクセスしない

　違法サイトや有害な情報を含んだサイト，不審なサイトにはアクセスしないよう心掛けよう．一度だけしかアクセスしていないのに不当な料金請求書が送られてくるワンクリック詐欺などのトラブルに巻き込まれる可能性がある．インターネットオークションなどにも，代金だけ受け取って商品を送らない手口や，協力者を使って価格を吊り上げる手口など詐欺まがいの行為があるので，十分注意すること．また，子どもたちが有害なサイトにアクセスできないように工夫することも大切である．そのために，有害サイトへのアクセスを禁止するようにブラウザを設定する方法も有効である．

(3) 身体的な影響に配慮しよう

　情報化社会では，健康への影響も考慮しなければならない．ディスプレイに向かって長時間の作業を集中して行うと，視力低下や肩こり，腰痛など肉体的な障害を引き起こす．これを VDT（Visual Display Terminal）障害という．この対策として，1 時間 VDT 作業を行ったら 10 分～15 分の休憩をとることなどを定めた労務安全情報センターや厚生労働省のガイドラインがあるので，それらに沿って作業するよう心掛けよう．また電磁波による健康被害にも注意を向けよう．

(4) 精神的な影響にも気をつけよう

　情報化社会は精神的な影響も与える．パソコンなどの情報機器をうまく扱えないことにより引き起こされるテクノ不安症や，逆にパソコンを毎日使っていないと不安を感じたり，パソコンやスマートフォンなどを通さないと人とのコミュニケーションを取りにくいといったテクノ依存症などがある．これらをまとめてテクノストレスという．さらに，仮想現実感（virtual reality）の技術の急速な発展により，コンピュータゲームなどでリアリティのある仮想体験をする機会が多くなった．そのため，仮想体験と実体験の区別がつきにくくなり，仮想的に体験したことを現実社会において実際に行ってみたいという衝動にかられ，問題を引き起こす事例も増えてきた．このような現実感の喪失も大きな問題のひとつである．このような問題に対しては，パソコンやスマートフォンに過度に没頭しないようにする意識をもつことが大切であろう．そして，自然や人間と触れ合う時間を取るように心掛けよう．私たちは地球上で他の生物とともに生きており，自然の恵みと人間同士の助け合いにより生きている．コンピュータは道具にすぎず，地球や自然，人間社会などを破壊する道具にしてはならないという気持ちを忘れないようにしたい．

9.2　知的財産権と個人情報

9.2.1　知的財産権

(1) 知的財産権の概略

　知的財産権とは，科学技術上の発明や小説・作曲・絵画等の著作物，計算機のプログラム作成な

どの知的創造物（活動）や品物のデザインなどの意匠，商品名などの商標を含む営業上の無形財産を保護する権利の総称である．

　産業や文化の発展のためには，知的成果を広く公開して活用することが必要であるが，他人が自由に複製したり類似物を作ったりすることを許したら，最初にコストや時間をかけて発明・創作した人の意欲を削ぐことになり，労苦に応えることができない．

　知的財産権の基本的な考え方は，発明・創作した人に利用に関する独占的権利を与えて，その成果を公表しても名誉や利益を保護できるようにしようということである．

　知的財産権は大きく産業財産権と著作権およびその他に分けられる．産業財産権は産業発展に寄与する権利であり，著作権は文化の発展に寄与する権利である．それらはさらに階層的に図9.1のように分類される．

　知的財産権法という法律はなく，それを保護するのは著作権法とか特許法など，以下に説明する分類ごとの法律の集まりである．

(2)　産業財産権

　発明者が発明にかかわる権利を独占的に一定期間保護することによって，発明の公表を促進しようとするのが産業財産権である．この権利を取得するためには，特許庁に出願し審査を受け，権利が認められれば公告される．

　産業財産権は4つに分類される．それぞれの法律，法律上の定義，保護対象と権利期間や権利の発生と効果などを表9.1にまとめた．以下，特許権について若干の説明を加える．

(3)　特許権

　この法律は，発明の保護および利用を図ることにより，発明を奨励し，もって産業の発達に寄与することを目的とする（第1条，目的）．ここで発明とは，自然法則を利用した技術的思想の創作のうち高度のものをいう（第2条，定義）．また「自然法則を利用した」という意味は，発明のアイデアがいかに斬新なものであっても自然法則を利用していなければならないということであり，人間が作り出した経済法則やルールだけを利用した投資方法やゲーム，数学の公式などは特許の対象とならないことを意味している．

　特許権を取得するとその「特許権を実施」できるのは特許権者だけであり，これを「絶対的な独占排他権」という．この「特許権を実施」するというのは，次に掲げる行為をいう．

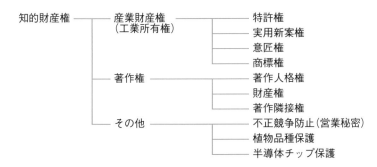

図 9.1　知的財産権の分類

表 9.1　産業財産権の種類

産業財産権	法律，法律上の定義，保護対象	権利期間，権利の発生と効果
特許権	・特許法 ・自然法則を利用した技術的思想の創作のうち高度なもの ・発明，技術的アイデア，物の発明，方法の発明，物を生産する方法，プログラム	・特許出願日から 20 年間（延長あり） ・特許庁に出願し，審査を受けて登録になる． ・絶対的な独占排他権
実用新案権	・実用新案法 ・自然法則を利用した技術的思想改良などの考案を保護 ・物品の技術的アイデア	・登録出願日から 10 年間（2005 年 4 月以降の出願分） ・特許庁に出願し，無審査で登録になる． ・絶対的な独占排他権
意匠権	・意匠法 ・物品（物品の部分を含む）の形状，模様もしくは色彩 ・物品のデザイン製品などの美的な概観，形を保護	・登録日から 15 年間 ・特許庁に出願し，審査を受けて登録する． ・絶対的な独占排他権
商標法	・商標法 ・文字，図形，記号もしくは立体的形状 ・商品名やマークなどを保護	・設定登録日から 10 年間（更新可） ・特許庁に出願し，審査を受けて登録になる． ・絶対的な独占排他権

1）　特許権の実施

　a）　物（プログラム等を含む）の発明の場合は，その物の生産，使用，譲渡等（譲渡及び貸渡しを言い，その物がプログラム等である場合には，電気通信回線を通じた提供を含む）もしくは輸入または譲渡等の申出（譲渡等のための展示を含む）をする行為

　b）　方法の発明の場合は，その方法の使用をする行為

　c）　物を生産する方法の発明の場合は，前号に掲げるもののほか，その方法により生産した物の使用，譲渡等もしくは輸入または譲渡等の申出をする行為

また，特許権を取得する重要な要件として次の3点がある．

2）　特許権取得の要件

　a）　新規性：特許申請時に世間に知らされていないということである．論文で発表したり，新聞記事などになった場合は公知のこととされて新規性はないと判断される．

　b）　進歩性：専門家であれば容易に思いつくようなアイディアなどは進歩性がないと判断されて特許にならない．

　c）　有用性：その発明が産業の発達に役に立つ発明でなければ特許にならない．

〔4〕　著作権

　パソコンなどの情報技術の発達により文章，写真，映像，音楽などの情報は容易にしかも劣化しないで繰り返し複製することが可能となり，さらにインターネットなどの情報ネットワークによって多人数に安く公開することも可能となった．したがって，創作活動の保護が情報化社会の重要な課題となっている．

　著作権は，小説などの著作物を中心に美術や音楽などの創作物を保護する権利であり著作権法により保護される．その目的（第1条）は「この法律は，著作物並びに実演，レコード，放送及び有線放送に関し著作者の権利及びこれに隣接する権利を定め，これらの文化的所産の公正な利用に留意しつつ，著作者等の権利の保護を図り，もって文化の発展に寄与することを目的とする」となっている．また定義（第2条）は「著作とは，思想又は感情を創作的に表現したものであって，文芸，学術，美術又は音楽の範囲に属するものをいう」としている．

　著作権は，著作人格権，財産権と著作隣接権から構成されている．著作人格権は，さらに公表権，氏名表示権，同一性保持権がある．同一性保持権とは著作物の内容やタイトルを著作者の意に反して改変されない権利である．重要なことは，財産権は譲渡したり相続したりすることができるが，著作人格権は著作者だけがもつ権利であり，譲渡することはできないという点である．

　財産権（狭い意味の著作権）には以下の権利があり，それぞれ著作権法で決められている．

1) 複製権：著作物を複写，印刷，写真，録音などの方法により再生する権利
2) 上演・上映・演奏権：著作物を上演，上映，演奏する権利
3) 公衆送信権等：著作物を公衆送信し，公に伝達する権利
4) 口述権：著作物を口頭で公に伝える権利
5) 展示権：著作物（写真，美術の著作物等）を原作品により公に展示する権利
6) 頒布権：著作物をその複製により頒布する権利
7) 譲渡権：著作物（映画の著作物を除く）をその原作品又はその複製物により公衆に提供する権利
8) 貸与権：著作物（映画の著作物を除く）をその原作品又はその複製物の貸与により公衆に提供する権利
9) 翻訳権・翻案権等：著作物を翻訳し，編曲し，変形し，脚色し，映画化し，その他翻案する権利
10) 二次的著作物の利用に関する権利：翻訳物，翻案物などの二次的著作物を利用する権利

以下，著作権に関するいくつかのポイントを列挙しておく．

・コンピュータプログラムは著作物として著作権の保護対象になっている（著作権法2条1項10号）．
・著作権は出願する必要はなく，著作物を創作した時点で自動的に著作権が発生する．
・著作権は元々，科学技術の発展よりも小説などの著作物を保護するために作られた法律で，特許権などに比べ保護期間が長くなっている．
・著作者が特定できる個人の著作物は著作者の死後70年間，法人の著作物は公表後70年間保護される．

9.2.2　個人情報保護法

(1)　個人情報保護法の背景とOECDガイドライン
個人情報保護法制が必要となった背景としては，インターネットや電子商取引の拡大にともなっ

て個人情報の不適切な取扱いに対する社会の不安が増大していること，また住民基本台帳法をきっかけに個人情報が漏えいしたり目的外に利用される不安が生じていること，さらにビジネスの国際化にともなって OECD（経済協力開発機構）が個人情報保護のガイドラインを制定したことなどがあげられる．

近年，パソコンの普及やインターネットの拡大により，大量の個人情報が蓄積・処理され，簡単に流通するようになった．また，電子商取引の拡大により企業のもつ顧客情報が流出や売買の対象となるといった問題が多発している．これらのことが個人情報の取扱いに対する社会の不安を増大させており，国民が安心して IT 社会の利便性を享受する権利が侵害されることがないよう防止する適切なルールが不可欠になった．

個人情報に関連する法制度として住民基本台帳法が 1999 年 8 月に改正された．この改正住民基本台帳法は，すべての住民に住民票コード番号を設定し，住所，氏名，性別，生年月日という本人確認情報を住民基本台帳として市町村が管理し，中央省庁と地域の市町村を住民基本台帳ネットワークシステムをマイナンバーで結んで相互に利用するしくみにしている．これは住民の利便性を高め行政サービスを効率化する効果はあるが，一方では個人情報が漏えいしたり収集目的を越えて利用される懸念や，また民間事業者に渡って利用される危険性や不安も生じた．そのためマイナンバーを直接利用しないで符号（コード）を介在させている．このことにより，万一マイナンバーが流出しても個人情報がわからないようになっている（図 1.2）．

1980 年に OECD は個人の情報保護のためのガイドラインを制定した．これは，各国の法律やガイドラインが異なるとビジネスのグローバル化にともなう問題が発生することが予想されたため，各国の個人情報保護のレベルを一定に保つことを目的としている．ガイドラインは以下の OECD 8 原則を基本として，日本や各国の法制度が作られている．

1) 収集制限の原則：適法・公正な手段により，必要な場合には情報主体に通知または同意を得て取得されるべき．
2) データ内容の原則：利用目的に沿ったもので，かつ，正確，完全，最新であるべき．
3) 目的明確化の原則：収集目的を明確にし，データ利用は収集目的に合致すべき．
4) 利用制限の原則：データ主体の同意がある場合または法律の規定による場合以外は目的以外に利用してはならない．
5) 安全保護の原則：合理的安全保護措置により，紛失，破壊，使用，修正，開示等から保護されるべき．
6) 公開の原則：データ収集の実施方法等を公開し，データの存在，利用目的，管理者等を明示すべき
7) 個人参加の原則：自己に関するデータの所在および内容を確認させ，または意義申し立てを保障すべき．
8) 責任の原則：管理者は諸原則実施の責任を有する．

(2) 個人情報保護法の体系

2003 年 5 月に個人情報保護法が成立し，2005 年 4 月 1 日より全面施行された．この法律の体系を図 9.2 に示す．

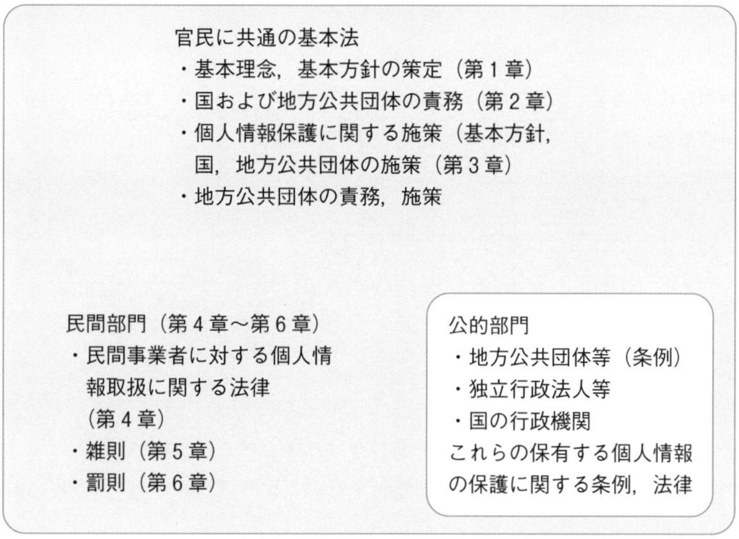

官民に共通の基本法
・基本理念，基本方針の策定（第1章）
・国および地方公共団体の責務（第2章）
・個人情報保護に関する施策（基本方針，
　国，地方公共団体の施策（第3章）
・地方公共団体の責務，施策

民間部門（第4章〜第6章）
・民間事業者に対する個人情
　報取扱に関する法律
　（第4章）
・雑則（第5章）
・罰則（第6章）

公的部門
・地方公共団体等（条例）
・独立行政法人等
・国の行政機関
これらの保有する個人情報
の保護に関する条例，法律

図9.2　個人情報保護法の体系

　第1章から第3章が個人情報保護の基本理念等を定めた基本法の部分であり，第4章から第6章が民間事業者の順守すべき義務等を定めた一般法としての性格を有している．

　この法律の目的，定義，基本理念は，第1章の第1条から第3条までに次のように記述されている．まず目的（第1条）は，個人情報が日常的にコンピュータで処理され，インターネットで流通する社会が到来しているという認識の下に，国や地方公共団体だけでなく個人情報を取り扱う民間事業者の不適切な取扱いによって個人の権利利益が侵害される危険を未然に防ぐための「適切な取扱い」に関する一般的なルールを法的に定めることである．

　個人情報の定義（第2条）として，「個人情報」とは，氏名，住所，生年月日，電話番号等の個人を特定する情報である．また，他の情報と容易に照合することができ，それにより特定の個人を識別することができるものを含むとなっており，防犯カメラに記録された画像や音声でも本人を識別できれば個人情報となる．

　基本理念（第3条）について，「個人情報は個人の人格尊重の理念の下に慎重に取り扱われるべきものであり，その適正な取扱いが図られなければならない」としている．

　第2章は，国および地方公共団体の責務（4条，5条），法制上の措置等（6条）を規定している．また第3章は，個人情報保護に関する基本方針（7条），国の施策（8条〜10条），地方公共団体の施策（11条〜13条），国および地方公共団体の協力（14条）を規定している．さらに第4章は，個人情報を取り扱う事業者の義務を規定している（15条〜36条）．

(3) 個人情報取扱事業者の義務

　個人情報取扱事業者（国，地方公共団体を除く）が個人情報に対する「適切な取扱い」の義務は何かについて，以下のように規定されている．これらは基本的にOECD8原則に沿ったものである．

1)　利用方法による制限

・利用目的をできる限り特定する（第15条）

・利用目的の達成に必要な範囲を超えて取り扱ってはならない（第23条）

・本人の同意を得ず第三者に提供してはならない（第23条）

2)　適切な手段により取得

・不正な手段により取得してはならない（第17条）

3)　正確性の確保

・正確かつ最新の内容に保つよう努めなければならない（第19条）

4)　安全性の確保

・安全確保のために必要かつ適切な措置を講じなければならない（第20条）

・従業員・委託先に対する必要かつ適切な監督を行わなければならない（第21，22条）

5)　透明性の確保

・取得したときは利用目的を通知または公表しなければならない（第18条）

・利用目的を本人の知りうる状態に置かなければならない（第24条）

・本人が求めた場合保有個人データを開示しなければならない（第25条）

・本人が求めた場合訂正等を行わなければならない（第26条）

・本人が求めた場合利用停止等を行わなければならない（第27条）

6)　苦情処理

・苦情の適切かつ迅速な処理に努めなければならない（第31条）

　また，個人情報取扱事業者が，義務規定に違反した場合は，6月以下の懲役または30万円以下の罰金に処せられる（第56条）等の罰則を定めている．

(4)　プライバシーと個人情報保護法

　個人情報保護法とプライバシーの関係について，個人情報保護法は個人の人格的，財産的な権利利益の侵害を未然に防ぐための法律であるから，この法律はプライバシー保護も含んでいることは間違いない．しかし，プライバシーに関するあらゆる問題を対象にする法律ではなく，コンピュータで処理される個人情報を中心にしてその適切なルールを確立することであり，定義した個人情報とは直接関係のないプライバシーや，コンピュータで検索性のない個人情報は対像とはしていない．

　本項では，個人情報保護法の背景や根底にある原則から個人情報の体系，基本方針，さらに個人情報取扱事業者の義務について説明した．

9.3　情報資産に対する脅威とセキュリティの必要性

情報セキュリティ（information security）は，情報の機密性，完全性および可用性を維持するものと考えられている．

情報の機密性とは，アクセスを認可された者だけが情報にアクセスできることを確実にすることであり，ID やパスワードを利用したアクセス制限などによって実現される．

完全性とは，情報および処理方法が，正確であることおよび完全であることを保護することであり，Web ページの改ざんなどの被害を受けないよう適切な保護を行うことなどにより実現される．

可用性とは，認可された利用者が，必要なときに，情報および関連する資産にアクセスできることを確実にすることであり，ホームページの改ざんなどの被害を受けないよう，適切な保護を行うなどによって実現される．

ここで言う情報および関連資産とは，次のものを指す．

①　情報資産：データベースやデータファイル，手順書など
②　ソフトウェア資産：システムソフトウェア，業務用ソフトウェア，開発用ツールなど
③　ハードウェア資産：コンピュータ装置，通信装置，記憶媒体など
④　サービス資産：ユーティリティ（空調，電源，照明）など
⑤　人的資産：組織の構成員およびそれらが持つ資格，技能，経験など

これらの情報資産に対する脅威（攻撃）とそれによってもたらされる被害は後を絶たない．情報技術の発展により情報のより高度で便利な使い方が生まれ，新たな脅威も増している．したがって，それらの被害を少なくする対策が必要となっている．

情報資産について，リスクを評価し，情報の機密性，完全性および可用性を維持する観点からセキュリティ対策を講じるのが，情報セキュリティマネジメント（information security management）である．

情報セキュリティに対するリスクを減らすためには，専門家の高度な知識が要求されることは言うまでもないが，それに劣らず重要なのは，個人や組織の構成員全体のセキュリティに対する意識，つまりセキュリティモラルを高めることである．専門家がどんなにセキュリティの高い情報システムを構築しようとも，組織の構成員が安易なパスワードを設定すると，システム全体のセキュリティレベルは低下する．すべての構成員が，自分の行動がどのような危険を招くかということを十分に理解し，その危険を避けるように行動すれば，リスクは避けられる．特に，インターネットに代表されるネットワーク時代のコンピュータにおいては，侵入，サービス妨害，ウイルスなどの危険が高まっている．

9.3.1　情報資産に対する脅威

　情報資産に対する脅威や攻撃にどのようなものがあるか，ID 窃盗，コンピュータウイルス，不正アクセスおよび不正コピーを中心に学ぼう．

(1)　ID 窃盗
　ID 窃盗（identity theft）は，なりすまし犯罪あるいは個人情報泥棒のことで，他人の名義，生年月日，会員番号，有効期限などを盗み出し，クレジットカードを作って現金や品物を不正に受領したり，勝手に銀行から融資を受けたりするものである．
　類似の行為にフィッシング（phishing）がある．釣り（fishing）とはつづりが違うので注意しよう．
　実在の金融機関などを騙ったメールが届く．本人に個人情報を入力するよう促す文章と web ページへのリンクが載っている．指示された URL をクリックすると本物そっくりの Web ページが表示され，指示されるままに入力するとカード番号やパスワードの個人情報が盗まれる．

(2)　コンピュータウイルス
　コンピュータウイルス（または単にウイルス：virus）とは，利用者のコンピュータ環境に損害を与える有害なプログラムのことである．わが国では広い意味で使われているが，海外ではこれをマルウェア（malware：malicious software＝悪意のあるソフトウェア）と称している．これにはワームやトロイの木馬といったものが含まれている．
　狭義と広義のウイルスの違いは，寄生するものがあるか否かである．つまり狭義のウイルスは宿主ウイルスがあって，そこに寄生する．そのファイルを開くとウイルスが動作し，ほかのファイルへ感染活動を行う．
　ワーム（warm）は，宿主ファイルが必要ない自己増殖型である．ネットワークを介して自分自身のコピーを作成していく．具体的には，自分自身を添付したメールを大量に送りつけるなどの不正動作を行う．
　一方，トロイの木馬は，有益なプログラムに見せかけて，利用者の知らないうちに不正な動作をするものであり，他のファイルに寄生も自己増殖もしないプログラムである．不正な動作には，パスワードやデータを盗む，ハッカーのために侵入口（バックドア：backdoor）を仕掛ける，データを勝手に外部へ送出したり破壊するなどがある．
　最近は，以上を組み合わせたものも出回っており，利用者にはウイルスに対する十分な知識と対策が求められる．

(3)　不正アクセス
　不正アクセス（illegal access）とは，アクセス権限をもたない者が，インターネットや LAN，公衆回線などから組織が管理するサーバやホストコンピュータへ不正にアクセスしてシステムを操作することで，不正侵入ともいわれる．不正アクセスして悪事を働く者をクラッカー（cracker）と呼んでいる．通常その作業は，事前の情報収集，侵入作業，目的の遂行および侵入後作業の 4 段階で行われる．

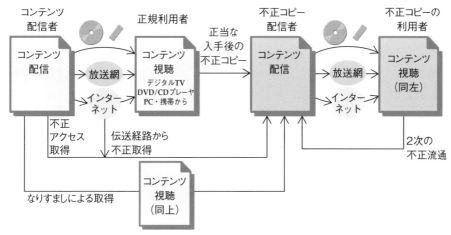

図 9.3　不正コピーのステップ（［1］p.359，図 5.1 を改変）

1)　事前の情報収集

　　クラッカーの最初の行動は，目標とするシステムのホストコンピュータに関する情報収集である．収集される情報には，IP アドレス，OS の種類やアプリケーションソフト，その版名などが含まれる．

2)　侵入作業

　　1)で集めた情報を使って実際に侵入を試みる．この方法には種々あるが，ユーザ ID とパスワードを推測して不正ログインの試行を繰り返す，アプリケーションソフトのセキュリティホールを攻撃する，バックドアなどの不正プログラムを仕掛けるなどの手段がある．

　　ユーザ ID には，社員番号や学籍番号などが用いられるので比較的入手しやすい．これらを入手してパスワードのクラッキングを行う．文字列のすべての組合せを調べるブルートフォース（獣力）攻撃や，使われそうな単語を羅列した辞書を使う辞書攻撃などがある．安易なパスワードを使っていると簡単に破られる．

3)　目的の遂行

　　侵入作業によってホストコンピュータに侵入できるようになれば，データの不正取得（漏えい），改ざん，なりすまし（他人を装い不正行為をする），サービス妨害など，目的の行為を遂行する．

4)　侵入後作業

　　目的を遂行したあとは，コンピュータの利用状況の記録であるログ（9.4.3 項参照）の改ざんや消去を行って不正侵入の形跡を消去する．また，次回から容易に侵入できるよう，すでに侵入に使ったセキュリティホールとは別のアクセス経路（バックドア）を作成するケースもある．

⑷　不正コピー

不正コピーには，音楽や映像などの著作権を侵害する行為と，機密データや個人データを不正に持ち出す行為とがある．ここでは前者に関することがらを取り上げる．音楽や映像などのコンテンツは，放送，インターネットや可搬媒体（DVD，CD，USB メモリなど）を通じて配信される．デ

ジタル配信の場合には，アナログ配信に比べコピーの作成・配信が容易で，かつ不正コピーの発見が難しい．不正コピー行為は図 9.3 に示した過程で行われる．違法にアップロードされた有償著作権物など（音楽映像等）を，自ら違法と知りながらダウンロードする行為について，2 年以下の懲役または 200 万円以下の罰金，あるいはその両方と規定され，2013 年 1 月 1 日から施行されているので，決して行ってはならない．

(5)　スパムメール

　知らない相手から広告や宣伝など求めていない情報を送りつけられる迷惑メールのこと．単にスパムとも呼ばれている．ニセの代金請求を目的として送られるものもあるから注意を要する．最近はタイトルや内容が巧妙になってきている．タイトルの例をあげると，

> 本日限り，訳あり商品セール／○○に当選されました／メールアドレスが変りました／このメールは女性のみに配信されています／ご利用状況確認のご案内／○○と申します，このパスワードは，あなたのお使いのものに間違いないでしょうか？．

　毎日数十件ないし数百件も届き，正規のメールよりスパムメールのほうが多いこともある．これらの除去に手間取り，本来の作業が脅かされ，またネットワークが占有されることによって，資源が無駄に浪費されている．

9.3.2　情報セキュリティ対策

　情報資産の所有者は，攻撃者から情報資産を守らなくてはならない．攻撃者は脆弱性（損失を発生しやすくする弱点のこと）を突いてくるので，所有者は脆弱性を塞ぐとともに未知の脆弱性に対しても保護の網を被せるという総合的なセキュリティ対策を取らなければならない．

　総合的セキュリティ対策には技術的なもの（セキュリティ基礎または応用技術，システム技術，運用管理技術など）と法制度，倫理教育などの非技術的なものとがある．この 2 つを互いに補い合いながら進めていく必要がある．こられのうちのどちらが欠けても攻撃者に隙を与え，被害をこうむることになる．

　セキュリティ基礎技術では暗号や認証が中心となり，システム技術では暗号鍵管理，個人認証，アクセス制御などが中心となる．応用技術はそれらの応用である．また，運用・管理では，セキュリティポリシーの構築と運用に関する事柄を扱う．

　非技術的対策にはフォレンジック，関係法律，倫理教育があり，技術面を補うものとして必要不可欠なものである．デジタルフォレンジック（digital forensics）とは，コンピュータやネットワークに関する犯罪や法的紛争が生じた際に，システムを詳細に調査・分析して，事故や犯罪を立証する証拠（誰が攻撃者で何をしたのか，被害の範囲など）を収集することである．コンピュータフォレンジックとも呼ばれる．

(1)　コンピュータウイルス対策

　サーバやネットワークの管理者および個人のコンピュータ利用者は，ウイルスに関する知識を身につけ，普段からその存在を意識しつつ，コンピュータやネットワークを利用しなければならな

い. その上での対策として次のようなことがらがある.

1) OS などの修正プログラムを適用する

 OS, Web ブラウザ, メールソフトなどのセキュリティホールが発見されたならば, ただちにセキュリティパッチと呼ばれる修正プログラムを適用する. これらの修正プログラムは, それぞれのソフトウェアメーカーによって供給され, インターネットに接続すれば自動的に修正プログラムをダウンロードし適用する機能を提供しているので, 必ず実行する.

2) ウイルス対策ソフトを導入する

 ウイルスの感染を防ぎ, 感染した場合に駆除するソフトウェアをウイルス対策ソフト, アンチウイルスソフトなどと呼んでいる. これらのソフトウェアを必ずインストールしておく.

 こうしたソフトはウイルス感染が疑われるプログラムやデータを分析し, 脅威が検出されれば駆除や隔離などの処理を行う. 悪意をもった者によって新種のウイルスが次から次へとばらまかれるので, ウイルス対策ソフトも常に最新の状態に更新されていなければならない. 最近のウイルス対策ソフトは, インターネットから自動的に更新プログラムをダウンロードして最新の状態に保つものが主流である.

3) E メールの添付ファイルを安易に開かない

 現在の多くのウイルスは E メール経由で感染すると言われている. そのため, 不審な相手から届いた E メールは開かず, 添付ファイルも即刻削除する. 知人からの E メールの添付ファイルであっても, 本文にその旨の記載がないときは開かない, といった注意が必要である.

4) 身元の不確かなプログラムをダウンロードしたり, 不審なサイトを閲覧したりしない

 フリーウェアの中には, それ自体が悪意をもっており, トロイの木馬機能が隠されているものもある. フリーウェアなどを利用する場合には, 信頼のおけるものかどうか事前に確認するべきである. また, サイトを閲覧することによって被害を受けることや, ウイルスに感染することもあり得るので, 信頼のおけないサイトの閲覧は避けることが賢明である.

5) USB メモリ利用に関係する注意

 ウイルスに感染した PC で USB メモリを使うと, ウイルスに感染する. ウイルスに感染した USB メモリを PC につなぐとその PC が感染する. かくて感染が伝播する. よって, 出所不明の USB メモリを使用しないこと及び信頼できない PC で USB メモリを使用しないようにしよう.

6) ウイルスに感染した場合

 ウイルスに感染した場合には, コンピュータの動きに異変が生じることもある. たとえば OS やアプリケーションが頻繁にハングアップ（停止）したり, 動作が重く感じられたり, 不正な画面が表示されるなどである. そのような症状が見られたならば, 速やかにウイルス対策ソフトでウイルス検査を実行する.

 これらの対策を施しておけば, ほとんどのケースにおいてウイルスの被害は防げるが, まったく新種のウイルスが登場して急速に広がった場合などには, セキュリティパッチやウイルス対策ソフ

トの供給が間に合わないこともある．そのようなことに備えて，重要なデータについては定期的に
バックアップを取っておくべきである．不幸にしてウイルスに感染してしまったと疑われる場合に
は，速やかにインターネットとの接続を遮断し，別のコンピュータを利用するなどしてインターネ
ット上で対策を探すようにしたい．多くの場合，ウイルス対策ソフトや OS のメーカーが対処法や
駆除プログラムなどを無償で提供している．

　また，ウイルスとは異なるものの，情報流出にかかわるという点では類似しているスパイウェア
と呼ばれるソフトウェアがある．多くのスパイウェアは，企業がマーケティングを目的としてユー
ザのホームページ閲覧履歴などを探るために送り込むもので，無償で提供されるソフトの一部に含
められていることがある．明らかに有害なスパイウェアはウイルス対策ソフトが駆除するが，それ
ほどでもないものはその対象とはならない．

(2)　不正侵入対策

　コンピュータがネットワークに接続されている限り，不正侵入の可能性は常に存在する．不正侵
入はサーバばかりでなく，個人のコンピュータも対象となる．よってすべての利用者が不正侵入へ
の対策が必要である．

　1)　基本的な対策：ID とパスワードの管理

　　　一般に，不正侵入防止のためにユーザ ID とパスワードが用いられている．すべてのユーザ
　はパスワードの管理に細心の注意を払わなければならない．
　　　推測されにくいパスワードとすることや，月に 1 回程度の定期的な変更が推奨されている．
　また
　　　・アルファベットの大文字・小文字・数字・記号を組み合わせる．
　　　・8 文字以上とする．
　なども勧められている．ニックネーム，生年月日，電話番号，辞書にある単語などは，記憶し
　やすいものの破られる可能性も高いので使用を避けるべきである．
　　　一方，システム管理者にも，一定回数ログインに失敗した場合や，担当者の退職や退任など
　が生じた場合には，速やかな利用停止を行うといった処置が求められる．

　2)　認証の強化

　　　パスワードのような個人の心掛けに依存するような方法だけでは万全とはいえない．このた
　めに，指紋や虹彩など本人固有の特徴を利用するバイオメトリクス，ワンタイムパスワード，
　電子証明者など，パスワードを補強する仕組みが併用されている．

　3)　脆弱性対策

　　　ID とパスワードによる正面からの侵入だけでなく，OS やアプリケーションの脆弱な部分か
　らの不正侵入にも，ソフトウェアやネットワーク（ルータやファイアウォール）のセキュリテ
　ィ対策の内容について確認しておく必要がある．

(3)　ファイアウォール

　セキュリティソフトで最も普及しているのはウイルス対策ソフトとファイアウォールであろう．

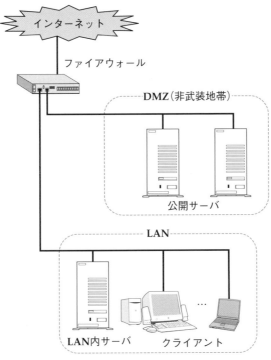

図 9.4　ファイアウォールを用いたネットワークの構成

ファイアウォールは「防火壁」を意味する言葉で，LAN内のコンピュータをインターネット上の脅威から守る仕組みのことである．言葉の意味から，設置すれば侵入対策は万全と受け止められやすいが，ソフトウェアを含んでいるので，適切な設置と運用管理が不可欠である．

図9.4はファイアウォールを用いたネットワーク構成の一例である．インターネットとの出入口にファイアウォールを設置し，ファイアウォールの下にDMZとLANの2つのセグメントを置いている．DMZはDemilitarized Zoneの略で，非武装地帯を意味する言葉である．DMZにはWebサーバやメールサーバなど外部に公開するサーバを設置し，比較的外部とのアクセスを自由にしておく．一方，LANについては外部からのアクセスを厳重に禁止するようにする．このように，ファイアウォール下のネットワークを分割し，それぞれの用途に応じたセキュリティポリシーを作ることにより，安全性と利便性のバランスを取っている．

ファイアウォールの基本的な機能にパケットフィルタリングがある．TCP/IPではデータをパケットと呼ばれる単位に分割して送受信が行われている．パケットフィルタリングでは，各パケットに含まれるデータの送信元と宛先，通信のセッションおよびプロトコルの情報を捉えて，あらかじめ設定されたルールと照合して通信を管理する．

⑷　不正コピー対策

不正コピーは9.3.1項で述べたとおり，配信元への侵入，配信経路からの取得，正当な受取者へのなりすましおよび正当な入手後の不正コピーがある．配信装置への侵入は不正侵入のところで述べたセキュリティ技術によって対策しているので，ここではそれ以外の3点の対策について技術的側面を概観する．

コンテンツやソフトウェアなどを暗号化してあっても，それを利用するときは暗号化を解除する必要があるので，視聴者の PC や装置などに平文コンテンツ（元のデータ）が生成される．この平文コンテンツを配信したりコピーすることを完全に防止するのは技術的に大変困難であることをあらかじめ理解しておこう．また，対策を講じるとそれを破る者がいて，次の対策に迫られる難しい問題がある．

① 配信経路からの不正取得対策

可搬媒体，放送およびネットワークのコンテンツを暗号化することにより，不正に入手しても利用できないようにする（図 9.3）．

② なりすまし対策

ユーザと視聴装置を認証する．ユーザ認証にはパスワードを用いる方法や秘密情報を収めた IC カードを用いる方法などが採用されている．

③ 正当な入手後の不正コピー対策

CCCD（Copy Controlled CD：コピー制御 CD）は特定のハードウェアでなければ再生できないようになっており，一見万全に見える．しかし装置のなかでは一時的にしろ暗号解除後のコンテンツが必ず存在するわけで，装置やソフトウェアを改造してそのコンテンツをコピーしたり配信することが論理的には可能になる．これには耐タンパー処理により対策する．具体的には，外部から読み取りにくいよう機密性を高める方法（暗号化したプログラムを，実行時に必要な部分だけ復号する）と外部から読み取ろうとするとプログラムやデータを破壊して使えないようにする方法が採用されている．

(5) スパムメール対策

スパムメール送信者は，メールアドレスを主にインターネットから収集している．学籍番号や社員番号など連続番号がついているものは，きっかけを見つけると番号を増減させたアドレスを作り，そのアドレスに送信を試みる．不達通知が戻ってこなければ，実在のアドレスと見なして次のスパムメールを送りつけたり，集めて業者に売りつけたりする．こうした原理（手口）を知って，それへの対策を考えるとよい．

① アドレスをむやみに書き込まない．
② アドレスを Web ページに掲載するときには@を他の文字（たとえば■）に置き換えて表示し，「■は@と置き換えてください」という趣旨の注意書きを添える．
③ スパムと思われるメールは無視する．開いたり返信してはならない．
④ メールソフトに備わっている「スパムの学習機能」や「フィルタリング機能」を使い，自動的にスパムメールを削除するよう設定する．大事なメールもフィルタに掛かることがあるので，ゴミ箱にも気を配ること．

スパムメール送信者は常に新手を考えてくるので，迷惑メール相談センター（㈶日本データ通信協会）の Web ページ[4]を参考にするなどして，被害を未然に防ごう．

(6) 暗号と電子認証の活用

暗号と電子認証（デジタル認証）は役割が違うものの，おおむね同じ技術を適用して実現している．これらの技術の基本を学ぼう．実際には複雑な仕組みであるが原理として理解してほしい．

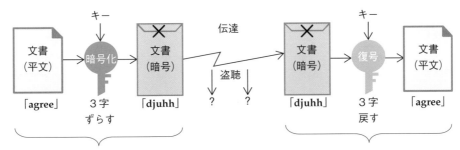

図9.5　共通鍵方式による暗号通信の原理

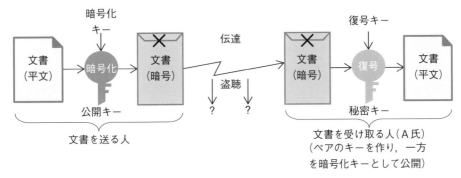

図9.6　公開鍵暗号方式による暗号通信の原理

1)　暗号

　暗号（cryptography）は古くから軍事や外交で用いられてきた技法で，通信文を第三者に悟られないように形を変えたものである．元の通信文を平文（ひらぶん）といい，平文を暗号にすることを暗号化，暗号を平文に戻すことを復号という．暗号化や復号に用いる決まりを表記法といい，表記法に用いるパラメータをキー（key：鍵）という．

　簡単な例を示そう．外交折衝の成行きを示す「agree」という平文を，アルファベットの順序を後ろに3字ずらす方法で暗号化した文を使者に託す．暗号文は「djuhh」となり，第三者が読んでも意味がわからない．受け取ったほうは，前に3字ずらして平文を得る（図9.5）．

◆ **シーザー暗号**

　ヒミツの合図や暗号は，古くから戦争や外交の場面に登場しています．暗号では，シーザー暗号が有名です．これは単一換字式暗号のひとつで，平文の文字をアルファベット順に3字ずらして暗号化するもので，ジュリアス・シーザーが考え出したと言われています（図9.5）．こんな単純な方式では，すぐに解読（キーを持たずに平文を得る行為）されてしまいますが，シーザー暗号は，キーを13とする「ROT13」として今も使われています．「意味があるの？」と疑問を持つでしょうが，クイズなどの正解表示（逆さ文字表示）や伏せ字（○○○）などに使われています．

　簡単でも便利であれば永く生き残る例ですね．ちなみにもう一度13ずらすと平文が得られますよ．

　この場合は，発信者（暗号化）と受信者（復号）が同じキーを用いているので，共通鍵暗号方式

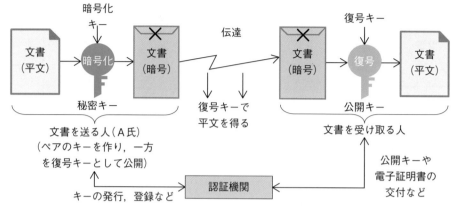

図9.7 公開鍵暗号方式による電子認証の原理

（common key system）と称される．そして，通信相手ごとにキーが必要である．もっとも，こんな単純な方法ではキーを見破られるので，実際にはもっと複雑なキーを用いる．

　これに対して，暗号化と復号に一対の別々のキーをもつ方法があり，公開鍵暗号方式（public key system）と呼ばれる（図9.6）．

　最初に，文書を受け取る人（A氏）が，暗号化ソフトなどを使って一対のキー（暗号化キーと復号キー）を生成する．その上で，暗号化キーを公開キーとして公表する．A氏に文書を送りたい人は，送る文書を公開キーを使って暗号にしてA氏に送る．文書を受け取ったA氏は，秘密にしてある復号キー（秘密キー）を使って平文を得ることができる．途中で暗号文書を第三者に読まれても，秘密キーをもっていない者には平文を得ることができない．

　2）　電子認証

　電子認証（デジタル認証）は，文書を送った人が本人であることを証明する仕組みであり，公開鍵暗号方式の技術を用いる（図9.7）．

　文書を送る人（A氏）が，PCなどを使って一対のキー（暗号化キーと復号キー）を生成する．暗号化キーは秘密キーとして，復号キーを公開キーとする．A氏が文書を送るときは，秘密にしてある暗号化キーで暗号にして送る．受け取った人は，公開キーを使って平文を得る．この暗号文書を作ることができるのは，秘密（暗号化キー）を知っているA氏だけなので，A氏が発信したものであることが保証されている．なおこの場合には，通信文は暗号化されているものの，復号キーを知っているものは誰でも平文を得ることができる．図9.7には認証機関の利用についても併記した．

　以上原理を示した暗号と電子認証の技術は，メールによる通信だけでなく，「公的個人認証サービス」とともに，インターネットを利用した行政への申請や届け出，電子入札などにも応用されている．

（7）　コンピュータ犯罪やサイバーテロへの対応

　情報システムが社会に利便性や恩恵をもたらす一方で，コンピュータやネットワークを利用または対象にした犯罪が増加している．また，国内・国際問題や民族問題など社会的ないし政治的意図

でサイバーテロが引き起こされている．私たちは企業や組織の一員として，あるいは個人として実状を理解するとともに，責任をもって対応しなければならない．

1）コンピュータ犯罪

コンピュータ犯罪はコンピュータやネットワークを利用または対象にした犯罪行為の総称である．ネットワークを利用した犯罪，コンピュータや電子的記録を対象にした犯罪，不正侵入により悪事を働く犯罪などがある．これらに関する問題点と技術的な対策については前述した．

2012 年夏から秋にかけて発生した「パソコン遠隔操作事件」を例として取り上げる．真の犯人が，他人のパソコンを遠隔操作して，その人になりすまし，殺人や襲撃などの犯罪予告を行った．このとき自分の姿を隠し追跡を困難にする手立てをしておく．警察はなりすまされた人を逮捕して長期間にわたって取り調べ，後に解放した（誤認逮捕）．この事件は，サイバー犯罪における警察の捜査，マスメディアの報道やマスメディアと警察の関係など多くの問題を投げかけた．これら関係者の情報リテラシに疑問を投げかける声も聞かれる．

2）サイバーテロ

サイバーテロはコンピュータやネットワークを利用または対象にしたテロリズムである．数人または小規模なグループで攻撃を仕掛けることができ，大規模な運動（選挙結果を左右するなど）を引き起こしたり，国家や企業などを麻痺させるほどの影響をもたらすことがある．アメリカでは電力施設が攻撃され停電が起こった．日中韓で起こった「サイバー戦争」，米韓で起こった「サイバー攻撃」が有名である．

3）犯罪やテロへの対応

コンピュータやネットワークによって利便性や恩恵を受ける者は犯罪やテロの実状を理解し，そのような事態が発生しあるいは発生が予測される場合には，被害を最小限に食い止めるために協力を惜しまないようにしたい．これら反社会的な行動を起こす者にとって手ごわい相手は大衆の目である．

ⅰ）冷静に対応することが大切である．

ⅱ）被害を広げないために，最初に PC とネットワークを結んでいるケーブルを外してから，対策を講じる．対策がわからないときは携帯電話など別の手段で相談窓口に相談する．

ⅲ）クレジットカードのパスワードが盗まれた場合には，クレジットカード会社へ連絡するとともに，勧められる対策をとる．

ⅳ）ウイルスにより情報が漏えいした場合には，ウイルス対策ソフトによりウイルスを除去ないし封じ込めてから，感染による被害範囲を調べる．他人の氏名，住所や写真などのデータが漏えいした場合には，当人に連絡し対策を依頼する．

ⅴ）サイバーテロが疑われるときは，都道府県警察本部のサイバー本部相談窓口へ速やかに連絡し，対策を相談する．重大な犯罪が疑われるときはコンピュータ・フォレンジック（computer forensics）のために証拠を保存する必要があるので，PC などの現状保全を求められる場合がある．そのときは協力を惜しまない．

4）国や行政機関，企業などの対策

国や企業などは組織として対策が取られている．国レベルでは総務省，防衛省，外務省をはじ

め，各省庁それぞれの専門部署が対策を練り対応している．企業でも犯罪やテロによる攻撃から自らを守るために専門の部門を設置して活動しているところもある．このような組織ではペネトレーションテストという方法によって，外部の専門家がシステムを実際に攻撃して脆弱性を試すようなことも行われている．つまり，情報システムに不正侵入できるか，**DoS**（Denial of Service）攻撃[1]にどれほど耐えられるか，万一侵入された場合にそれを踏み台にして他のシステムへ攻撃できるか，などのテストを行い，対策を立てるための情報としている．

(8) バックアップとデータの廃棄

バックアップやデータの廃棄は障害などの問題が起こったときの影響の程度に応じて，あらかじめ対策を立てておかなければならない．

1) バックアップ

バックアップは障害に備えてデータやシステムを別の媒体に保存することであり，定期的かつ可能な限り頻繁に行うこと．媒体は元のもの（PCや保存前のディスク等）とは異なる場所に保管する．企業などでは関西の事業所のものは関東で（その逆も）保管して，万一に備えているところもある．こうしたことにより，阪神淡路大地震のときには復旧を早めたという実績も報告されている．

バックアップについては9.4.3項も参考にしてほしい．

2) データの廃棄

重要なデータを記録してある媒体が不要になったときは，内容の重要性に応じた廃棄を心掛けなければならない．住所録や写真集など，自分だけでなく他人の情報も保管されていることがある．不用になった時点で速やかにデータの消去，媒体の物理的な破壊など，読み取り不能にして廃棄すること．

9.4 情報システムの信頼性・安全性

情報処理システムは企業だけでなく広く社会全体の基盤となっており，その障害の影響は大きな問題となる．特に銀行のオンラインシステムや道路や鉄道，航空の管制システムなどの障害は社会的な重要事項である．経済産業省の「情報システムの信頼性向上に関するガイドラン」では，対象とする情報システムに求められる信頼性・安全性の水準に応じ，次のように段階的に分類している．

1) 重要インフラ等システム

重要インフラ等システムは，ほかに代替することが著しく困難なサービスを提供する事業が形成する国民生活および社会経済活動の基盤であり，その機能が低下または利用不可能な状態に陥った

---

1 標的とするシステムのサーバやネットワーク機器に攻撃を仕掛けて，サービスの低下や停止に追い込む攻撃手法．

場合に，わが国の国民生活および社会経済活動に多大の影響を及ぼすおそれが生じるもの，人命に影響を及ぼすものおよびそれに準ずるものを指す．

具体的な対象事業としては，次の14分野をあげている．情報通信，金融，航空，空港，鉄道，電力，ガス，政府・行政サービス（地方公共団体を含む），医療，水道，物流，化学，クレジットおよび石油．

2）企業基幹システム

企業基幹システムは，企業活動の基盤であり，その機能が低下または利用不可能な状態に陥った場合に，当該企業活動に多大の影響を及ぼすおそれが生じるとともに，相当程度の外部利用者にも影響を及ぼすものを指す．

3）その他のインフラ

重要インフラ等システムおよび企業基幹システム未満の水準のもの．

9.4.1 信頼性・安全性の概念と評価尺度

(1) RASIS

RASIS とは，コンピュータシステムのハードウェアとソフトウェアを含めたシステム全体が期待した機能や性能を安定して提供できるかどうかを検証する評価指標である．狭義の信頼性（reliability），可用性（availability），保守性（serviceability），保全性・完全性（integrity），機密性・安全性（security）の5つの要素がある．以下に，各用語の概念とその評価尺度を説明する．

(2) 狭義の信頼性

狭義の信頼性（reliability）は故障や障害，不具合の発生のしにくさを表す．故障によって停止していたシステムが復旧してから，次に故障で停止するまでのシステムが稼働している時間の平均値（MTBF：Mean Time Between Failures，平均故障間隔）で表し，次式で計算する（図9.8）．

平均故障間隔

$$\text{MTBF} = 稼働時間/故障回数 = \frac{\Sigma t_i}{n}$$

1日10時間使うPCが1年365日間使って3度故障するとMTBFは約1216.7時間．

(3) 保守性

保守性（serviceability）は障害復旧やメンテナンスのしやすさを表す．故障によってシステムが停止してから，修復を完了して稼働を再開するまでの平均値（MTTR：Mean Time To Repair，平均修復時間）で表し，次式で計算する（図9.8）．

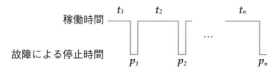

図 9.8 稼働時間と故障による停止時間

平均修復時間

$$\text{MTTR} = \text{修復時間}/\text{故障回数} = \frac{\Sigma p_i}{n}$$

上の MTBF の例で，3度故障したとき，それぞれ 2，4 および 6 時間修理に要したとすると MTTR は 4 時間.

(4) 可用性

可用性（availability）とは，ある期間中にシステムが稼働している時間の割合である．次式で計算する．

$$\text{稼働率} = \text{MTBF}/(\text{MTBF} + \text{MTTR})$$

以上の例での稼働率は約 $1216.7/(1216.7 + 4) \fallingdotseq 0.9967$，約 99.67%.

(5) 保全性・完全性

保全性・完全性（integrity）とは，データベースのデータの内容やデータ項目の内容に矛盾がなく，データとデータの間の正当性・整合性が保たれていることを指す．またデータに障害が発生しても，いかに元のデータを復元できるかという復元可能性も表している．

(6) 機密性・安全性

機密性・安全性（security）とは，システムで保有する情報などに対するアクセス権限のない者による閲覧，改ざん，破壊などの起きにくさを表す．

以上にあげた項目のうち，情報システムの機密性，保全性および可用性の確保が安全性と呼ばれる．自然災害，機器の障害，故意・過失等のリスクを未然に防止し，また発生したときの影響を最小限に止めることや，回復の迅速化を図ることを目標としている．

9.4.2 信頼性を高めるハードウェアの構成

(1) ディスクの多重化（RAID）

RAID（Redundant Arrays of Inexpensive Disks，レイド）は，安価なディスクを組み合わせて信頼性や速度の向上を図る仕組みである．現在では，RAID 0 から RAID 6 までの 7 種類がある．このなかで，RAID 0，RAID 1，RAID 5 が比較的よく利用されている．ここでは，単純な構成で信頼性向上の役割を果たす RAID 1 について解説する．

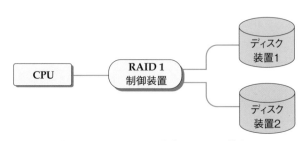

図 **9.9** ディスクの二重系 RAID 1 の構成

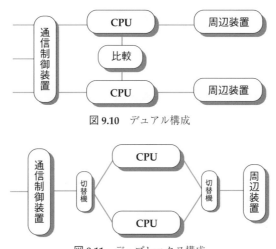

図 9.10　デュアル構成

図 9.11　デュプレックス構成

図 9.9 に示したとおり，RAID 1 では複数のハードディスクが並列して接続され（この例では 2台），それぞれに同じデータが保存される．どちらかが障害に陥ったときは，もう一方で仕事が続けられる．休止の時間を利用し，障害のあるディスクを交換して，元の二重系に戻す．信頼性の高い高価なディスクを 1 台設置するより，安価なディスクを 2 台接続して信頼性を上げるという考え方である．ただし，この構成では 2 台の半分以下しか利用できないし，書込みに時間がかかるのが欠点である．

ディスクは機械的なものなので，電子回路より故障の可能性が高い．RAID 1 は簡単に導入できるので，家庭で使う PC にも設置され信頼性の向上に役立っている．

(2)　デュアルシステム（Dual System）

CPU をはじめ，すべての周辺装置やディスクを二重にもち，2 台の装置で同時に同じ処理を行い，処理結果を比較して誤りを検出できるようにした構成である（図 9.10）．1 台の CPU が故障したときは，もう 1 台の CPU だけで処理を実行する．この構成は，信頼性は最も高いがコストが高くつく構成であり，したがって信頼性が特に要求される宇宙開発などに採用されている．

(3)　デュプレックスシステム（Duplex System）

図 9.11 に示すとおり，CPU を 2 台用意しておき，正常時にはそのうちの 1 台（本番系）が主要な業務を実行している．他方の 1 台は予備機（待機系）として待機しており，本番系が故障したとき待機系に切り替えて処理を引き継ぐ．

(4)　ノンストップコンピュータ

ノンストップコンピュータとは，銀行のシステムなど，1 日 24 時間，1 年 365 日まったく停止することなく運転することをめざしたコンピュータシステムの構成である．非常に高い信頼性が要求されるので，ハードウェア・ソフトウェアの双方に冗長度を大きくした構成となっている．

9.4.3　信頼性を高めるソフトウェアの機能

　システムの信頼性を高めるために，OS や通信用ソフト，ワープロやテキストエディタなどのアプリケーションソフトにログやバックアップ・復元機能が備えられている．

(1)　ログ

　ログ（log）とは，記録を取ることないし取った記録そのもののことである．コンピュータでは，入出力，データ通信，外部からのアクセスなどの操作が行われた日時，操作の内容とデータの内容などが記録される（ロギング）．ログは障害の発見・修復・不正侵入の検知と対策など，システムの信頼性向上やセキュリティの確保に寄与する．

(2)　バックアップと復元

　OS やアプリケーションソフトでは，障害の発生に備えてハードディスクの内容や文書を定期的かつ自動的に保存する機能（バックアップ機能）と障害が発生したときに保存データを使って元に戻す機能（復元機能）が備えられている．また，これらの機能を果たす専用のソフトウェアも市販ないしフリーソフトとして提供されている．

(3)　遠隔保守

　システムを離れた場所から保守すること．リモート保守ともいわれる．ネットワークを介して，離れた場所に設置されているコンピュータに接続し，動作状況の確認や障害の復旧などを行う．

9.5　豊かな情報社会実現のために

　巷間，人工知能（AI），ビッグデータ，ロボット，自動運転車，超スマート社会など情報や情報システムに関する話題がメディアを賑わせている．これらテーマが従来と異なるところは，これまで人間の領分とされてきた知能を機械で扱うようになったことである．そのため，知能を必要とする多くの仕事を，機械に代替させることが可能となり，職業が奪われ失業すると言った不安を与え，未来に対して暗い影を投げかけている．その根底にあるのは，技術中心・産業中心，つまり製品やサービスの提供者が社会を先導し，人間はその恩恵によって豊かな生活を送ることができるという考え方である．

　その一方で，最近になって，「人間中心」という成句が多く見られるようになった．本書 1.1 節“コンピュータの利用分野・政府による IT 政策”の中で取り上げた政府の戦略会議での経過を振り返ってみると，時代のうねりが理解できる．2005 年までの提言は明らかに産業中心つまり供給者側の理念で戦略が組み立てられていた．ところが，2009 年の i-Japan 戦略の中で，“これまでややもすると技術優先指向となり，同時にサービス供給者側の論理に陥っていた面がある”と過去が反

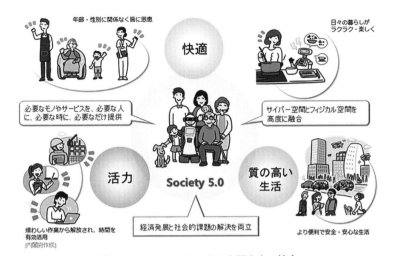

図 **9.12** Society 5.0 による人間中心の社会
（出典：内閣府ホームページ，https://www8.cao.go.jp/cstp/society5_0/index.html）

省された．今後については，"真に国民（利用者）の視点に立った人間中心（Human Centric）の
デジタル技術が，普遍的に国民（利用者）によって受け容れられるデジタル社会を実現する戦略で
なければならない"という考え方が示された．本書の初版からの執筆理念と軌を一にする．

　第 1 章で指摘した，経済発展と社会的課題の解決を両立させる Society 5.0 が描く未来社会を図
9.12 に示す．現在の重要課題：格差，交通，医療・介護，ものづくり，農業，食品，防災，エネ
ルギーの解決を目指すものである．解決策の中心に，IoT，ロボット，人工知能（AI），ビッグデー
タ等の先端技術を置いている．重要課題の 8 項目を解決する新たな価値の事例として，それぞれの
近未来像を描いている．これまでどちらかというと取り残され気味であった介護や農業，食品につ
いても示唆する．そして「これは一人一人の人間が中心となる社会であり，決して AI やロボット
に支配され，監視されるような未来ではない」[8]と念を押していることに注目しておきたい．

　Society 5.0 は，世界的課題である国連の「持続可能な開発目標」（Sustainable Development
Goals：SDGs）と関連付けて考えてあり，世界へ訴える気概も持つ．まさに，産業中心から人間
中心へ，画期的な方向転換と言うべきで，このまま進めば，豊かな情報社会への展望が見えてくる
と思われる．

　SDGs（持続可能な開発目標）は，2000 年に設定された国連によるミレニアム開発目標（MDGs）
の後継で，2015 年設定，2030 年までの目標である．

　MDGs の目標は

　　① 極度の貧困と飢餓の撲滅

　　② 普遍的初等教育の達成

　　③ ジェンダーの平等の推進と女性の地位向上

など 8 項目で，達成状況と残された課題は『MDGs 報告 2015』にまとめられており，

　　① 貧困率が半分以下に減少

　　② 小学校の児童の就学率が著しく向上

　　③ 開発途上地域は初等，中等，および高等教育で男女格差を解消

などをあげている．

これに対して，SDG s の開発目標は，

① 貧困をなくそう
② 飢餓をゼロに
③ すべての人に健康と福祉を
④ 質の高い教育をみんなに
⑤ ジェンダー平等を実現しよう
⑥ 安全な水とトイレを世界中に
⑦ エネルギーをみんなに，そしてクリーンに

など17項目，その下に，169の達成基準と232の指標が定められている．

　日本における2020年時点での達成度は世界第18位で，前年の17位から低下した．因みに上の7項目では，④は達成されているものの，①，⑤，⑦については，重要な課題が残っていると見られており，厳しい状況にある．

　人類は，人口・資源・エネルギー・環境・格差など多くの面で，困難な課題に直面している．一方で，自らが作ってきた技術によって，自らを追い詰めることになりかねない状況にもある．ここで人間中心という理念が生きてくると考える．

　困難な課題に出会えば，それに立ち向かい，方途を探り知見を蓄積する人たちが必ず存在する．そうした正しい方向に向かっている知見を探り出し，みんなで共有して，新しい方向に向かう，紆余曲折があるかも知れないが，時間をかけて解決する．それが民主主義の本質である．進歩を求める際に忘れてはならないのは，目先つまり，身近な自分や家族，地域を考えるだけでなく，数百年，数十万年先までの，国，世界や人類の生息圏までも視野に入れなくてはならなくなっていることである．

　課題解決を先導するのは，研究者・専門家など，いわゆる科学コミュニティの人たちであるが，こうした人たちや官僚・政治家などに判断を委ねることは危険である．課題解決のために，我々は何をなすべきか，各自が自分のこととして考え，討論し，実践していくことが必要である．そういう意味で第1章で述べたリクナビの問題は，情報システムの観点でも課題を投げかけた．すなわち，内定辞退の指標を算出し販売する情報システムの構築にかかわっていたのは同社及び関連会社の技術者（文系の者も多く含む）であって，それらの個人情報保護やプライバシーへの関心または知識が不十分であったことを露呈した．その結果，会社に損害を与え，信用失墜で「事業存続の危機にある」と経営者に評させる事態を招いた．購入した会社も内定辞退のデータを求人情報のシステムに組み込んでいたと言われていて，販売した会社と同様に個人情報保護やプライバシーに関するリテラシの不足を指摘されている．一方，学生側は，日頃深く考えずに対応しているアンケートやネットの閲覧記録，それにブログなどによる発信記録がビッグデータとなって，深層学習されていることに認識が薄いのではないかと思われている．情報システムや情報リテラシを学ぶことの大切さを再認識する必要がある．

　世界的な視点に目を移そう．本書で取り上げた通り，個人情報を活用して経済の発展を促したい米国と，個人の尊厳を重んじるEUとの長年にわたる確執に，市民としての我々はもっと関心を深めねばならない．リクナビ問題を，時代を担う学生たちにプライバシー保護，それと深く関わるAIの姿を自らの問題として認識し，学習するとともに議論するきっかけにしてはどうだろうか．こうした市民の考えを，科学コミュニティの人たちが次の研究に活かす．このような循環を実践し

ていくことが，豊かな情報社会を実現するために必須である．ここに，本書のテーマ：情報・情報システムを学び実践する意義がある．個人・家族・友人・地域そして国・世界が賢慮して，人類とその生息圏の未来を考えなければならない時代になっている．なぜなら，人間が，意思を持って自然を変えることができる唯一の生物と考えられているからである．

　本書で記述してきたとおり，世界がエネルギー，環境，食料，人口等重要課題の解決に取り組んでいる矢先，2019 年末頃から，行動と対話や接触の自由を束縛し，それまでのグローバルな社会，経済や個人の活動を根本的に覆す重大事象，新型コロナウイルス（英語名 COVID-19）が発生した．COVID-19 は coronavirus disease 2019 の略語で，SARS-CoV-2 と呼ばれるウイルスが原因で起こる感染症のことである．2019 年末頃から急速に広がり，世界保健機関（WHO）の事務局長テドロス・アダノム博士は，2020 年 3 月パンデミック（世界的流行）を宣言した．この時点での感染は 114 の国と地域に広がり，感染者は 11 万 8,381 人，死者は 4,292 人と報じられた．その約 9.5ヶ月後の 2021 年 1 月 1 日時点で，感染者約 8,300 万人，死者約 181 万人に達し，収束の気配は感じられず，ロックダウン（都市封鎖）が各所に見られた．

　経済や社会の活動の急激な収縮のために，世界の工業地帯や観光地などで，空は澄み川は透明度を増すなど環境問題に一時的な好影響をもたらした．また，アジアやオセアニアの人たちは，欧米人に比べて感染者や死者重症者が少ない時期もあったものの，2022 年のある時期は一日感染者数において，日本が世界一になるなども経験した．理由は解明されていない．

　以下，日本での新型コロナウイルスの社会・組織・個人への影響と情報技術について考える．

社会　新型コロナウイルスは，空気感染の可能性は小さく，飛沫（微少飛沫を含む）による感染が考えられるので，マスクの着用とビニールシートやアクリル版を用いた隔壁による飛沫感染防止と手洗いの徹底による接触感染防止が勧告されている．また，3 つの密/三密（密閉・密集・密接）の条件が重なるほどクラスター（集団感染）発生の危険性が高まることもあり，ソーシャルディスタンス（社会的間隔）確保が勧告・励行され，それぞれ一定の効果をもたらしている．大学，病医院，役所など人の集まる場所では，検温モニターを設置し入場制限している．一方で当時の政権が切り札とした COCOA（ココア：接触確認アプリ）は失敗に終わり感染拡大に寄与できなかった．効果的なワクチンが行き渡るまで，一人一人が，家族を含む他人の命をも守るための行動をとり続けるようにすることが肝要と考えられている．

　この間，大学等高等教育機関では，2020 年前期，一時的な閉鎖の後，オンライン講義の実施，演習を伴う授業は対面講義の併用，入学試験への対策などを行い，2022 年後期になってほぼ正常に戻っている．

　また，生活困窮者が増え深刻な社会問題となっている．国や自治体等では，個人や事業者に対する経済的支援，相談窓口の設置等幅広い対策を講じている．

組織　企業等は平時からリモートワーク（テレワーク）が実施されていたこともあり，新型コロナを機に全社適用によって，リモートワークが常態となり，出勤が例外という会社も増えた．

個人　日頃は仕事に出ている夫や妻が家族と過ごす時間が増え，対話が増え，夫が在宅勤務になり前より育児家事をするようになった反面，子供の発育や教育への影響が懸念されている．

情報技術　オンライン会議，オンライン講義，グループワークのためのアプリやクラウドコンピューティングの利活用が増した．

まとめ　2022 年時点においても次々に変異種が現われ猛威をふるっていることもあり，感染症の問題は今回の新型コロナウイルスが収束した後も，繰り返されると専門家は警告している．一方，世界が集団免疫を得るまでは収束しないので，医療崩壊を起こさないように注意しながら，ある程度の感染を容認して，社会経済活動を続けるべきとの意見もある．

　そうした中，WHO のテドロス事務局長は，2022 年 9 月 14 日の記者会見で，新型コロナウイルスの世界全体の死者数が，先週，2020 年 3 月以来の低い水準になったと指摘したうえで，「世界的な感染拡大を終わらせるのにこれほど有利な状況になったことはない．まだ到達していないが，終わりが視野に入ってきた」と述べるとともに，収束に向けて感染拡大防止の取り組みの継続を訴えた．

◆ メタバース

　近年メタバースやアバターという語を見聞きすることが多くなってきました．メタバース［造語］は，インターネット上に存在させる仮想現実のことで，アバターはその中で活動する分身です．仮想現実 VR（Virtual Reality）は，メタバースに没入感を与える手段と考えて良いでしょう．ともに古くからある考え方ですが，ゲームの世界から発達してきました．

　自治体等では，総合窓口（ワンストップサービス）の実現にメタバースのアイデアを活かす試みが行われ，身近になってきました．一方，東京大学では，中高生や社会人向けに大学の講義を工学部の中に"メタバース工学部"を開講・提供して話題になりました．

　今後，5G 等処理技術の発達・普及と相まった成長の可能性と，現実社会との混乱を招く等負の側面も考える必要があると思われます．

◆ 究極の情報社会

　そう遠くない未来に訪れる究極の情報社会を紹介しましょう．

　朝になると，起床ロボットが，やさしく体をゆすって起こしてくれて，洗顔や洗髪も気持ちよくしてくれます．そして，朝食が運ばれてきます．パンと卵料理とサラダとジュースです．これらの料理は，調理ロボットが作ってくれます．手が不自由な人には，介護ロボットが口まで料理を運んでくれます．パンや卵，野菜，果実などは，農業情報システムにより管理され，すべての人が必要な分だけ生産できるようになっています．ですから食べるのに困るという心配はありません．

　食事の後は自由時間です．エッ，学校や会社に行かなくてもよいかですって．もちろんです．食べることに困らないのですから，勉強も仕事もする必要はありません．人生すべて自由時間です．テレビを見たり，ゲームをしたり，スポーツをしたりして過ごします．テレビでは漫才ロボットがコントをしています．テニスや卓球も運動ロボットが相手をしてくれます．もちろん，外へ散歩に行きたければ，散歩ロボットに連れていってもらえます．

　こうして，毎日が自由時間の日々を寿命が来るまで過ごせます．まるでペットの犬や猫のようにです．エッ，誰が人を飼っているかですって．もちろん，人よりも優れた人工知能をもったロボットが人を飼っています．正しいプログラムによってコントロールされているので，ロボット社会では戦争などありません．平和そのものです．

　このような究極な情報社会はいかがですか？

演習問題

1. 不正行為の予防のためにはどんな対策があるか. 分類して述べなさい.
2. デジタルデータの特性を3つあげなさい.
3. ビジネスモデル特許とはどんなものに与えられる特許か. 概要, 経緯, 現状について調べてみよう.
4. 不意の故障やハッカーの侵入が発生したとき, 皆さん自身がどんな対策をとっているか反省してみよう.
5. 検索エンジン（Googleなど）を使って,「添付ファイル暗号化」をキーワードとして検索し, メールや添付ファイルの暗号化について調べてみよう.
6. RAID1によるディスクの二重系の構成を図示し, 長所と短所を説明しなさい.
7. 就職活動の期間に発信した個人情報について考え, グループで議論してみよう.
8. 新型コロナウイルスの下で打ち出された緊急施策によって, 将来世代に託された課題を列挙してみよう.
9. 身近にあるバスや鉄道の会社におけるSDGsへの取組を調べてみよう.

文献ガイド

［1］ 電子情報通信学会編：情報セキュリティハンドブック, 電子情報通信学会, オーム社, 2004.
［2］ 日本規格協会：JISハンドブック#67 情報セキュリティ・電子商取引・ネットワーク, 日本規格協会, 2009.
［3］ ウィキペディア：情報倫理 http://ja.wikipedia.org/wiki/情報倫理 (2022.12.13)
［4］ 迷惑メール相談センター, (財)日本データ通信協会, https://www.dekyo.or.jp/soudan/ (2022.10.9)
［5］ 会田和弘：情報セキュリティ入門 第2版—情報倫理を学ぶ人のために, 共立出版, 2021.
［6］ 辰己丈夫：情報化社会と情報倫理（第2版）, 共立出版, 2006.
［7］ 高田伸彦, 南俊博：情報セキュリティ教科書, 東京電機大学出版局, 2008.
［8］ 内閣府：Society5.0 https://www8.cao.go.jp/cstp/society5_0/ (2022.12.2)
［9］ NHK：目指せ！時事問題マスター 1からわかる！新型コロナ(1) ウイルスの正体は？ 変異ウイルスって何？ https://www3.nhk.or.jp/news/special/news_seminar/jiji/jiji11/ (2021/2/10)
［10］ NHK：目指せ！時事問題マスター 1からわかる！新型コロナウイルス(2) 変異ウイルス 防ぐ？ デルタ株にワクチンは効くの？ https://www3.nhk.or.jp/news/special/news_seminar/jiji/jiji12/ (2021/7/21)

索　引

【編著者略歴】

魚田勝臣（うおた かつおみ）

1962年　大阪府立大学工業短期大学部卒業
1985年　慶應義塾大学，工学博士
　　　　三菱電機(株)中央研究所・コンピュータ製作所・本社を経て
1989年　専修大学経営学部教授
2002年　同経営学部長・理事
2009年　専修大学名誉教授，現在に至る

【著者略歴】

渥美幸雄（あつみ ゆきお）

1977年　慶應義塾大学大学院修士課程修了
　　　　日本電信電話公社（現NTT）電気通信研究所入社
1999年　(株)NTTドコモ・マルチメディア研究所入社
2002年　広島市立大学大学院博士後期課程修了，博士（情報工学）
2003年　専修大学経営学部助教授を経て
2006年　専修大学経営学部教授，現在に至る

植竹朋文（うえたけ ともふみ）

2000年　慶應義塾大学大学院理工学研究科（管理工学専攻）後期博士課程所定単位取得，博士（工学）
　　　　慶應義塾大学理工学部助手
2002年　専修大学経営学部専任講師，同助教授を経て
2007年　専修大学経営学部准教授
2010年　専修大学経営学部教授，現在に至る

大曽根 匡（おおそね ただし）

1984年　東京工業大学大学院総合理工学研究科（システム科学専攻）博士課程修了，理学博士
　　　　(株)日立製作所システム開発研究所入社
1989年　専修大学経営学部専任講師，同助教授を経て
1999年　同教授，現在に至る

森本祥一（もりもと しょういち）

2001年　埼玉大学大学院理工学研究科（情報システム工学専攻）博士前期課程修了，修士（工学）
　　　　日本電気航空宇宙システム(株)入社
2006年　埼玉大学大学院理工学研究科（情報数理科学専攻）博士後期課程修了，博士（工学）
2009年　専修大学経営学部専任講師
2011年　専修大学経営学部准教授を経て
2017年　専修大学経営学部教授，現在に至る

綿貫理明（わたぬき おさあき）

1970年　東京工業大学理工学部電気工学科卒業
　　　　三菱電機(株)を経て
1981年　カリフォルニア大学（UCLA）計算機科学科大学院博士課程修了，Ph.D.
1982年　日本IBM(株)東京基礎研究所入社
1995年　専修大学経営学部助教授，同教授を経て
2001年　専修大学ネットワーク情報学部教授，現在名誉教授
2019年　(一社)神奈川県情報サービス産業協会大学向けSE講座認定講師

コンピュータ概論──情報システム入門
〈第9版〉

Introduction to Computer and Information Systems
9th ed.

1998年1月30日　初版　第1刷発行
2000年2月25日　初版　第12刷発行
2001年2月25日　第2版第1刷発行
2004年2月20日　第2版第14刷発行
2004年2月25日　第3版第1刷発行
2005年2月10日　第3版第7刷発行
2006年3月10日　第4版第1刷発行
2010年2月5日　第4版第14刷発行
2010年12月10日　第5版第1刷発行
2013年1月25日　第5版第9刷発行
2014年2月15日　第6版第1刷発行
2016年1月25日　第6版第9刷発行
2017年2月10日　第7版第1刷発行
2019年2月1日　第7版第10刷発行
2020年2月25日　第8版第1刷発行
2022年1月25日　第8版第10刷発行
2023年3月15日　第9版第1刷発行

検印廃止
NDC 007
ISBN978-4-320-12498-1

編著者　魚田勝臣　© 2023

発行者　**共立出版株式会社**/南條光章

〒112-0006 東京都文京区小日向4-6-19
電話 03-3947-2511
振替口座 00110-2-57035
URL www.kyoritsu-pub.co.jp

印　刷　藤原印刷
製　本

一般社団法人
自然科学書協会
会員

Printed in Japan